青少年AI学习之路：从思维到创造 3

丛书主编：俞 勇

人工智能技术入门

让你也看懂的AI“内幕”

编著：沈 键 张伟楠

上海科技教育出版社

图书在版编目(CIP)数据

人工智能技术入门：让你也看懂的 AI“内幕”/ 俞勇主编．—上海：上海科技教育出版社，2019.9
(青少年 AI 学习之路．从思维到创造)
ISBN 978-7-5428-7099-5

Ⅰ．①人… Ⅱ．①俞… Ⅲ．①人工智能–青少年读物
Ⅳ．①TP18-49

中国版本图书馆 CIP 数据核字(2019)第 189498 号

责任编辑 卢 源
装帧设计 杨 静

青少年 AI 学习之路：从思维到创造

人工智能技术入门——让你也看懂的 AI“内幕”

丛书主编 俞 勇

出版发行 上海科技教育出版社有限公司
(上海市柳州路 218 号 邮政编码 200235)
网 址 www.sste.com www.ewen.co
经 销 各地新华书店
印 刷 上海昌鑫龙印务有限公司
开 本 889×1194 1/16
印 张 12
版 次 2019 年 9 月第 1 版
印 次 2019 年 9 月第 1 次印刷
书 号 ISBN 978-7-5428-7099-5/G·4141
定 价 96.00 元

总序

清晰记得，2018年1月21日上午，我突然看到手机里有这样一则消息“【教育部出大招】人工智能进入全国高中新课标”，我预感到我可以为此做点事情。这种预感很强烈，它也许是我这辈子最后想做、也是可以做的一件事，我不想错过。

从我1986年华东师范大学计算机科学系硕士毕业来到上海交通大学从教，至今已有33年。其间做了三件引以自豪的事，一是率领上海交通大学ACM队参加ACM国际大学生程序设计竞赛，分别于2002年、2005年及2010年三次获得世界冠军，创造并保持了亚洲纪录；二是2002年创办了旨在培养计算机科学家及行业领袖的上海交通大学ACM班，成为中国首个计算机特班，从此揭开了中国高校计算机拔尖人才培养的序幕；三是1996年创建了上海交通大学APEX数据与知识管理实验室（简称APEX实验室），该实验室2018年度有幸跻身全球人工智能“在4个领域出现的高引学者”世界5强（AMiner每两年评选一次全球人工智能“最有影响力的学者奖”）。出自上海交通大学的ACM队、ACM班和APEX实验室的杰出校友有：依图科技联合创始人林晨曦、第四范式创始人戴文渊、流利说联合创始人胡哲人、字节跳动AI实验室总监李磊、触宝科技联合创始人任腾、饿了么执行董事罗宇龙、森亿智能创始人张少典、亚马逊首席科学家李沐、天壤科技创始人薛贵荣、宾州州立大学终身教授黎珍辉、加州大学尔湾分校助理教授赵爽、明尼苏达大学双子城分校助理教授钱风、哈佛大学医学院助理教授李博、新加坡南洋理工大学助理教授李翼、伊利诺伊大学芝加哥分校助理教授孙晓锐和程宇、卡耐基梅隆大学助理教授陈天奇、乔治亚理工学院助理教授杨笛一、加州大学圣地亚哥分校助理教授商静波等。

我想做的第四件事是创办一所民办学校，这是我的终极梦想。几十年的从教经历，使得从教对我来说已不只是一份职业，而是一种习惯、一种生活方式。当前，人工智能再度兴起，国务院也发布了《新一代人工智能发展规划》，且中国已将人工智能上升为国家战略。于是，我创建了伯禹教育，专注人工智能教育，希望把我多年所积累的教育教学资源分享给社会，惠及更多需要的人群。正如上海交通大学党委书记姜斯宪教授所说，“你的工作将对社会产生积极的影响，同时也是为上海交通大学承担一份社会责任”。也如上海交通大学校长林忠钦院士所说，“你要做的工作是学校工作的延伸”。我属于上海交通大学，我也属于社会。

2018年暑假，我们制订了“青少年AI实践项目”的实施计划。在设计实践项目过程中，我们遵循青少年“在玩中学习，在玩中成长”的理念，让青少年从体验中感受学习的快乐，激发其学习热情。经过近半年的开发及完善，我们完成了数字识别、图像风格迁移、文本生成、角斗士桌游及智能交通灯等实践项目的设计，取得了非常不错的效果，并编写了项目所涉及的原理、步骤及说明，准备将其编成一本实践手册给青少年使用。但是，作为人工智能的入门读物，光是一本实践手册远远满足不了读者的需要，于是本套丛书便应运而生。

本套丛书起名“青少年AI学习之路：从思维到创造”，共有四个分册。

第一册《从人脑到人工智能：带你探索AI的过去和未来》，从人脑讲起，利用大量生动活泼的案例介绍了AI的基本思维方式和基础技术，讲解了AI的起源、发展历史及对未来世界的影响。

第二册《人工智能应用：炫酷的AI让你脑洞大开》，从人们的衣食住行出发，借助生活中的各种AI应用场景讲解了数十个AI落地应用实例。

第三册《人工智能技术入门：让你也看懂的AI“内幕”》，从搜索、推理、学习等AI基础概念出发解析AI技术，帮助读者从模型和算法层面理解AI原理。

第四册《人工智能实践：动手做你自己的AI》，从玩AI出发，引导读者从零开始动手搭建自己的AI项目，通过实践深入理解AI算法，体验解剖、改造和创造AI的乐趣。

本套丛书的特点：

■ 根据青少年的认知能力及认知发展规律，以趣味性的语言、互动性的体验、形象化的解释、故事化的表述，深入浅出地介绍了人工智能的历史发展、基础概念和基本算法，使青少年读者易学易用。

■ 通过问题来驱动思维训练，引导青少年读者学会主动思考，培养其创新意识。因为就青少年读者来说，学到AI的思维方式比获得AI的知识更重要。

■ 用科幻小说或电影作背景，并引用生活中的人工智能应用场景来诠释技术，让青少年读者不再感到AI技术神秘难懂。

■ 以丛书方式呈现人工智能的由来、应用、技术及实践，方便学校根据不同的需要组合课程，如科普性的通识课程、科技性的创新课程、实践性的体验课程等。

2019年1月15日，我们召集成立了丛书编写组；1月24日，讨论了丛书目录、人员分工和时间安排，开始分头收集相关资料；3月6日，完成了丛书1/3的文字编写工作；4月10日，完成了丛书2/3的文字编写工作；5月29日，完成了丛书的全部文字编写工作；6月1日—7月5日，进行3—4轮次交叉审阅及修改；7月6日，向出版社提交了丛书的终稿。在不到6个月的时间里，我们完成了整套丛书共4个分册的编写工作，合计100万字。

在此，特别感谢张伟楠博士，他在本套丛书编写过程中给予了很多专业指导，做出了重要的贡献。

感谢我的博士生龙婷、任侃、沈键和张惠楚，他们分别负责了4个分册的组织与编写工作。

感谢我的学生吴昕、戴心仪、周铭、粟锐、杨正宇、刘云飞、卢冠松、宋宇轩、茹栋宇、吴宪泽、钱利华、周思锦、秦佳锐、洪伟峻、陈铭城、朱耀明、杨阳、卢冠松、陈力恒、秋闻达、苏起冬、徐逸凡、侯博涵、蔡亚星、赵寒烨、任云玮、钱苏澄及潘哲逸等，他们参与了编写工作，并在如此短的时间内，利用业余时间进行编写，表现了高度的专业素质及责任感。

感谢王思捷、冯思远全力以赴开发实验平台。

感谢陈子薇为本套丛书绘制卡通插图。

感谢所有支持编写的APEX实验室成员及给予帮助的所有人。

感谢所引用图书、论文的编者及作者。

同时，还要感谢上海科技教育出版社对本丛书给予的高度认可与重视，并为使丛书能够尽早与读者见面所给予的鼎力支持与帮助。

本套丛书的编写，由于时间仓促，其中难免出现一些小“bug”（错误），如有不当之处，恳请读者批评指正，以便再版时修改完善。

过去未去，未来已来。在互联网时代尚未结束，人工智能时代已悄然走进我们生活的当前，应该如何学习、如何应对、如何创造，是摆在青少年面前需要不断思考与探索的问题。希望本套丛书不仅能让青少年读者学到AI的知识，更能让青少年读者学到AI的思维。

愿我的梦想点燃更多人的梦想！

俞　勇
2019年8月8日于上海

目录

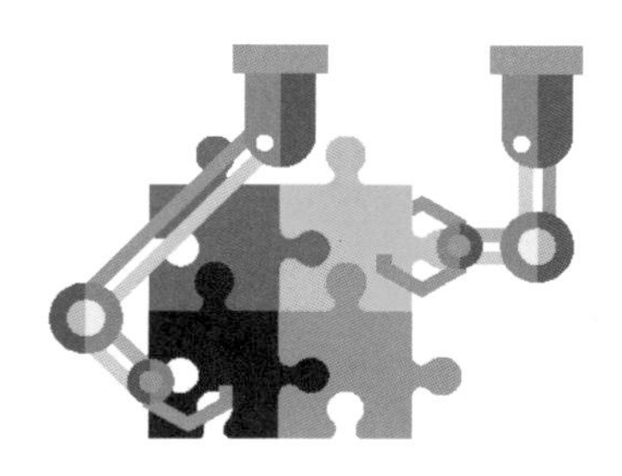

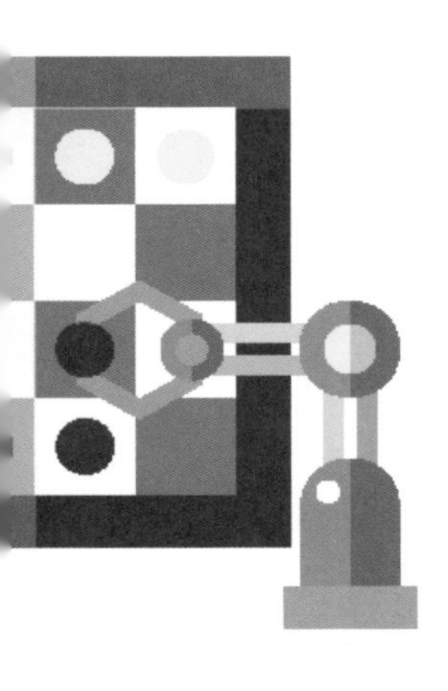

前言

阅读过本系列丛书一《从人脑到人工智能：带你探索AI的过去和未来》的读者已经了解到人工智能的起源与发展的过程，阅读过本系列丛书二《人工智能的应用：酷炫的AI让你脑洞大开》的读者已经了解到身边正在改变我们生活的人工智能，但也许你仍感到意犹未尽并充满好奇。虽然知道了人工智能是什么，人工智能能做什么，但是仍不清楚人工智能内部是怎么运作的。机器并非直接就能有某项智能，就像人并非出生便能行走，只有当机器的创造者去赋予它这种智能的时候，它才有可能表现出相应的智能。你也许会问，我们究竟是怎么赋予机器某项智能的，为什么人工智能能够在一些智能上表现得比人类更加厉害，例如围棋。为了让没有太多专业知识的读者也能尽量读懂人工智能的“内幕”——内部实现方法，便有了本书。

2019年寒假前夕，俞勇教授开始筹划编写一套面向青少年AI学习的丛书，全套丛书共分四册，本书是第3册，内容涉及高等数学知识，比如线性代数、概率统计与优化理论等，这些数学基础可能会超出你的知识储备。尽管如此，我们希望通过结合实例讲解，绕过部分涉及高等数学的内容，力求让你掌握人工智能的主干技术内容和思维方式。

本书从开始构思到最终成稿，几易其稿。我们对各部分的内容不断进行增删修改，以期使内容更加完整和准确。例如，起初在搜索策略部分并没有讲到博弈的内容，但实际上博弈是人工智能领域一个非常重要的部分，所以最终加上了第四章博弈中的搜索。早先在逻辑推理部分有更多有趣的案例和内容，但由于篇幅有限，我们只能忍痛割爱删减掉其中一部分。而对于机器学习部分，内容是最多的，我们更是进行了

反复的修改和讨论。为了更加清楚地呈现人工智能技术，我们在一开始的内容上不断添加案例故事，希望能更好地帮助读者理解。在审阅阶段，各章节的编写人员进行互审，力求不同章节内容的合理性与一致性；最后参与丛书第二册的编写人员也被邀请加入审阅过程。

本书第一部分由朱耀明编写，第二部分由杨阳编写，第三部分的第八章、第九章和第十章分别由沈键、卢冠松和陈力恒编写。

同时，感谢陈子薇绘制书中的漫画插图，感谢任侃、栗锐、吴宪泽、周思锦、秦佳锐和杨正宇对本书初稿的审阅。

从这本书中可以读到

本书主要介绍三种人工智能方法：搜索策略、逻辑推理和机器学习，分别是本书的三个部分。第一部分和第二部分介绍两类经典的人工智能方法——搜索策略与逻辑推理，第三部分深入浅出地介绍机器学习的主流方法。搜索和推理在早期的人工智能领域占据着非常重要的地位，而在如今的人工智能时代，基于大数据的机器学习方法更是举足轻重。

■ 搜索策略是人工智能中发展最早的技术，所谓搜索策略就是根据问题的现状不断寻找可利用的知识，构造一条代价最小的规划路线，从而解决问题的过程。搜索技术主要分为无信息搜索（盲目搜索）、有信息搜索（启发式搜索）和博弈中的搜索。在人工智能研究的初期，有信息搜索算法曾一度是人工智能的核心课题。

■ 逻辑推理是人工智能中非常重要的经典技术，所谓逻辑推理就是尝试从个体事物中概括出普遍道理的过程。数理逻辑是智能推理的基础，我们可以利用已有的知识和一些特定的规则推理出新的知识。产生式规则则是一些人为规定的指令，告诉机器在什么条件下该执行什么动作。利用产生式规则融合特定领域的知识库后形成的专家系统在一些特定领域上也曾取得不菲成就而风靡一时。

■ 机器学习是人工智能时下最为热门、应用最为广泛的技术。所谓机器学习就是赋予机器通过大数据来学习某一智能的能力。机器学习根据问题的特性主要可以分为三种范式：监督学习、无监督学习和强化学习。监督学习是最基本的机器学习类别，根据标签数据学习得到一种预测标签的能力。无监督学习则是在没有标签的情况下，致力于挖掘数据本身的一些内在性质。强化学习是在一个动态环境中，经由不断试错，根据反馈找到一个更好的策略。

如何使用这本书

本书可作为读者的自学读物，但需要读者掌握一些基本的数学概念，例如函数、导数、向量。就算你完全没有这些数学基础，本书也能在一定程度上提供对不同方法的直观解释。

本书各部分没有严格的阅读顺序要求，读者可以自行选择感兴趣的技术方法开始阅读。本书还可作为中学人工智能相关课程的辅助读物。

看到这里，你也许会有些望而生畏。但实际上，人工智能的方法并没有多么玄妙深奥。如果细细阅读书中内容，可以发现这些方法其实并不复杂。为此，本书竭力将之后的内容描述得通俗易懂，希望不具备专业基础知识的读者也能通过阅读本书对人工智能的方法有一些清晰的认识与了解。我们相信，认真好学的读者在阅读完本书后一定能够有所收获，人工智能的未来也终究是属于你们的。

第1部分 搜索策略

又到了学校社团活动招新日，各个社团为了吸引新成员加入，开展了丰富的活动。漫步在智力游戏社团的区域，小禹的目光被社团的招新方式吸引了。这些社团拿出各自的“看家难题”，说能够给出解答的同学可以获得奖品。数独社拿出了一本数独书，展现其中的一道数独题，要求根据已知数字，推理出所有剩余空格的数字，并满足每一行每一列每一个粗线宫（3×3）内均含不重复的数字1～9；国际象棋社摆出一盘残局，要求能够在这个局面下取得胜利；桌游社则直接放上一盒三国华容道，要求通过移动各三国人物让曹操从包围中逃脱。

游戏的奖品可谓琳琅满目，然而这些问题却让人抓耳挠腮。这时，人工智能社的同学带着一台笔记本电脑前来打擂——他们宣称只要知道这些智力游戏的规则，他们的程序就可以找到问题的解决方案。人工智能社设计的程序真的有这么神奇吗？数独、国际象棋、华容道彼此之间是那样不同，为什么可以使用相似的程序来求解？这时，小禹的好友、人工智能社的小智同学告诉他，这些程序背后使用的方法都是搜索策略。

小智还说，其实我们在每天的生活中都会有意无意地使用许多搜索策略——比如选择从学校回家的路、旅行时的行程规划等等。这些搜索策略还可以进一步分类，用于不同的任务：比如华容道的棋盘布局比较简单，每次只有很少的滑块可以移动，我们很难评价一次滑动是好是坏，它比较适合无信息搜索；数独变化万千，我们很清楚数独的规则与目标，它比较适合有信息搜索；而国际象棋是一种两人对局的游戏，在对局时不仅要考虑自己的处境，也要思考对手的棋路，它比较适合博弈中的搜索。

看到小禹睁大了眼睛，小智继续说道，使用适当的搜索策略，许多智力游戏及生活中的难题都可以迎刃而解——这正是人们对人工智能的期望之一。在第一部分中，我们会接触到以上所提到的搜索算法。读完这一部分内容后的你能够帮助小禹设计方案，拿到社团奖品吗？

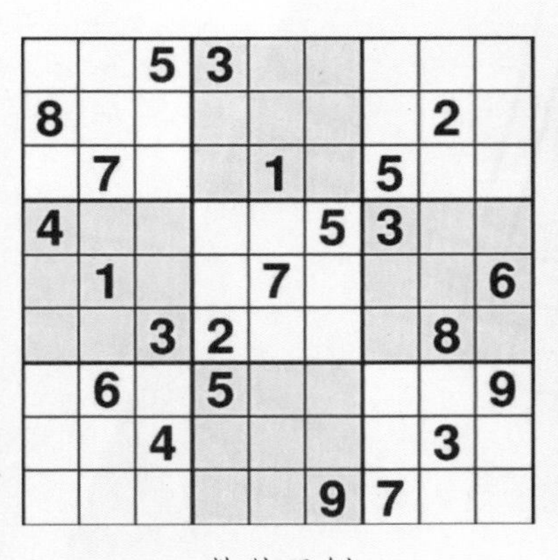

数独示例

国际象棋残局示例

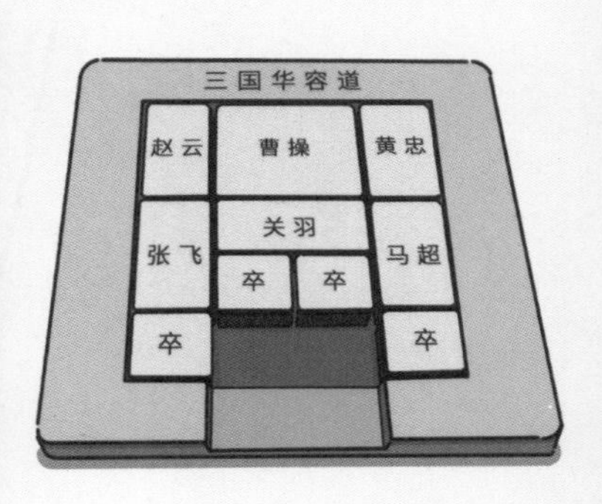

三国华容道

第一章　数据结构基础

在正式进入搜索策略的学习前，先来了解一下**数据结构**。数据结构是指描述数据间逻辑关系的结构，我们在数学课上学过的等差数列就是一种数据结构。比如等差数列 [1，3，5，7，9]，它描述了这几个数之间具有“每一项与它的前一项的差等于同一个常数”的逻辑关系。数据结构中的每一项被称为**元素**。等差数列的每一个元素都是一个实数。计算机科学描述的数据更加广泛：任何可以被计算机存储的数据都可以是数据结构的元素——比如人名、位置、图片等。相应地，数据之间的逻辑结构也更为纷繁复杂。

一、逻辑结构

计算机领域主要有3种逻辑结构：线性结构、树形结构和图形结构。

在线性结构中，元素之间构成一个有序序列：第一个元素接着第二个元素、第二个元素接着第三个元素……直到最后一个元素。除了首尾元素以外，每一个元素都既有一个前驱，又有一个后继。比如第二个元素的前驱是第一个元素，它的后继是第三个元素。第一个元素只有后继，最后一个元素只有前驱。例如，小禹所在班级的花名册，按照学号排序后就是一个线性结构的数组。

小禹所在班级的花名册

在树形结构中，元素形成一棵“树”：除了一个特殊的元素以外，每个元素都只有一个前驱，但可以有任意多个后继，也可以没有后继。一个人的直系后代与他自己就构成了一棵“家谱树”，如小禹的家谱树。

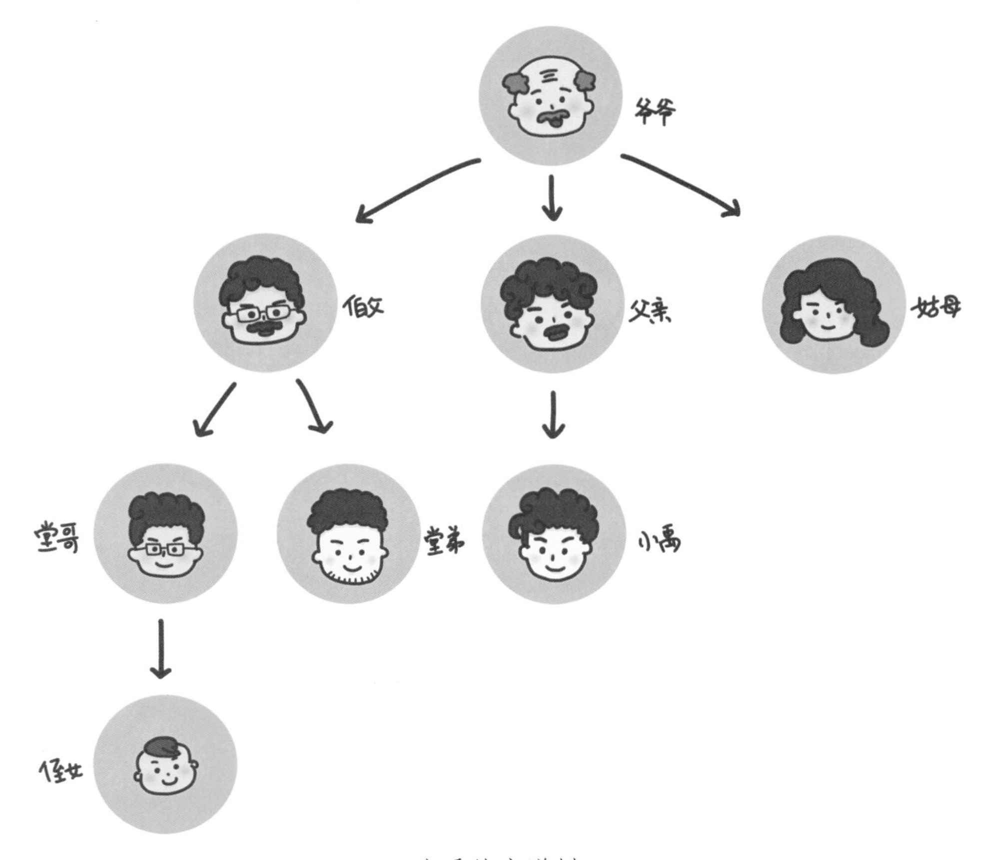

小禹的家谱树

在图形结构中，元素形成了一张“网络”：每个元素前驱和后继的数目不限。生物课接触到的食物链就是典型的图形结构。

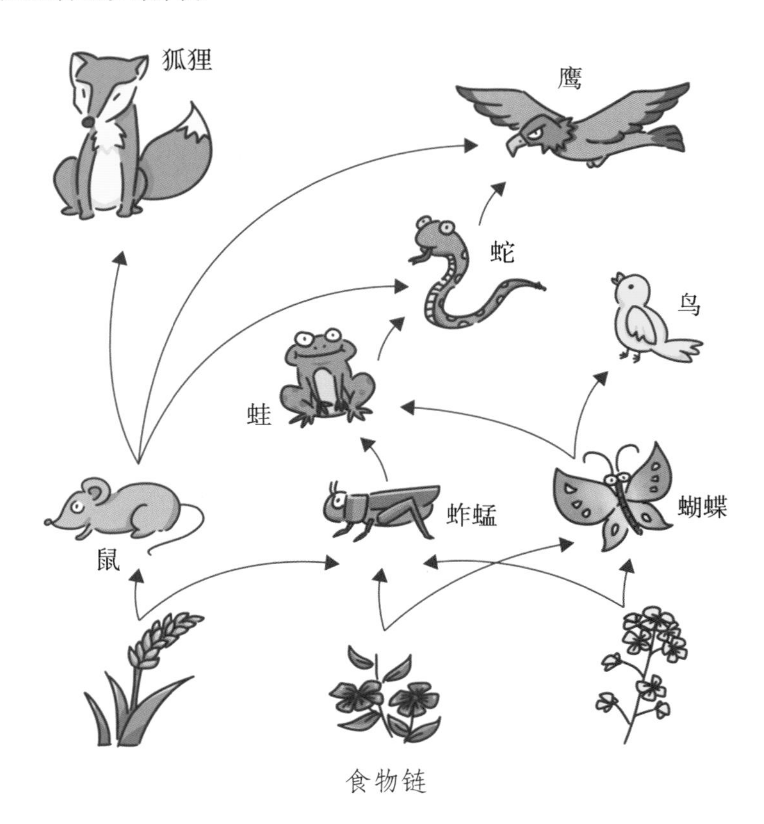

食物链

为了更高效地处理数据之间的逻辑结构，计算机科学家发明了数据结构。下面我们来了解一些在搜索策略中需要用到的数据结构类型。

二、数组

数组是最简单的数据结构，用来描述线性结构。类似在数学课上学到的有限数列，它具有［a_1，a_2，⋯，a_n］的形式。其中，a_i（$1 \leqslant i \leqslant n$）是这个数组的第$i$个元素，$i$被称为这个元素的下标。

一个社团的所有同学可以用一个数组描述。将社团成员按年级和学号排序，得到的序号是每个同学的下标。例如人工智能社人员表显示了人工智能社成员的序号和名字，这些名字可以构成数组［大宏，小飞，大志，小智］，其中小智的下标是4。

人工智能社人员表

社团内序号	名　字	年级–学号
1	大　宏	高三–0031
2	小　飞	高二–0022
3	大　志	高二–1034
4	小　智	高一–0971

社团的成员并不是一成不变的，老社员可能因为毕业或者转学而离开社团，而社团招新则可能招募到新社员。为了准确描述不同时间社团成员的信息，数组同时具有增添元素和删除元素的功能，并且增添和删除可以在数组中的任意位置进行。在此次社团招新之后，小禹和小华新加入社团，大宏因为高三学业繁忙离开社团，此时人工智能社人员表变成人工智能社新人员表。现在社团里同学的名字就构成了数组［小飞，大志，小禹，小华，小智］，其中小智的下标变成了5。

人工智能社新人员表

社团内序号	名　字	年级–学号
1	小　飞	高二–0022
2	大　志	高二–1034
3	小　禹	高一–0385
4	小　华	高一–0710
5	小　智	高一–0971

三、栈与队列

栈与队列是两种特殊的数组，它们对于数组增添和删除元素的位置进行了限制。

在栈中，插入和删除操作仅允许在数组的一端进行，允许插入和删除操作的一端被称为栈顶，另一端被称为栈底。简而言之，栈中元素遵从先进后出的规则。厨房里的碟子堆就是一个栈：新碟子被放在顶端（栈顶），拿走碟子的操作也在顶端完成。例如下图为小禹家某一天碗柜中碟子的变动，黑碟子始终在栈底，而拿走和存放碟子的操作一直在栈顶发生。

某一天碗柜中碟子的变动

在队列中，插入和删除操作分别在队列的两端进行，允许删除的一端被称为队头，允许插入的一端被称为队尾，队列中元素遵从先进先出的规则。生活中排队买票时的队列可以被抽象为队列形式的数据结构，例如下图反映了某一时间段景区售票处队伍的变化，前三个时刻队列中一直在队尾插入新的元素，第四个时刻在队头删除了一个元素，第五个时刻又在队尾插入了新的元素。

某一时间段景区售票处队伍的变化

了解了描述线性结构的3种结构后，你可能会有疑问：数组的增添、删除可以在任何位置进行，而栈和队列的增添、删除只能在一端进行，那么为什么还需要栈和队列？它们所加的限制对于我们使用数组有什么帮助？

要回答这个问题，需要模拟一下计算机的数据存储操作。假设我们有一副扑克牌和一本书。每张扑克牌代表一个数据，书本中相邻两页之间的空隙作为一块计算机内存，每个内存可以存储一个数据。先随机拿出十张扑克牌“数据”依次放入书页的10个连续的“内存”

中。在这次模拟实验中，只允许将数据连续地放入内存中，即相邻的扑克牌之间只能相隔一页书。

首先模拟栈，此时我们只需要知道最后进栈的扑克牌在哪里就可以完成栈的所有操作了。每次增添或删除栈中扑克牌也不会影响到其他扑克牌的位置。其次模拟队列，此时我们需要知道两个信息：队头与队尾的扑克牌分别在哪里。同样地，每次增添或删除队列中扑克牌也不会影响到其他扑克牌的位置。最后模拟数组，此时我们也需要知道数列首尾的扑克牌在哪里。但是，当我们在数组中间的位置增添或删除扑克牌时，每次不仅需要加入或者拿走一张扑克牌，还需要移动其他的扑克牌。以删除操作为例：当我们拿走数列中间的某一张扑克牌时，为了保证“数据”在“内存”上的连续，需要将它之前的所有扑克牌各向后移动一页，或者将它之后的所有扑克牌各向前移动一页，这两种操作都带来额外的处理步骤。因此，在许多计算机算法的设计过程中，我们时常希望用到的数组的增删操作只在数组一端完成。于是，栈与队列作为特殊的数组得到了广泛的应用。

四、优先级队列

优先级队列是普通数组和队列的一种扩展。与普通数组不同的是，这组数据中的每一个元素都有一个“优先级”。与普通队列相似，优先级队列也支持数据的增添和删除；不同的是，在删除数据时，优选级队列选择的是优先级最高的那个元素。

在生活中，排队不一定全都满足“先到先得”的原则。比如在景区买门票时，70岁以上的老人可以优先得到服务；再比如在银行的某些业务受理中，VIP顾客可以享受快速通道。在上面的例子中，年龄、VIP等级可以分别被视为一种“优先级”，每次工作人员服务完一位顾客后，会优先服务队列中优先级最高的顾客。

五、树

前面讲到树形结构是数据逻辑结构的一个大类，同时树（tree）本身也是一种数据结构。

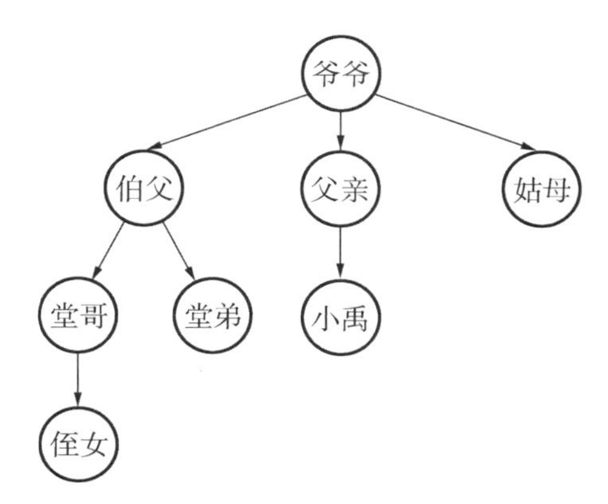

小禹家族的树数据结构

树中有一个特殊的元素被称为根节点或者根元素，它有若干后继元素而无前驱元素。除此之外，每个元素有且仅有一个前驱元素，以及若干后继元素（也可能没有后继元素）。没有后继元素的节点被称为叶子节点。家庭关系常常可以用树数据结构来描述。比如小禹的爷爷生了3个孩子——小禹的伯父，小禹的父亲和小禹的姑母。小禹的伯父生下了小禹的堂哥堂弟，小禹的堂哥又生下了小禹的侄女。我们可以使用树来把小禹家的家族关系提取出来。上页图就是小禹家族的树数据结构图，其中爷爷是根节点，姑母、小禹、堂弟、侄女是叶子节点。

六、图

和树类似，图（graph）本身也是一种数据结构。一个图由若干个节点（vertex）和边（edge）构成，数学上常计作$G=(V, E)$，其中G代表图，V代表节点组成的集合，E代表边组成的集合。一般而言，我们使用$\langle u, v\rangle$代表一条由节点u指向节点v的边，节点v被称为节点u的后继节点。例如在食物链（部分）图中有小麦、鼠、狐狸、蛇、蛙 、蚱蜢6个节点，每个节点代表了一种生物；还有〈小麦，鼠〉,〈小麦，蚱蜢〉,〈蚱蜢，蛙〉,〈蛙，蛇〉,〈鼠，狐狸〉,〈鼠，蛇〉6条边，每条边代表一种猎物-捕食者关系，箭头从猎物指向捕食者。以鼠为例，它的前驱是小麦，后继是蛇和狐狸。

食物链（部分）

回到一开始提到的智力游戏，人工智能可以把这些问题转换为图来进行求解。这些游戏的棋盘有各种不同的布局，我们把可能出现的每一种棋盘布局称为一个状态。在智力游戏中，可以采取一定的行为完成一个状态到另一个状态的转换：比如在数独中填空、在国际象棋中按照规则移动棋子、在华容道里滑动木块。我们将不同的状态视为不同的节点，如果状态u可以在一步内转换为v，那么就存在边$\langle u, v\rangle$。将前面提到的节点和边结合起来，就将智力游戏建模成了图。因为这类图被用来记录游戏或问题中不同状态之间的关系，它们又被称为状态空间图。下面的井字游戏状态空间图（部分）显示了井字游戏的一部分状态空间。

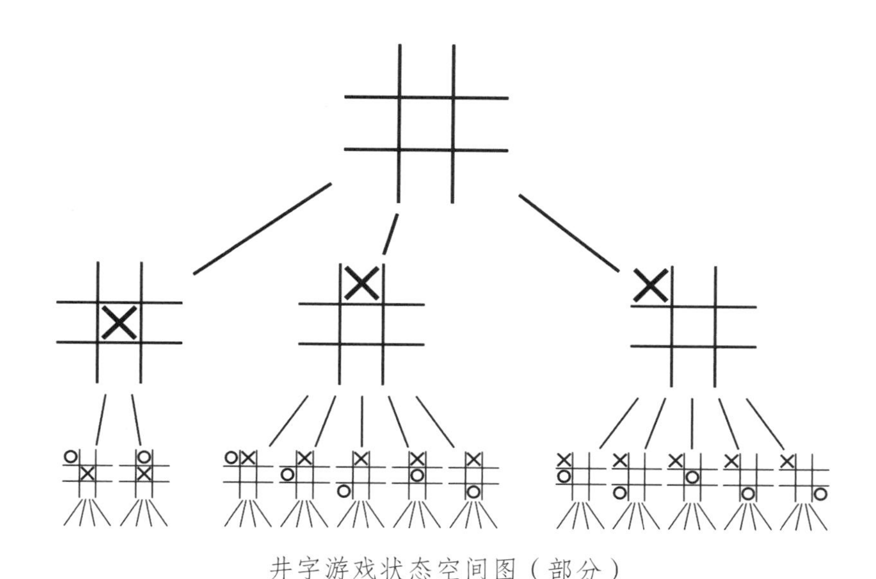

井字游戏状态空间图（部分）

通过使用一些策略对上述的图进行搜索，人工智能可以找到游戏的目标。这类策略被称为搜索策略。搜索策略主要分为以下三大类：

1. 当我们不知道接下来搜索到的状态中哪一个更加接近目标状态时，通常采取较为“暴力”的方法来枚举完系统的所有状态，这种对系统中每个搜索状态的枚举被称为“遍历”（traverse）。基于遍历的策略被称为无信息搜索。

2. 如果我们能采用一些方法来衡量或近似判定哪一个状态更加接近目标状态，并优先对该状态进行搜索，这种策略被称为有信息搜索。

3. 如果在搜索过程中还需要考虑到对手的策略，那么我们和对手之间存在一种博弈的关系，这种策略被称为博弈中的搜索。

第二章 无信息搜索

在所有对图的操作之中，遍历（或无信息搜索）是最基础的操作。在遍历图的过程中，我们要确保图中的每一个节点都被访问；同时为了确保效率，我们希望每个节点仅被访问一次。考虑到图中的节点往往有多个后继节点，需要设计巧妙的搜索算法。图的最基本的两种遍历方式是广度优先搜索和深度优先搜索。下面让我们一起来探究它们是如何实现的。

一、广度优先搜索

广度优先搜索（Breadth-First-Search）一般简称为 BFS。广度优先搜索的思想是先选取一个节点，依次遍历它的所有后继节点，接着再按顺序对这些后继节点使用广度优先搜索。因为在遍历中我们要确保每个节点只被访问一次，所以在每次新遍历一个节点时，都要把访问信息记录下来。

广度优先搜索的主要过程为：

a. 选择一个节点（一般使用初始状态）作为起始节点，标记为已访问，创建一个空的队列，并把起始节点放到队尾。

b. 从队头取出节点，并找出它的所有后继节点，把后继节点中还没有被访问过的节点标记为已访问，再放入队列尾部。

c. 如果队列已空，广度优先搜索便完成了，否则回到步骤 b。

下面的例子给出了广度优先搜索是如何实现的。其中未访问节点为白色，已访问且在队列中的节点为浅灰色，已访问且已出队的节点为深灰色。

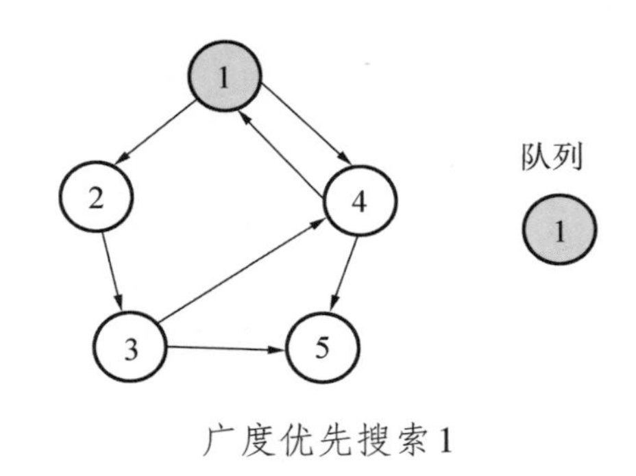

广度优先搜索 1

初始时，选择节点 1，标记为已访问并加入队列。

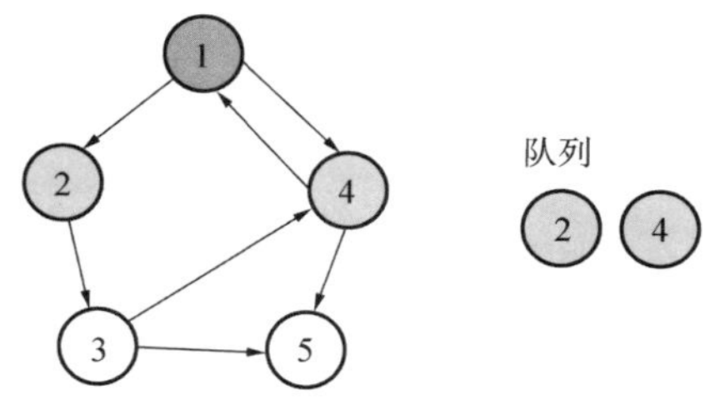

广度优先搜索2

节点1出队，它的后继节点为节点2和节点4，均没有被访问过。将两者标记为已访问并入队。

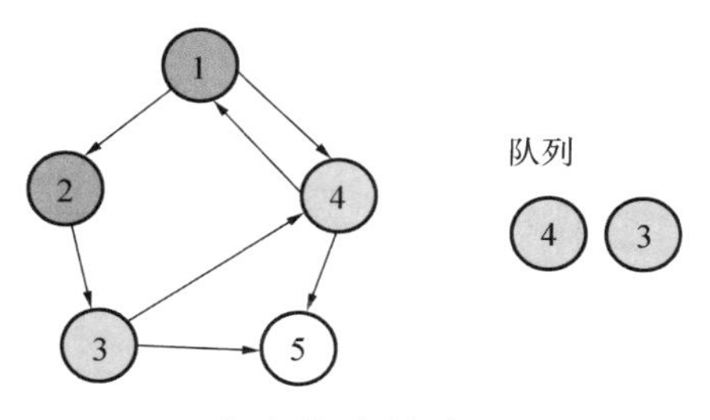

广度优先搜索3

节点2出队，它的后继节点3没有被访问过，将节点3标记为已访问并入队。

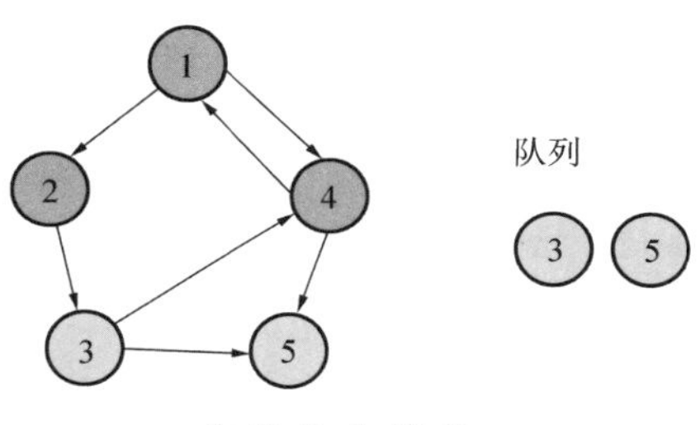

广度优先搜索4

节点4出队，它的后继节点只有节点5没有被访问过，将节点5标记为已访问并入队。

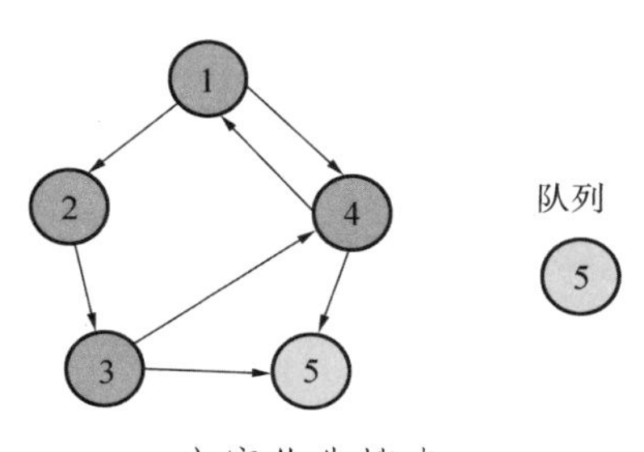

广度优先搜索5

节点3出队，它的后继节点都被访问过了。

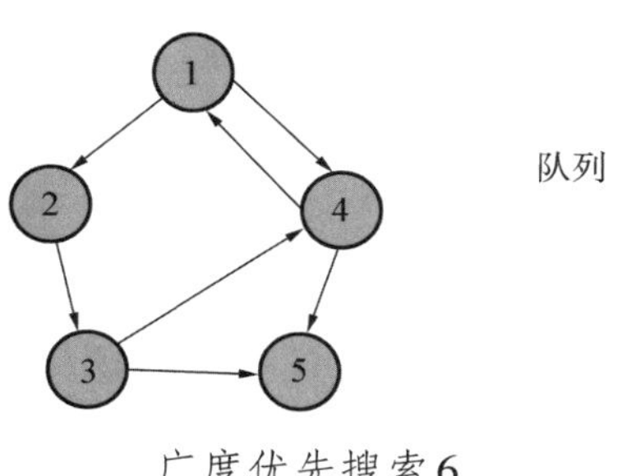

广度优先搜索6

节点5出队，它没有后继节点。至此，队列已空，我们完成了对这张图的广度优先搜索。

广度优先搜索可以用来进行拓扑排序。拓扑排序是一种将图中节点排列成有序数列的方式，要求图中若存在边〈u，v〉，则最后的数列中u要在v的前面。意大利面套餐的制作工序图向我们阐述了拓扑排序是怎样应用到日常生活中的。读者可以尝试对此图进行广度优先搜索，并记录节点的先后出队顺序，最后把得到的节点上的信息按顺序一条一条写下来，这样就利用对流程图的拓扑排序得到了意大利面套餐的制作流程。

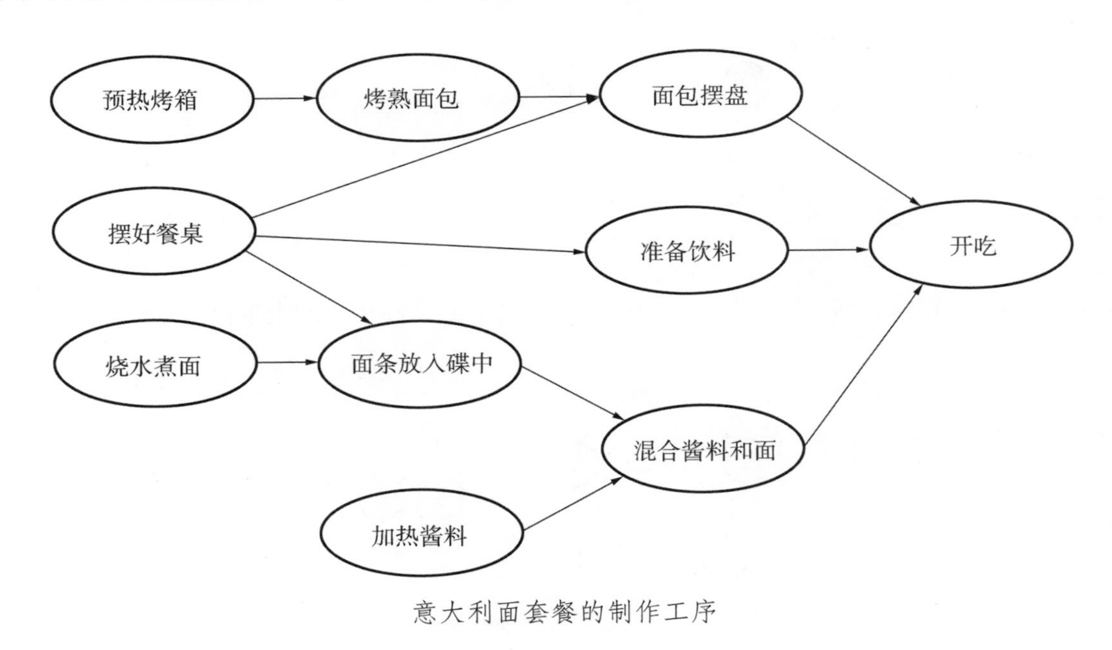

意大利面套餐的制作工序

二、深度优先搜索

深度优先搜索（Depth-First-Search）一般简称为DFS。深度优先搜索在搜索过程中访问某个节点后，需要先对此节点的所有未访问过的后继节点执行深度优先搜索。

深度优先搜索的主要过程为：

a. 选择一个节点（一般使用初始状态）作为起始节点，标记为已访问，创建一个空的栈，将起始节点入栈。

b. 从栈顶取出节点，并找出它的所有后继节点，将其中所有未访问过的节点标记为已访问并入栈。

c. 如果栈已空，深度优先搜索便完成了，否则回到步骤b。

下面的例子给出了深度优先搜索是如何实现的。与之前类似，其中未访问节点为白色，已访问且在栈中的节点为浅灰色，已访问且已出栈的节点为深灰色。

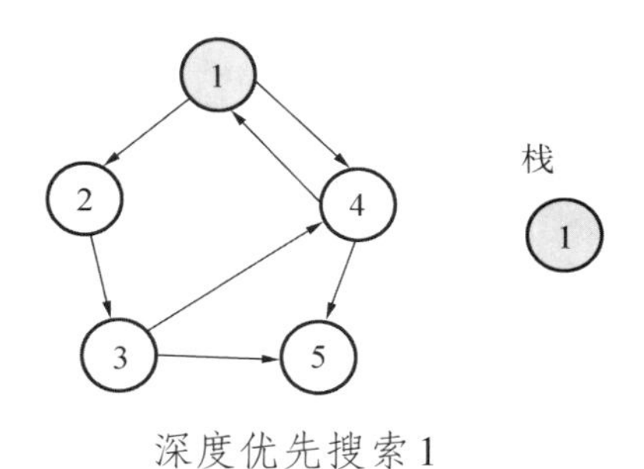

深度优先搜索1

初始时，选择节点1，标记为已访问并入栈。

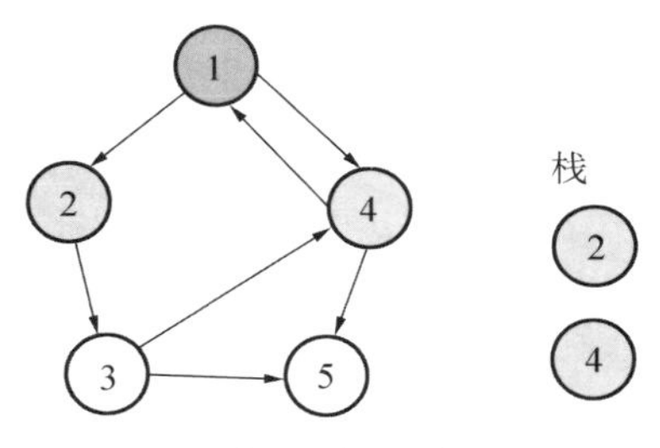

深度优先搜索2

节点1出栈，它的后继节点为节点2和节点4，均没有被访问过，将两者标记为已访问并入栈。

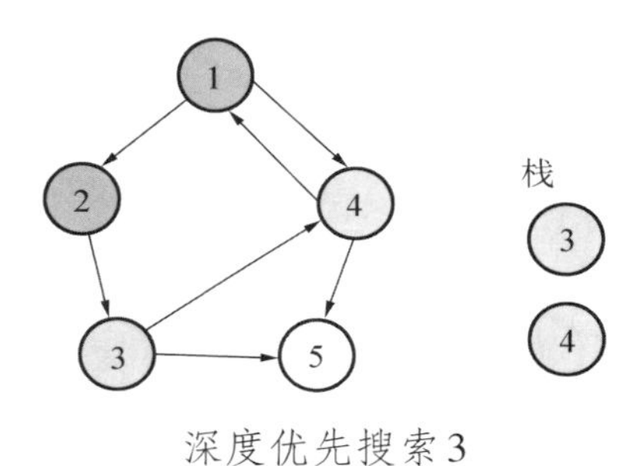

深度优先搜索3

节点2出栈，它的后继节点3没有被访问过，将节点3标记为已访问并入栈。

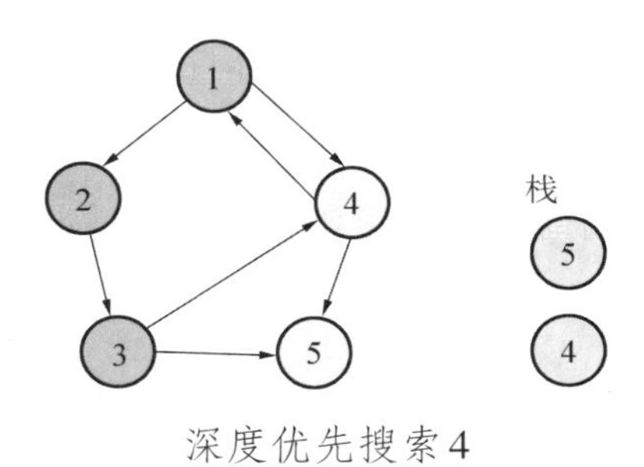

深度优先搜索4

节点3出栈，它的后继节点只有节点5没有被访问过，将节点5标记为已访问并入栈。

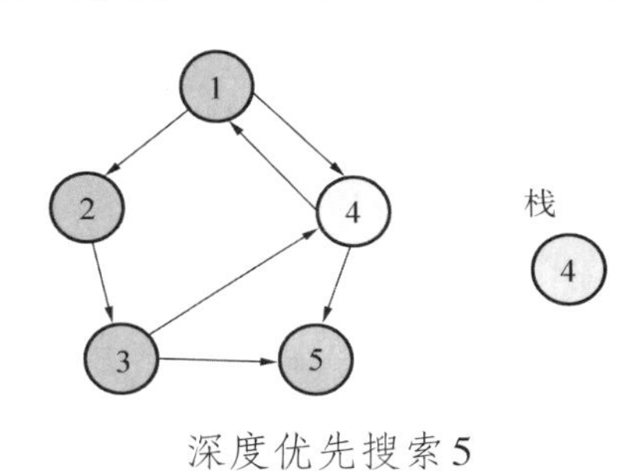

深度优先搜索5

节点5出栈，它没有后继节点。

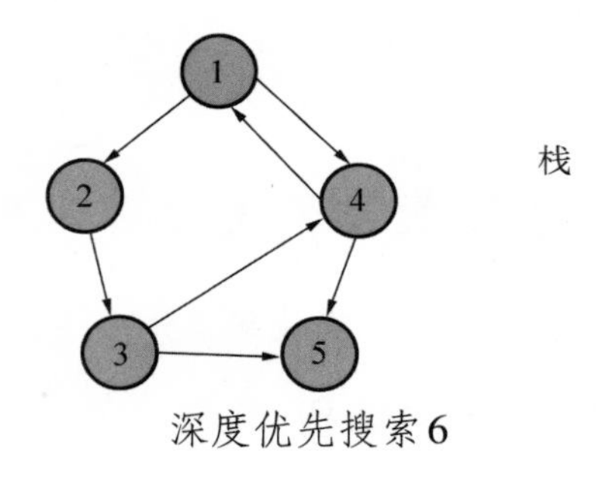

深度优先搜索6

节点4出栈，它的后继节点都被访问过了。至此，我们完成了对这张图的深度优先搜索。

深度优先搜索可以用来搜索“欧拉回路”问题的解，也就是所谓的一笔画问题。“欧拉回路”问题是指在一个图中找到一条路径，使得该路径对图的每一条边正好经过一次，而且起点和终点相同。通常，“欧拉回路”问题中的图的边是双向的，即〈u，v〉存在时〈v，u〉必定存在。数学家欧拉证明：只有图中所有节点的后继节点都是偶数个时，图才具有欧拉回路。对于这样的图，可以使用深度优先搜索来求出欧拉回路。我们从1开始，可能用深度优先搜索得到1–5–2–1回路；这时发现回路提前结束了，需要找到仍有后继节点未被遍历的节点，即节点5，并在剩余的节点中继续作深度优先搜索，得到回路5–3–4–5，把这一段回路拼接入原来的回路，得到最终的欧拉回路1–5–3–4–5–2–1。

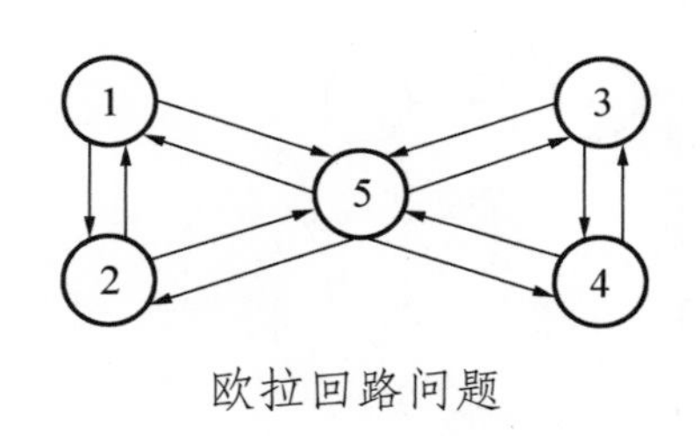

欧拉回路问题

三、 搜索算法的衡量指标

上面我们通过拓扑排序和欧拉回路知道了深度优先搜索和广度优先搜索各自的应用。在对实际游戏的状态空间图的求解中，使用这两种搜索算法往往都可以找到最后的解。因此，需要一些指标来帮助我们分析哪种算法更好。下面是几种常用的指标。

完备性：当问题存在一个解时，如果搜索算法可以找到这个解，则这个搜索算法是完备的。因为深度优先搜索和广度优先搜索都可以遍历图中的所有元素，因此它们都是完备的。

优选：若搜索算法提供了解决方案中最佳的解决路径，则这个算法是优选的。

时间性能：我们用一个搜索算法找到最后解时寻找的节点个数来评价一个算法的时间性能。

空间性能：我们用一个搜索算法找到最后解时寻找的节点个数与此时栈/队列中的节点个

数之和来评价一个算法的空间性能。

下面的例子将详细地讨论广度优先搜索、深度优先搜索的优选、时间性能以及空间性能。

实例 1：农夫渡河问题

一个农夫带着一匹狼、一只羊、一篮菜准备过河。河畔渡口仅有一条独木舟，只有农夫能够划独木舟到对岸。考虑到独木舟上空间很小，每次渡河农夫只能带走狼、羊、菜中的一样物品。此外，让农夫担忧的是，当他划船的时候，羊会偷吃菜，狼会偷吃羊。使用怎样的方法可以让农夫完整地将所有物品带到河对岸？

农夫渡河问题可以很方便地将每个时刻农夫、狼、羊、菜的位置信息视为状态。每个状态节点的后继节点有两种：改变农夫的位置形成的新状态；同时改变农夫与农夫同侧的某一物品的位置形成的新状态。

1. 使用 BFS 求解农夫渡河问题

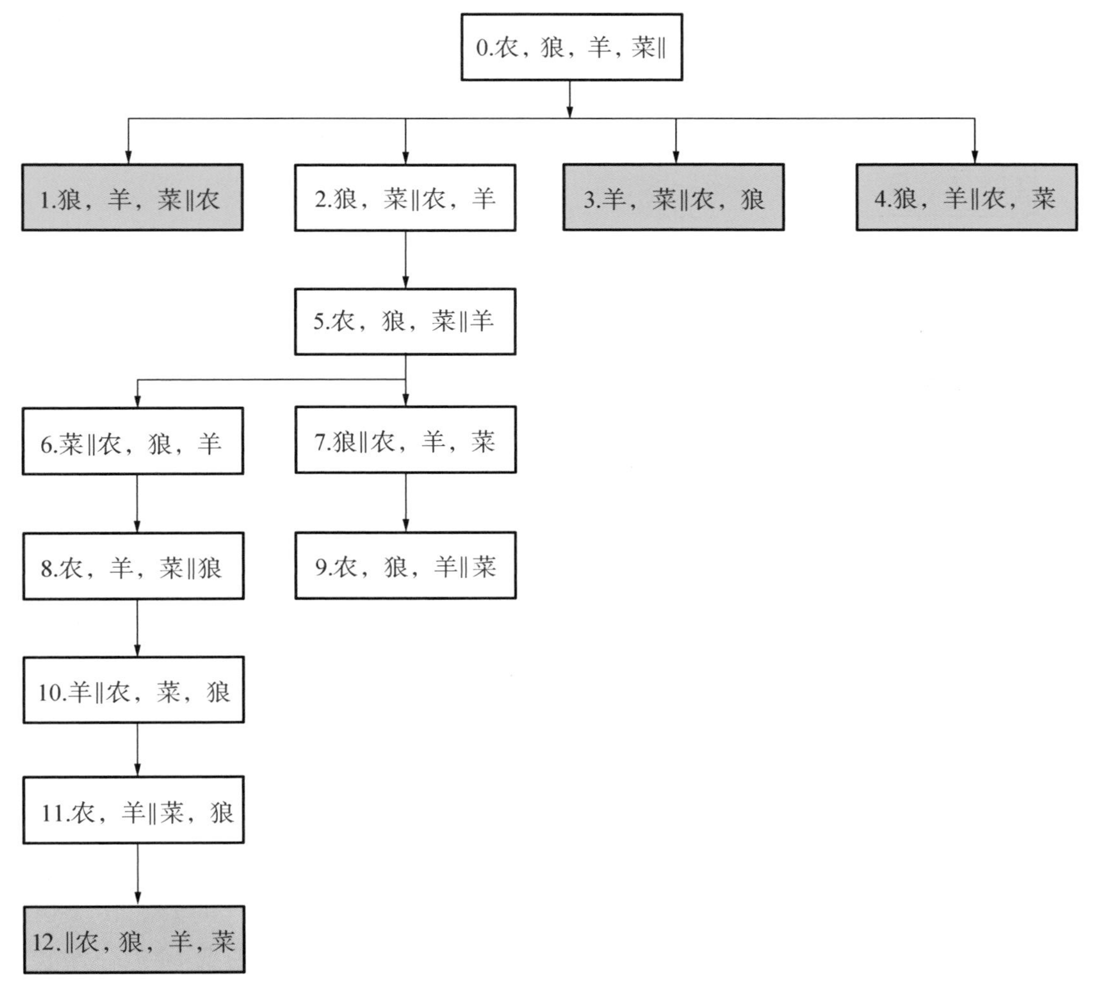

使用BFS求解农夫渡河问题

使用BFS求解农夫渡河问题，结果如上页图所示。图中浅红色节点和浅蓝色节点都是终止状态。浅红色代表不符合要求的节点，浅蓝色代表问题的终止状态。我们把初始状态到浅蓝色终止状态的路径上的每个节点依次写下来，得到农夫渡河问题的解。注意存储所有访问过的节点，每个节点在图中仅能出现一次。比如节点10也是节点9的后继节点，但节点10已经作为节点8的后继节点被遍历过，所以不再次出现。使用BFS求解农夫渡河问题时，一共探寻了13种可能的问题状态（算上初始状态），并且需要13个存储状态的计算机空间。

2. 使用 DFS 求解农夫渡河问题

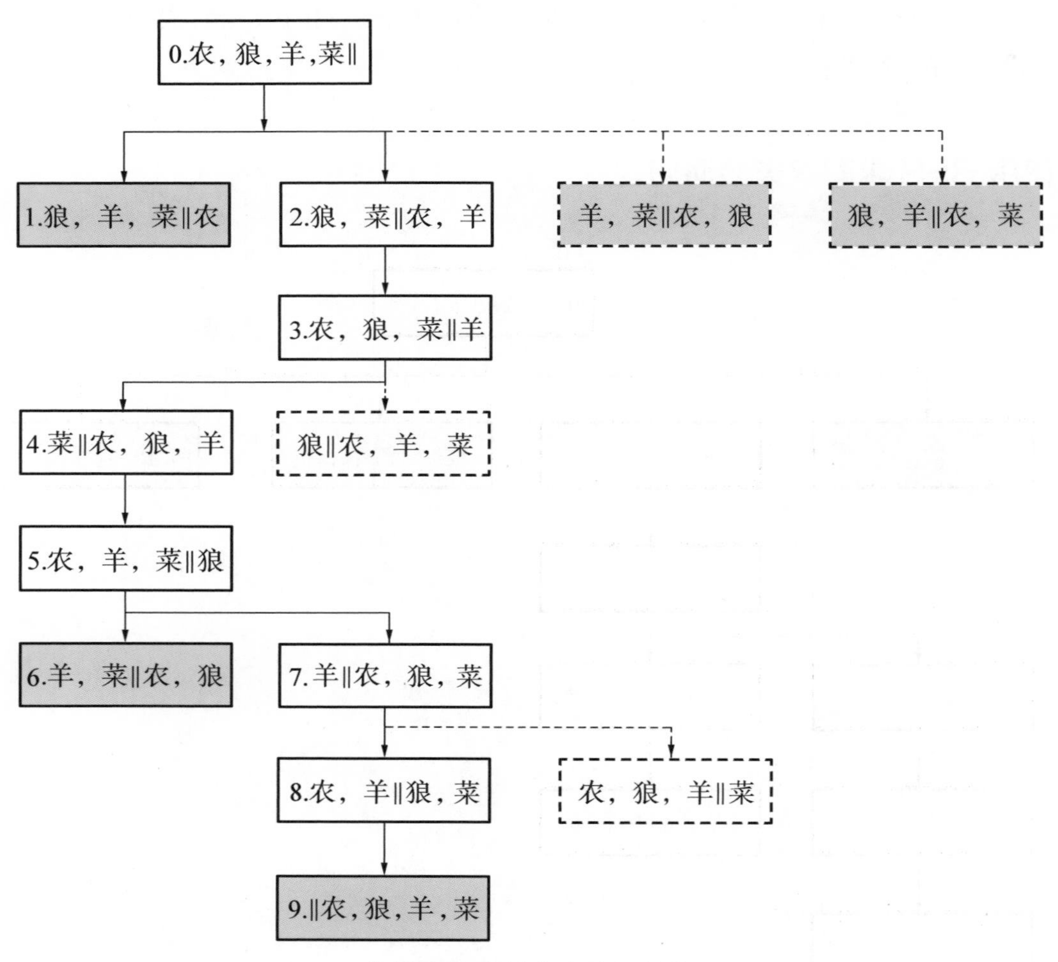

使用DFS求解农夫渡河问题

使用DFS求解农夫渡河问题，结果如上图所示。注意使用虚线连接的状态在一开始就被我们放入了栈中，但因为在遍历栈顶其他元素的过程中已经找到了问题的解，在求解过程中有些状态没有被访问过，只是我们依然需要用一些空间来存储它们。使用DFS求解农夫渡河问题时，一共探寻了10种可能的问题状态（算上初始状态），并且需要14个存储状态的计算机空间。

如果将农夫渡河问题中所有可能的状态进行枚举，我们可以发现深度优先搜索和广度优先搜索给出的解都是最佳的，因此它们在这个问题上都是优选的。

在求解农夫渡河问题的时间性能上，深度优先搜索要领先于广度优先搜索。是不是在所有问题或者游戏的求解过程中，深度优先搜索都能表现得更好呢？我们再来看一个例子。

实例 2：数字华容道

在下面这个数字华容道问题中，2×2的棋盘上放有分别标记为1，2，3的三个木块。棋盘中留有一个空格，可以通过滑动空格周围的木块来交换该木块和空格的位置。我们的目标是给定初始棋盘布局，通过滑动木块让棋盘达到目标棋盘布局。数字华容道棋盘上各个木块和空格所在的位置（即棋盘布局）就是该时刻的状态。

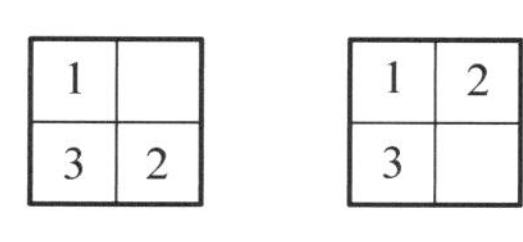

初始布局和目标布局

1. 使用 BFS 求解数字华容道

使用BFS求解数字华容道问题，结果如下图所示。我们发现，广度优先搜索只探索了两个状态就找到了问题的解。

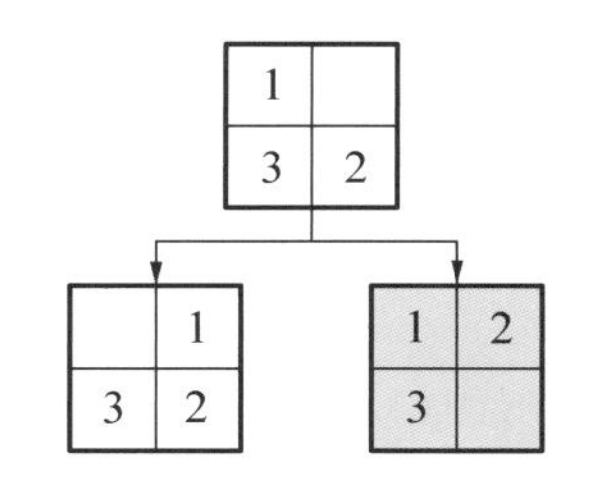

使用BFS求解数字华容道

2. 使用 DFS 求解数字华容道

使用DFS求解数字华容道问题，结果如下页图所示。当第一个搜索的状态不是我们需要的最终状态时，DFS需要探索11个状态才能找到问题的解。在这个例子里面，DFS的解不是优选的，而BFS的解是优选的。

通常，无信息搜索都能够保证搜索的完备性，而BFS还可以保证解的优选性。

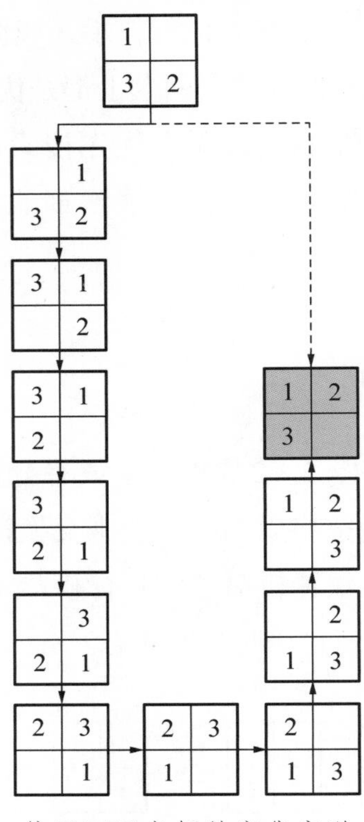

使用DFS求解数字华容道

四、DFS和BFS的比较

从上面的两个例子可以发现，每个搜索算法的搜索过程都对应着一棵树（回想树数据结构的定义），我们称之为搜索树。直观上来看，使用广度优先搜索得到的搜索树显得“虬枝短小”，而使用深度优先搜索得到的搜索树显得“挺拔修长”。我们可以使用以下的几个指标，用数学的方法来衡量一棵树是“挺拔”的还是“虬枝”的，是“短小”的还是“修长”的：

1. 节点的分支因子：一个节点后继节点的个数，也被称为节点的度。一棵树所有节点中分支因子最大节点的分支因子被称为这棵树的分支因子。

2. 节点的深度：根节点到这个节点经过的边的数目，也被称为节点的高度。一棵树所有节点中深度最大节点的深度被称为这棵树的深度。

再以小禹的家谱树为例：

小禹的伯父有两个子女，因此“伯父节点”的分支因子等于2；小禹的爷爷是大家庭中子女最多的家长，“爷爷节点”决定了小禹家谱树的分支因子为3。小禹是爷爷儿子的儿子，因此“小禹节点”的深度等于2；小禹的侄女是大家庭中辈分最低的孩子，“侄女节点”决定了家谱树的深度为3。

了解了树的分支因子和树的深度两个概念之后，我们可以用更数学化的方法来描述搜索树：BFS的搜索树分支因子较多，DFS的搜索树深度较深。在为一个问题或者游戏筛选搜索算

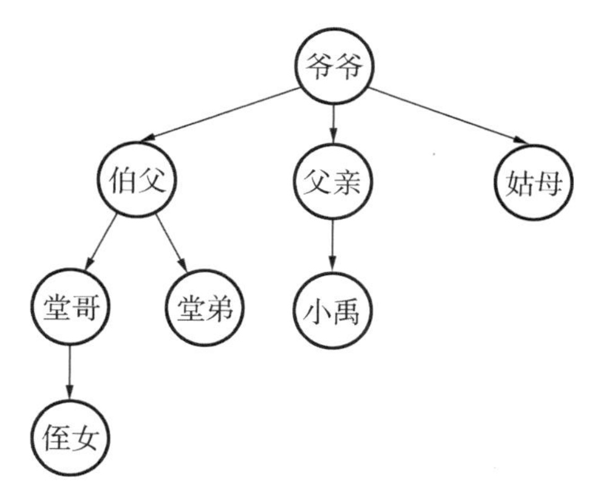

小禹的家谱树

法时，需要大概判断一下，从初始状态出发，哪种搜索树可以更好地“延展”到问题的解的状态。如果问题的每个状态节点的后继节点很多，且最终解可能出现在不太深的位置，那么应该选择广度优先搜索；反之，如果问题的状态节点大多只有很少的后继节点，且最终解可能出现在比较深的位置，那么应该选择深度优先搜索。

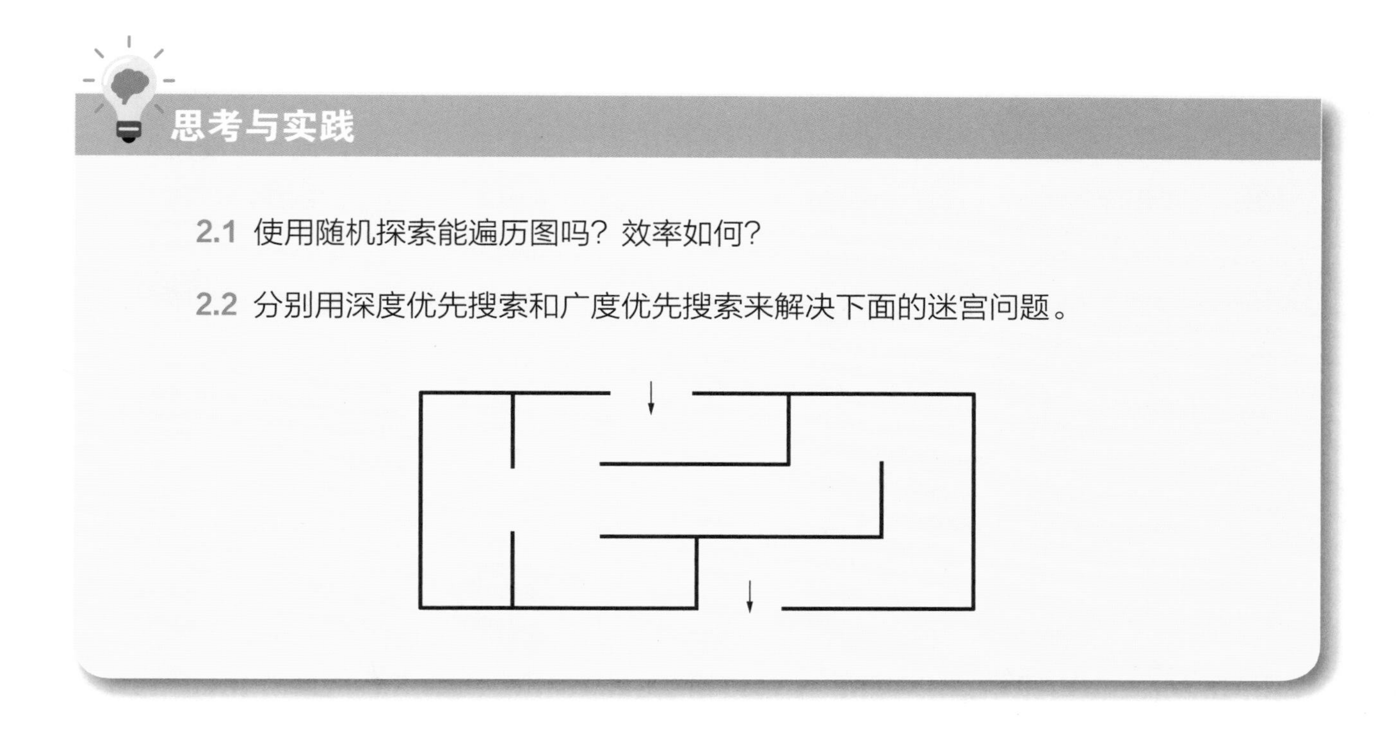

思考与实践

2.1 使用随机探索能遍历图吗？效率如何？

2.2 分别用深度优先搜索和广度优先搜索来解决下面的迷宫问题。

第三章　有信息搜索

上一章我们接触了无信息搜索。在应用无信息搜索算法的过程中，没有用到任何关于解状态和目前搜索到的状态的信息——换言之，我们是通过“枚举”所有问题状态的方法，来找出一条从初始状态到解的路径。然而，在许多实际问题中，我们或多或少会知道一些信息：譬如玩数独时，我们会尽量先填那些周围数字较多的格子，因为我们对它的信息掌握得较多，能够很快地筛选出哪些数字更可能满足要求。

为了构建具有更强大搜索能力的人工智能，科学家提出了有信息搜索，也称为启发式（Heuristic）搜索。“启发式”表示的是通过一些经验避开大量没有结果的搜索路径。现在来看一看，怎么让已知的信息帮助我们设计搜索算法，并了解一些简单的有信息搜索算法。

一、启发式算法

某一天，小禹需要从学校出发到体育场参加比赛。按照深度优先搜索或者广度优先搜索的思想，小禹需要依次探索每一条从学校出发的道路。考虑到市区道路四通八达数目巨大，如果从学校出发一条条地检查道路，很有可能花费大量时间在并不是通向体育场方向的道路上，这种“南辕北辙”的探索方法显然是不现实的。在实际生活中，小禹会先考虑体育场和

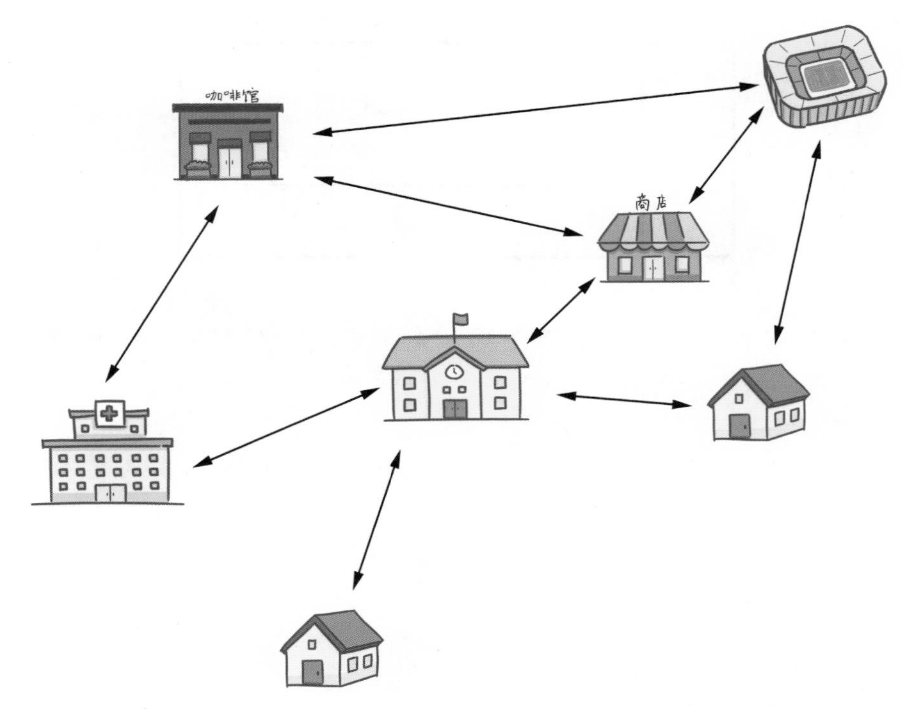

学校周边的地图

学校的相对位置：体育场在学校东北方向，他会优先选择学校往东北方向的道路进行探索；探索的过程中，每次遇到岔路口，小禹还会考虑当前位置到体育场的距离和相对方向，来选择是否转向等。

比较无信息搜索和人类寻找道路的不同方法，可以发现，在现实生活中进行搜索时，我们往往会用到关于目标（问题的解）的信息和一些以往的经验。在上面的例子中，就用到了“体育场在学校东北方向”这一个信息，和基于这个信息得到的“应该优先选择从学校出发通往东北方向的道路”的经验。通过这些信息和经验，排除了大量从学校出发的通向其他场所的道路，避免在无信息搜索中可能出现的“走弯路”、“进死胡同”和“绕圈”等困境。

启发式算法中的“启发”一词形容了根据经验来解决问题的过程。上面小禹寻找道路的例子是启发式算法的一次应用。下面介绍的几种有信息搜索算法都是启发式算法。

思考与实践

3.1 经验都是有用的吗?

如果学校周围的某条道路因为施工被关闭了（见下图，红色的道路被关闭了），而小禹事先并不知道，那么“应该优先选择从学校出发通往东北方向的路”这个经验还能帮助小禹吗?

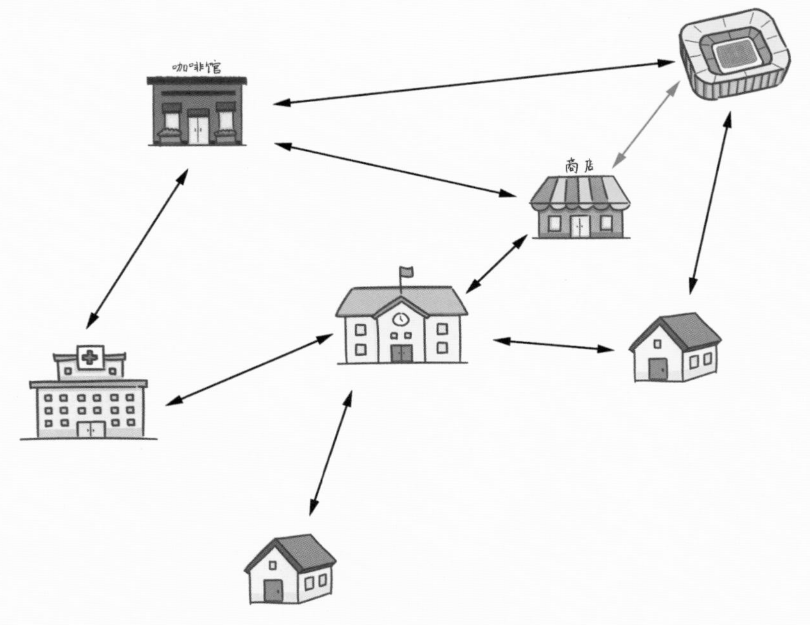

施工期间学校周边的地图

如果小禹提前得知施工信息，他的“经验”又能怎样指导他的行程？他会用到其他“经验”吗?

二、爬山法

先从最简单的情形开始探索怎么把“经验”设计进搜索算法之中。下面是一个“爬山游戏”，可以帮助我们理解最简单的有信息搜索算法——爬山法。

爬山游戏

小禹准备爬上一座山的山顶，他仅有一个高度计可以告诉现在所处位置的高度。在游戏中，小禹被允许向东、南、西、北4个方向前进，但他的眼睛被蒙住了，不能通过视觉来判断周围哪个方向是上坡路、哪个方向是下坡路。在这座山中，相邻两个位置的高度差不超过2。小禹要怎样才能快速地找到山顶呢？

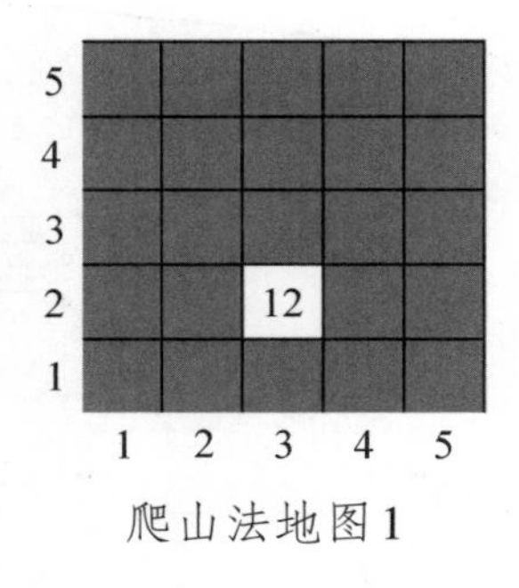

爬山法地图1

初始状态，小禹的高度为12，位置在（3，2）。灰色代表这个位置没有被探索过，白色代表这个位置已经被探索过。

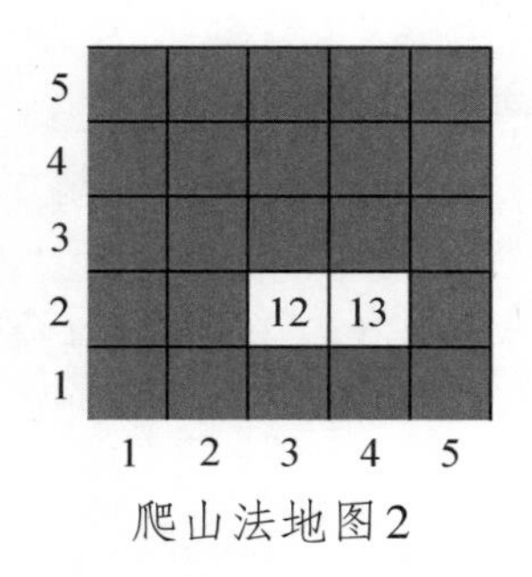

爬山法地图2

首先，小禹可以先探索毗邻位置（3，2）向东一步的位置（4，2），获得其高度信息为13。按照相关的知识和经验，小禹有一定的信心认为在位置（4，2）附近会有更高的点，他接着探索毗邻（4，2）向东一步的位置（5，2）。

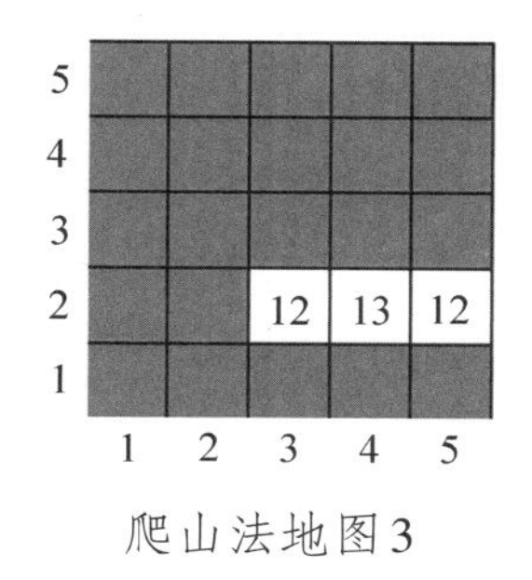

爬山法地图3

位置（5，2）的高度为12，低于位置（4，2），于是小禹再依次探索位置（4，2）周围的其他位置，直到找到更高的位置（4，3）。

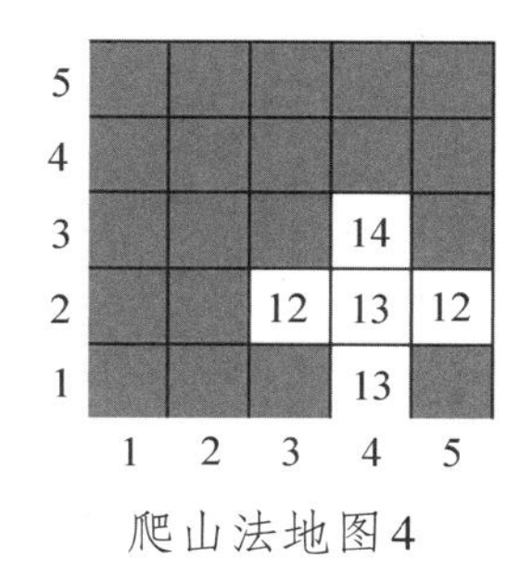

爬山法地图4

接着，小禹依次探索位置（4，3）周围的位置，如果发现有更高的位置，就把这个位置作为新的探索起点，直到周围的位置都比这里低，这时小禹就找到了一个小高峰。我们把这种比周围位置都更好的位置称为“局部最优点”，把局部最优点的高度称为“局部最优值”。一般而言，有信息搜索算法给出的解答都是这样的局部最优点。

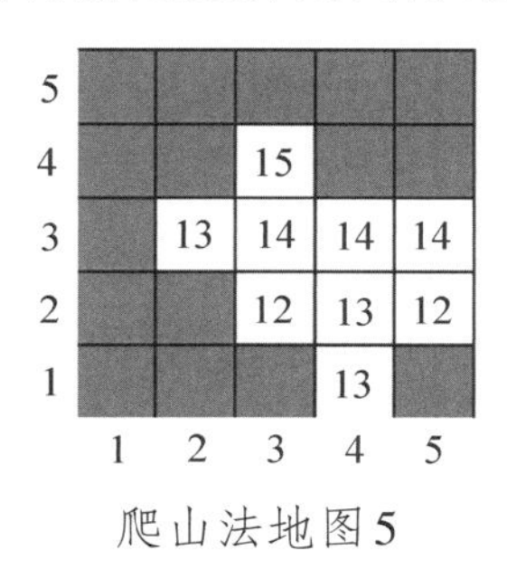

爬山法地图5

小禹依次探索位置（4，3）、（5，3）、（3，3）、（2，3）、（3，4），现在他的位置在（3，4），高度为15。

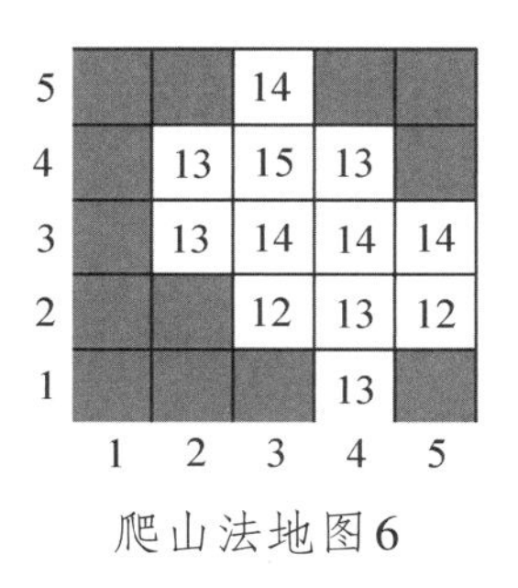

爬山法地图6

小禹再依次探索位置（3，4）周围的位置（4，4）、（2，4）、（3，5），发现位置（3，4）是一个局部最优点，完成探索。爬山法的整体过程可以写成以下算法：

a. 选取初始位置，记录初始位置的“高度”为现在的高度；

b. 探索初始位置“周围”的某个位置，

b1. 若这个位置比现在的高度更“高”，我们将这个位置视作新的初始位置，并再次使用爬山法；

b2. 若这个位置比现在的高度更“低”或相同，则探索初始位置“周围”的其他位置；若初始位置不比任何“周围”的位置低，我们就找到了局部最优点。

思考与实践

3.2 考虑上一章最后的迷宫问题。如果能够知道每个时刻自己所在位置到出口的距离，能否使用爬山法来走出迷宫？最后找到的局部最优点是迷宫出口吗？请你尝试一下，并说一说在这个过程中用到了怎样的“经验”。

三、最速爬山法

在前面的爬山法中，小禹每次只探索周围的一个位置，并且判断这个位置和现在的位置孰优孰劣。我们可以对这种探索加以改进——每次小禹都要探索周围的全部4个位置（如果有已经探索过的位置则跳过），并且选取其中最高的一个作为下一步的探索起点；如果周围的位置都不如当前位置，则说明小禹走到了一个局部最优点。这种改进的爬山法被称为最速爬山法。

下面展示一下最速爬山法的探索过程。

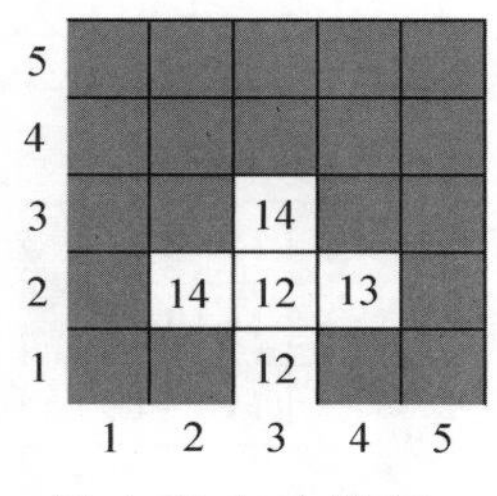

最速爬山法地图1

先探索位置（3，2）周围的位置（4，2）、（3，1）、（2，2）、（3，3）；找到两个并列最高的位置，这里随机取位置（3，3）并继续探索。

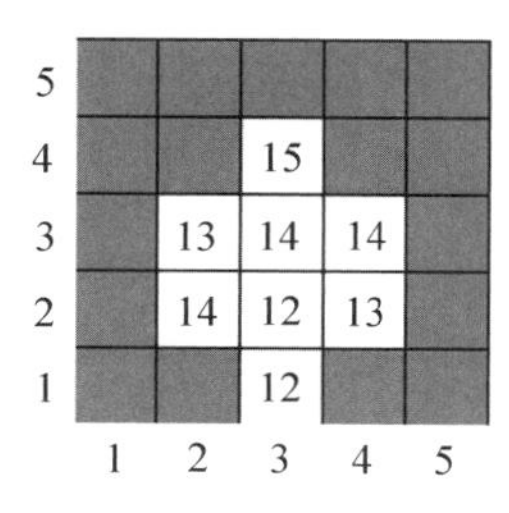

最速爬山法地图2

探索位置（3，3）周围的位置（4，3）、（2，3）、（3，4）；找到最高的位置（3，4），并继续探索。

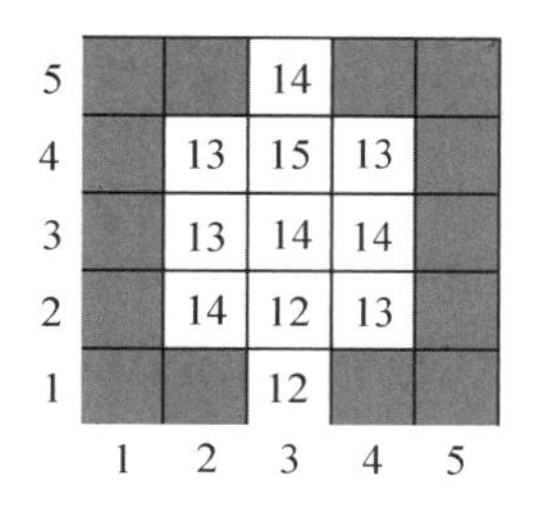

最速爬山法地图3

探索位置（3，4）周围的位置（4，4）、（2，4）、（3，5），发现位置（3，4）是一个局部最优点，完成探索。最速爬山法的整体过程可以写成以下算法：

a. 选取初始位置，记录初始位置的“高度”为现在的高度；

b. 探索初始位置“周围”的所有位置，选取其中高度最高的一个（如果有多个并列最高，则随机选取一个），

b1. 若这个位置比现在的高度更“高”，我们将这个位置视作新的初始位置，并再次使用最速爬山法；

b2. 若这个位置比现在的高度更“低”或相同，我们就找到了局部最优点。

对比爬山法和最速爬山法，我们发现最速爬山法在每个位置周围的探索上花了更多时间，但找到局部最优点的方式更加直接。

思考与实践

3.3 试着将正文描述中的“高度”、“高”、“低”和“周围”等词语换掉，让爬山法和最速爬山法可以帮我们解决更多的问题。

四、A* 搜索

在最速爬山法中，当小禹面临多个并列最高位置时，只能随机选择其中一个位置继续探

索。这样处理时，有些位置可能不被探索到。一个更好的方法是，把这多个位置的“优先级”设置为相同的等级，并用之前介绍的优先级队列来帮助我们的爬山过程。这种新的探索方法被称为A*搜索，A*搜索的整体过程可以写成以下算法：

a. 将现在的高度设置为无穷小，建立一个空的优先级队列。将初始位置放入优先级队列，初始位置的高度作为优先级；

b. 取出优先级队列中的最高优先级，将它的“高度”记录与现在的“高度”相比较，

b1. 若这个位置的高度高于现在的高度，则将这个位置的高度记录为现在的高度，探索它周围的位置，并且把这些周围的位置放入优先级队列中，每个位置的优先级是它的高度；

b2. 若这个位置的高度低于或等于现在的高度，那么我们就找到了到目前为止所探索的所有位置中最好的一个局部最优点。

3.4 比较A*搜索和广度优先搜索的异同。

五、有信息搜索算法的优缺点

相比于无信息搜索算法，有信息搜索算法使用更多的“知识”和“经验”，排除搜索树中许多较差的节点，在时间性能和空间性能上都得到大幅度的改进。

需要指出的是，“知识”和“经验”不一定能给问题带来最好的解答。有信息搜索找到的解都是局部最优点，但局部最优点不一定是最好的解。下面这张地图中，位置（2，2）、（3，3）、（4，4）、（5，5）都是局部最优点，却不是最高点。位置（1，5）的高度为全地图最高，它被称为全局最优点。

5	17	16	16	15	16
4	16	15	14	15	14
3	15	14	15	14	14
2	14	15	14	13	12
1	13	14	14	13	11
	1	2	3	4	5

地图示例

为了解决局部最优点不是全局最优点的困境，我们可以使用两个技巧来增强有信息搜索算法的探索能力：第一个技巧是多次运行有信息搜索算法，每次选取不同的初始位置；第二

个技巧是当算法找到局部最优点时不直接停止算法，而是选取几个次高的位置，再通过启发式算法探索它们周围的位置。

使用上面的技巧虽然能提升找到最优解的概率，但牺牲了有信息搜索算法在时间性能和空间性能上面的优势。另一方面，在实际应用中不一定非要找到问题的最优解（有些最优解很有可能极难找到），很多时候局部最优解已经可以满足我们的需求。因此，在计算机科学的研究中，有信息搜索算法比无信息搜索算法有更广阔的应用场景。比如小禹的父亲带着一家人自驾游的时候，选择到目的地的路径很可能不是最近的一条，但往往是他最熟悉的一条。

思考与实践

3.5 思考山麓、山上平地、山脊和山峰的关系，用它们来类比局部最优和全局最优的关系。

第四章　博弈中的搜索

前面的章节中我们接触了一些搜索算法。到目前为止，在讨论过的问题中，任何时刻都是由我们自己作出决策来改变游戏状态。在这一章中，我们会讨论如何将搜索算法应用到博弈（game）之中。

在汉语中，博弈指智谋的较量。具有竞争或对抗性质的行为都可以视为博弈，如日常生活中的象棋、围棋游戏。一场博弈会有多个参与者，每个参与者都希望在博弈结束时，能最大化自己的收益。在棋类游戏中，这种收益就是赢得对局——因此，一盘象棋对局中，在我们通过搜索算法来完成“将军”的同时，对手会想方设法阻碍我们实现目标，甚至让我们被“反将一军”。

为了研究这种在生活中广泛存在的智谋较量，数学家与经济学家开创了“博弈论”这门新学科来讨论如何在一场博弈中取得最大的收益。这一章会对博弈论进行初步了解，并探索如何将之前学到的搜索策略应用到棋类博弈之中。

一、博弈论简介

一场博弈需要具备以下几个要素：

局中人：参与博弈的玩家。有两个局中人参加的博弈称为“两人博弈”，有多于两个局中人参加的博弈称为“多人博弈”。本书仅讨论两人博弈。

策略：一局博弈中每个局中人可以选择的一系列行动方案。

得失：一局博弈结束时的结果。一般地，得失是由每个局中人采取的策略所决定的。

对于一场两人博弈，可以通过表格来展示局中人–策略–得失之间的关系，这种表格被称为博弈矩阵。下表展示石头剪刀布游戏的博弈矩阵。

石头剪刀布游戏的博弈矩阵

局中人A/局中人B	石　头	剪　刀	布
石　头	0，0	1，−1	−1，1
剪　刀	−1，1	0，0	1，−1
布	1，−1	−1，1	0，0

下面我们将探索几个著名的博弈，并讨论如何采取最优策略。

1. 囚徒困境

两个小偷被警察捉住了，被关押在两个审讯室。警察没有找到足够的证据给两人定罪，便告知小偷："坦白罪行将减轻对你的处罚。"具体而言，如果两个小偷都不承认罪行，警察会因为罪证不足只能判每人1年监禁；若都承认罪行，那么两人都会被处以5年监禁；若一人承认另一人抵赖，承认者会因将功补过被直接释放，抵赖者会被监禁10年。下表为囚徒困境的博弈矩阵。

囚徒困境的博弈矩阵

小偷A/小偷B	抵　　赖	坦　　白
抵　　赖	−1，−1	−10，0
坦　　白	0，−10	−5，−5

小偷A此时不知道小偷B是否将他们的罪证交代给了警察，因此他会作如下考虑：

"如果小偷B坦白的话，我最好还是坦白后和他一起坐牢5年，否则等待我的将会是漫长的10年刑期。"

"如果小偷B抵赖的话，我最好坦白，这样我就可以免受牢狱之灾。"

小偷A发现，无论如何，坦白都可以让他得到更好的结局；小偷B也发现了这个事实。因此，若两个小偷都是理性决策者，他们都会选择坦白策略。此时，每个局中人都在考虑其他人的策略后选择对自己最有利的策略，我们把这时每个局中人的策略称为"纳什均衡"[1]。

如果两个小偷都足够讲"义气"，相信同伴不会出卖自己，那么这时两人的选择会让各自付出1年的刑期。但相比于其他3种情况，两人都抵赖罪行会使得总坐牢时间最少，这时两人的策略方案被称为"帕累托最优"。

2. 智猪博弈

在一个大猪圈里面有一大一小两头猪，猪圈一边有一个踏板，踩踏板会导致10份饲料落入猪圈另外一边的食槽。踩下踏板需要花费2份饲料的力气。此外，大猪争抢饲料的能力强于小猪。下表是这场博弈的博弈矩阵。

智猪博弈的博弈矩阵

小猪/大猪	踩踏板	不踩踏板
踩踏板	1，5	−1，9
不踩踏板	4，4	0，0

1　这个策略的名称被用以纪念美国经济学家约翰·纳什。

假设两头猪都足够聪明——小猪会发现不论大猪如何行动，自己不踩踏板总能获得比踩踏板更高的收益，因此它会守在食槽旁边；大猪能够揣摩出小猪的心思，知道小猪不会去踩踏板，而自己去踩踏板虽然会被小猪抢走大量饲料，但总比一起挨饿强。最终两头猪会达成小猪不踩踏板、大猪去踩踏板的纳什均衡状态。

3. 员工老板博弈

一个老板雇佣了一个懒散的员工来经营他的小卖部，他发现有必要时不时去抽查员工是否在认真干活。但是老板不只有小卖部要经营，去监督小卖部会影响到其他的生意。懒散的员工则时常想白拿工资不干活，但是合同上写明了老板可以对他的懒惰罚款。下表为员工老板博弈的博弈矩阵。

员工老板博弈的博弈矩阵

员工/老板	监 督	不监督
干 活	1，1	0，2
偷 懒	−2，−1	4，−4

对员工而言，如果老板来监督，最好乖乖干活；老板不在时，偷懒白拿工资更舒服。而老板则想每次员工偷懒时自己都在场，员工认真干活时自己都恰好在干其他事情。与之前的囚徒困境、智猪博弈不同，这场博弈中，如果两名局中人都只想采用一种行动，总会有一个人发现自己通过改变行为可以获取更高的收益。

对于员工，如果他一直偷懒，老板会采取监督策略，这会导致员工开始干活；如果员工一直在干活，老板会不再监督，这会导致员工开始偷懒。对于老板，如果他一直在监督，员工倾向于认真干活，这会导致老板不再监督；如果老板一直没有监督，员工倾向于偷懒，这会导致老板需要去监督员工。

我们称这样的博弈不存在固定策略的纳什均衡点。但是，当博弈的局中人是以一定概率选择某种策略时，这样的博弈依然存在纳什均衡点。假设员工会以一定概率（P_1）干活，老板会以一定概率（P_2）监督。此时员工干活的收益数学期望为$1\times P_2+0\times(1-P_2)$，而偷懒的收益数学期望为$-2\times P_2+4\times(1-P_2)$。约翰·纳什证明了，当博弈达到均衡的时候，老板的监督概率会让员工两种行为的收益数学期望相同，即$1\times P_2+0\times(1-P_2)=-2\times P_2+4\times(1-P_2)$，解得老板监督的概率$P_2=4/7$，不监督的概率$1-P_2=3/7$。

如果老板很少监督员工，员工偷懒的收益期望更高，他会更倾向于偷懒，而老板会相应地修改策略，提升监督的频率来提升自己的收益；如果老板一直在监督员工，员工认真工作的收益期望更高，他会很少偷懒，这时老板会略微降低监督的频率来提升自己的收益。

同理，按照纳什的理论，在达到纳什均衡时，员工干活的概率也会让老板监督与不监督的收益数学期望相同，即 $1\times P_1+(-1)\times(1-P_1)=2\times P_1+(-4)\times(1-P_1)$，解得员工干活的概率 $P_1=3/4$，偷懒的概率 $1-P_1=1/4$。

因为每个局中人的行为不是确定的，而是有一定概率采取不同的行为，我们称这种博弈的纳什均衡为混合策略纳什均衡。

4. 硬币博弈

小智提议和小禹玩一个硬币游戏。两人各拿一枚硬币，同时亮出硬币的一面。若两人都亮出正面，小智给小禹3元；若两人都亮出反面，小智给小禹1元；其他情况小禹给小智2元。如果你是小禹，愿意和小智玩这个游戏吗？下表为硬币博弈的博弈矩阵。

硬币博弈的博弈矩阵

小智/小禹	正　面	反　面
正　面	−3，3	2，−2
反　面	2，−2	−1，1

假设小智亮出正面的概率为 P_1，小禹亮出正面的概率为 P_2。小智亮出正面的收益数学期望为 $-3P_2+2(1-P_2)$，亮出反面的收益数学期望为 $2P_2+(-1)(1-P_2)$。博弈达到纳什均衡时，两者收益相同，由此求得小禹亮出正面的概率 $P_2=3/8$。小智的收益数学期望为1/8元。相应地，小禹的收益数学期望为−1/8元。因此，小禹不应该和小智玩这个游戏。

思考与实践

4.1 结合石头剪刀布游戏的博弈矩阵，说一说为什么在游戏中随机出招是符合理性的。

二、启发式评估和 MINMAX 评估

有了博弈论的基础知识，我们可以来研究如何在一场棋类博弈中使用搜索策略来找到最好的下棋策略。与前面的几种博弈略有不同，在棋类博弈中有先手后手之分——即每个玩家轮流行动而非一起行动。这种局中人有行动先后之分的博弈被称为序列博弈。前面用到的博

弈矩阵不能直观地展示这种博弈，因此需要用到博弈树。

我们先讨论一种非常简单的棋类博弈——井字棋。井字棋的两个玩家轮流在一个3×3的棋盘上落子。两人的棋子通常使用X和O来标识，在下文中我们用玩家X和玩家O来代指这两人。最先将自己的3个棋子以横行、纵列或者对角线连成一线的玩家获胜。

1. 启发式评估

我们从先手玩家X的角度出发来设计启发式算法。首先确定一个可以评价每个状态下各个玩家形势好坏的指标，这种评价指标被称为启发式评估。

在井字棋中，我们定义N（X）为玩家X在当前状态下有可能完成的行、列、对角线数目，N（O）为玩家O在当前状态下有可能完成的行、列、对角线数目。对于玩家X而言，现阶段的启发式评估被定义为E（X）=N（X）−N（O）。例如在下图中，我们发现N（X）=4（两条对角线、最右一列、最下一行），N（O）=2（最右一列、最下一行），所以玩家X的启发式评估E（X）=N（X）−N（O）=2。

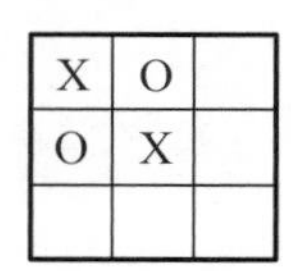

井字棋某种棋盘布局

2. MINMAX 评估

现在重新开始一局井字棋。开局时，玩家X先手，有3种落子方法（即角落、正中间、边中间，我们省去了对称情形），见下图。

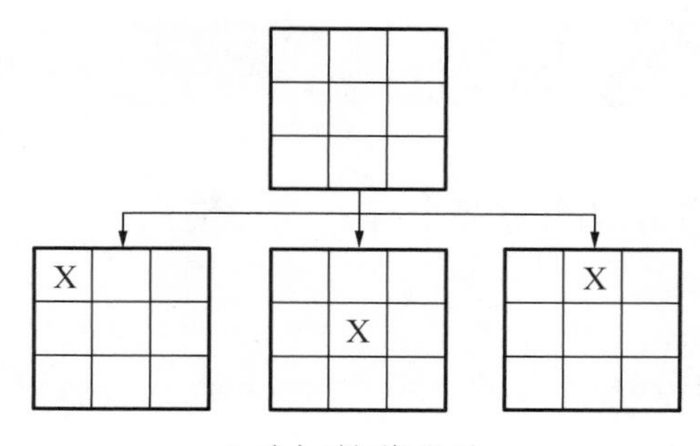

3种初始落子法

现在要从中选择一种开局进行落子。如果玩家X足够聪明，他能意识到这一步要做的并不仅仅是简单地最大化自己的启发式评估。在井字棋博弈的每一步，玩家X不仅要最大化（MAX）自己的启发式评估，同时他还知道接下来对手（玩家O）的落子策略会最小化（MIN）自己的启发式评估。

因此，我们设计的搜索算法还应当考虑对手落子后可能出现的情况，并且将其中最差的情形作为该状态的MINMAX评估值。选择第一种开局时，对手落子一共有5种情况，如下图所示。下面来讨论如何具体计算MINMAX评估值。

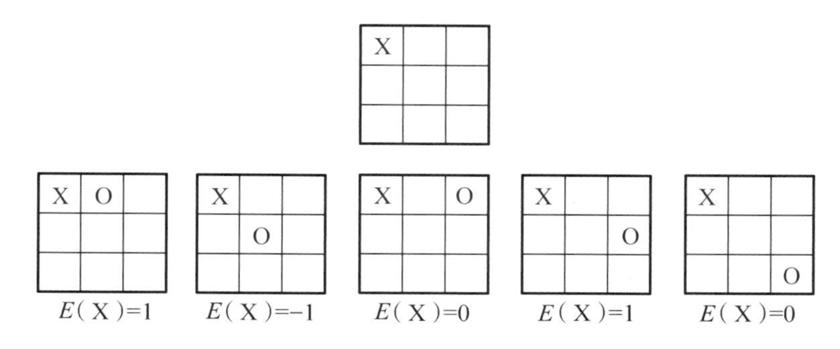

第一种开局5种情况的MINMAX评估

第一种开局在对手落子后可能产生5种情形（与之前一样省略了对称的情形），它们的启发式评估如下。

第一种情形：N（X）=6，N（O）=5，E（X）=1

第二种情形：N（X）=4，N（O）=5，E（X）=−1

第三种情形：N（X）=5，N（O）=5，E（X）=0

第四种情形：N（X）=6，N（O）=5，E（X）=1

第五种情形：N（X）=5，N（O）=5，E（X）=0

如果假设对手会按照此启发式评估来落子，那么玩家O出于最大化自己启发式评估的思考，会选择第二种落子方法。因此，在对手第一次落子后，第一种开局的启发式评估最低为−1，即第一种开局的MINMAX评估为−1。

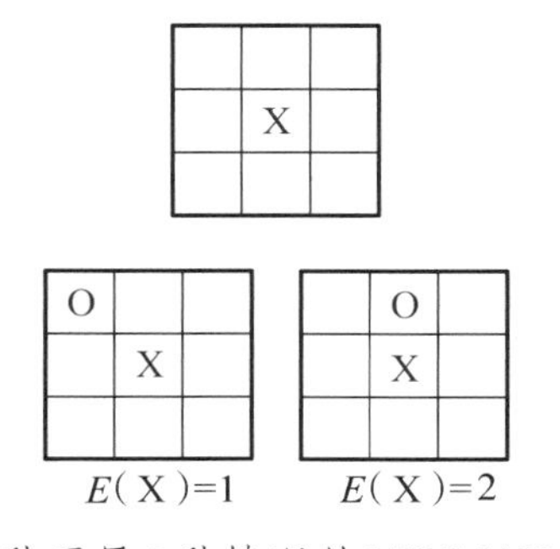

第二种开局2种情况的MINMAX评估

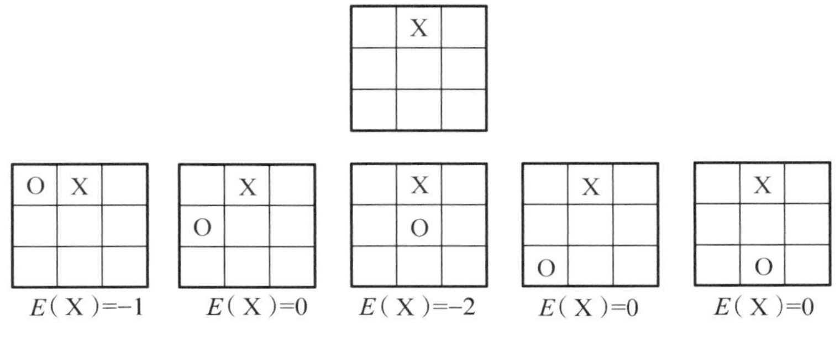

第三种开局5种情况的MINMAX评估

类似地，可以计算出第二种开局的MINMAX评估为1，以及第三种开局的MINMAX评估为−2，如上页图所示。

由此，我们通过分析3种不同开局在对手第一次落子之后可能遇到的情形，来筛选最佳开局——即玩家X应该一开始把棋子落在棋盘正中。

需要注意的是，假定玩家O第一次落子会直接选择最大化启发式评估的方法。如果玩家O足够聪明的话，他更可能使用MINMAX评估来分析他的状态，即他也会根据玩家X第二次落子后可能出现的情形来最优化自己的选择。所以，我们可以加大搜索树的深度——例如将对手第2步甚至第3步、第4步落子后可能出现的启发式评估值考虑进来，进而更好地计算开局的MINMAX评估。

为了避免扩展搜索树深度造成大量不必要的时间空间开销，我们可以使用之前提及的启发式搜索算法优先考虑对自己更加有利的状态。在棋类游戏中使用最广泛的搜索算法叫做Alpha-Beta搜索。有道是“下棋看五步，高手看十步”，棋类游戏高手的获胜奥秘之一就是他们心中的“搜索树”更深更广。

三、Alpha-Beta搜索与深蓝计算机

国际象棋是一种两人博弈的棋盘游戏。相传国际象棋起源于7世纪的古印度，之后被传入中东和欧洲地区，其规则在15世纪逐渐成型。国际象棋的棋盘是由32个深色和32个浅色方格交替排列组成的正方形。对弈双方分别执白子与黑子，执白者持先手。双方的棋子分别为一王、一后、双车、双象、双马和八兵，每种棋子有自己的走法和吃子方法。

作为人类历史上最成功的智力游戏之一，国际象棋在全世界广泛流行。数学家、计算机

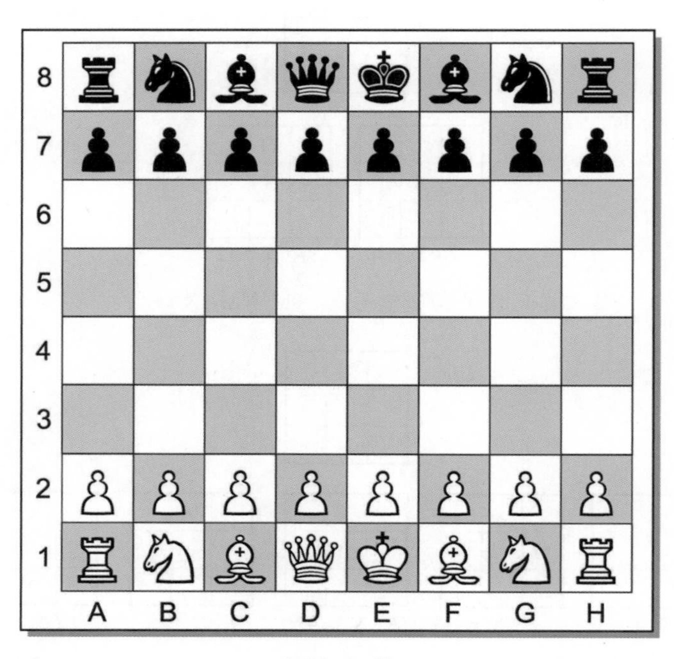

国际象棋

科学家也一直把国际象棋作为一种复杂的博弈进行研究，希望能够找到每种棋盘布局下的最佳着子方法。“让机器人棋手打败人类棋手”成为研究者孜孜不倦的终极追求。

在国际象棋中，平均每步有40种着子方法，两名棋手轮流着子一回合后，可能出现约1600种新局面。国际象棋大师间博弈时，每盘棋局大约能下40回合，这意味着每次棋局可能出现的局面约有10^{128}种，这可是比宇宙中的原子数目还要多！因此，必须使用一定的搜索策略才能满足设计出超级机器人棋手的愿景。

早在世界上第一台计算机被设计出来之前，计算机科学奠基人阿兰·图灵就撰写了一套机器下国际象棋的程序。当时还没有机器可以执行这套程序，因此图灵让自己的大脑充当计算机来执行指令与同事们进行博弈。

20世纪50年代中期，著名数学家、计算机科学奠基人冯·诺依曼设计了巨型计算机器“MANIAC一号”来帮助设计核弹。在正式投入核弹设计工作前，冯·诺依曼通过国际象棋来检查“MANIAC一号”的可靠性。“MANIAC一号”分别同人类国际象棋大师及刚学国际象棋一周的初学者进行博弈，并战胜了后者。这是有记录的首次机器在国际象棋上战胜人类。

冯·诺依曼与“MANIAC一号”

1. Alpha-Beta 搜索算法

随着计算机软硬件的飞速发展，越来越多的计算机科学家与国际象棋爱好者都加入了国际象棋机器博弈的研究。1958年，匹兹堡大学的3位科学家奈维尔、肖恩和西蒙提出了Alpha-Beta搜索算法，这是人工智能用于棋类博弈的一个里程碑。这种算法是我们之前讨论的MINMAX评估的改进——简言之，在每次着子的时候，如果完成了第一种下法的评价，就开始对第二种下法进行评价。一旦发现第二种下法的值不如第一种，之后不再讨论第二种下法。相比于MINMAX评估，这种搜索算法大幅度减少了国际象棋搜索树的宽度。

举个例子，在下页图中，B、C分别代表两种本方玩家的下法，D、E和F、G、H分别为B、C两种下法之后对手的下法。B下法的MINMAX评估值为10，这是因为采取B下法后，对手会采取让我们的MINMAX评估值最小的走法（A–B–D）。之后探索C下法时，一旦我们发现

C的某个后继节点出现了评估值小于10的情形，就不再探索C的其他后继节点。在这里，F节点的评估值为7，因此C的MINMAX评估值不会超过7，即便是G、H节点拥有很大评估值也不会提升C的MINMAX评估值。这时，我们有足够的把握不再探索C的其余后继节点。

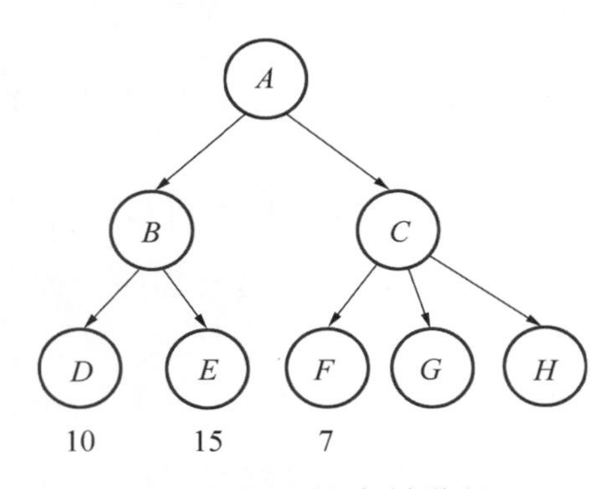

Alpha-Beta搜索树举例

在Alpha-Beta搜索算法被提出之后，大量的国际象棋程序被开发出来，并与人类选手对弈。但是因为受限于当时的计算资源和探索规则，人工智能一直难以打败人类大师。1968年，人类大师大卫·利维宣称没有计算机程序能打败他，并与3位计算机科学家下了2000美元的赌注。直到1987年，西西里大学开发的国际象棋程序才终于取得北美国际象棋锦标赛的冠军，并获得与大卫·利维一决高下的资格——然而被大卫·利维给轻松击败了。在后来很长一段时间里，人类棋手都骄傲地认为人工智能不可能占领国际象棋的高地。

2. 深蓝计算机

1997年，深蓝计算机以总比分3.5 ： 2.5打败了国际象棋世界冠军卡斯帕罗夫，这是人工智能首次击败全球顶尖的国际象棋高手，此举震撼了全世界。我们在这里简要讨论一下深蓝计算机使用的搜索策略。深蓝计算机拥有一套专门为国际象棋设计的硬件——国际象棋芯片，一共有480枚，每枚国际象棋芯片包含大约100万个三极管。

卡斯帕罗夫与深蓝计算机对弈

国际象棋芯片包含3种组件：走棋组件、评估组件和搜索控制组件。

走棋组件负责给出在每种棋局下的合法走法。它的核心模块是一个逻辑电路阵列，国际象棋的规则以硬件的形式被写入其中。此外还有一些附加电路，用于考虑诸如“王车易位”等特殊走法。

评估组件占据了大部分硬件，用于评估某个棋局的好坏。它又有3个小组件：棋子位置评估、残局评估和慢速评估。棋子位置评估评价每个棋子的位置并给出一个得分，这是基于预先写好的规则得到的。残局评估专门储存一些针对残局的评估规则，这个模块拥有大量从人类棋局中总结出来的残局走法准则。慢速评估则是通过一系列复杂的规则，计算目前棋局的总体情形，并进行打分。

搜索控制组件实现了前文介绍的Alpha-Beta搜索算法。

此外，深蓝计算机还连接了国际象棋残局数据库。当棋盘上仅剩5个棋子的时候，深蓝计算机会直接从数据库里面找到最佳走法。

深蓝计算机的硬件与软件都是专门为国际象棋定制的，因此，它对于国际象棋以外的游戏就无能为力了。而且，当人类科学家从深蓝计算机的经验出发，尝试解决围棋的时候，却发现计算机远非人类的对手——这是因为围棋的可能局面更大更多，场面更加多变，其MINMAX评估值非常难以计算。之后的围棋人工智能AlphaGo没有再使用基于规则的方式来获取棋局的启发式评估，而是使用了深度强化学习来把每个局面的评估值“学习”出来——不过AlphaGo仍然借鉴了许多深蓝计算机的设计思想，比如大量使用搜索策略来帮助减少搜索树的深度和宽度。

第2部分
逻辑推理

要想实现人工智能，系统仅具有搜索能力是不够的。人类作为一种拥有智能的高等生物，是依据对世界一定的认知来进行推理，然后完成一些任务的。如果用一定的结构和规则来表示这些人类知识，并让机器能够识别，就能使机器也能够进行推理。本部分我们将探讨逻辑的概念，并将其作为知识的通用表示，来对知识进行推理。

生物课上，老师给同学们展示了一种名为渡渡鸟的鸟类图片，并问是否有人知道这种鸟是如何繁殖的。小禹回答说渡渡鸟是卵生的，并解释说虽然他没有了解过渡渡鸟，但是由于鸟类都是卵生动物，渡渡鸟属于鸟类，因此渡渡鸟也一定是卵生动物。老师满意地点头表示认同。

小禹的一番话其实就是一个完整的逻辑推理。生活中处处存在着推理，推理是人类通过对已知的前提总结规律得出结论的过程。根据逻辑基础的不同，推理可分为演绎推理、归纳推理和类比推理。演绎推理是根据一般性假定推出特殊性结论的过程，其结论具有保真性；归纳推理是从一些特殊现象出发总结规律得到一个一般性结论的过程，其结论不一定正确；类比推理是从特殊性前提出发推出特殊性结论的过程，是根据两个对象在某些属性上的相同或相似性，通过比较而推断出它们在其他属性上也相同的推理过程，其结论同样不一定正确。

我们在这一章节对推理的探讨主要是基于逻辑规律来表示的，因此在介绍推理方法之前，先引入相应的逻辑规则概念。逻辑是指对人类推理过程的研究，如果没有逻辑，人们的表述会前后矛盾，人们的生活会一团糟。数理逻辑是逻辑学的一个分支，由莱布尼茨[1]率先提出，它是用数学方法来研究人类推理过程，并采用符号来描述和处理人类思维轨迹的一门学科。数理逻辑在程序设计、数字电路设计、人工智

1　莱布尼茨（1646—1716），德国哲学家、数学家，对微积分、二进制都有突出贡献，同时也是17世纪最伟大的理性主义哲学家之一，被誉为“17世纪的亚里士多德”。

能等领域都得到了广泛应用。在本部分，我们将会介绍数理逻辑的两个最基本的内容：命题逻辑和一阶逻辑。

在正式进入本章节学习之前，我们先来看一道经典的逻辑题：有一名逻辑学家误入某部落，被囚禁在牢狱里，酋长对逻辑学家说："现在有两扇门，一扇门通向自由，一扇门通向死亡，你可以选择打开其中一扇门。你可以从两个战士中选择一个人回答你所提的任何一个问题，其中一个人天性诚实，另一个人说谎成性。"你知道逻辑学家该如何发问才能知道应该打开哪一扇门吗？

如果你想不出该怎么问，没关系，接下来关于逻辑推理的学习也许能帮你找到答案。现在就开始奇妙的逻辑推理之旅吧！

渡渡鸟

莱布尼茨

第五章　基于命题逻辑的推理

生活中存在着许多推理过程，它们实际上可以利用数学表示来进行简化，即将自然语言表述用数理逻辑的形式表示出来，通过逻辑分析从而得到推理的结果。在这一章，我们将从命题逻辑出发，了解基于命题逻辑的推理。命题逻辑是一种非常简单的逻辑系统，但是依然能进行强大的逻辑分析。我们会先了解命题逻辑的基本概念，然后详细介绍命题逻辑中的逻辑连接词和对应的等值演算，并进一步探讨如何利用命题逻辑进行推理。通过这一章的学习，你会初步了解如何利用逻辑来构建一个完整的推理过程。

一、命题逻辑基本概念

1. 命题

小禹发现，生活中日常交流时会使用许多陈述句。早上出门时，妈妈叮嘱小禹带伞，说“今天下午会下雨”；数学课上，有同学说“$\sqrt{3}$是无理数”；晚上和小伙伴一起回家，小伙伴指着天上的月亮说“月亮会发光”……这些陈述句都对应有真假的含义，这样的陈述句称为命题。

命题的真值是唯一的，也就是说它要么为真要么为假。比如“$\sqrt{3}$是无理数”是正确的，该命题的真值为真；小伙伴所说的“月亮会发光”违背客观规律，该命题的真值为假。命题的真值不一定是当下可以确定的，在早上出门时，小禹并不知道妈妈所说的“今天下午会下雨”是不是正确，但能确定的是，它一定有唯一的真值。如果下午下雨了，该命题为真；如果下午没下雨，该命题为假。另外有一种陈述句叫悖论，比如说谎者悖论中的陈述句“我现

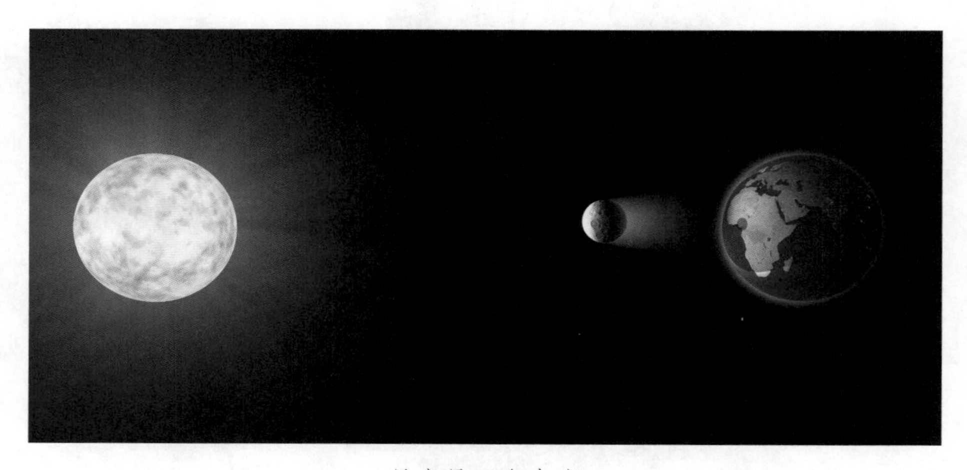

月亮是否会发光

在在说假话”，这句话既不能说它是真的，也不能说它是假的。悖论既能由真推出假，也能由假推出真，因此悖论不是命题。

“因为6是偶数，所以6能被2整除”也是命题，它可以分解成“6是偶数”和“6能被2整除”两个子命题，这两个子命题不可以再进行分割。我们称这种不能再进行分割的命题为简单命题或原子命题，多个简单命题可以拼接成为复合命题。

在了解了什么是命题之后，就可以利用命题来进行逻辑分析。命题逻辑是用来研究命题之间关系的逻辑系统，为了方便表示，我们用英文字母P、Q、R等来表示命题，用“T”表示命题的真值为真，用“F”表示命题的真值为假。比如：

P：今天不下雨。

Q：3是有理数。

R：$1+3>2$。

P、Q、R即为这些命题的名称，用P、Q、R来表示命题称为命题的符号化。对命题进行符号化，是数理逻辑的研究方法，方便接下来在推理中进行分析与论证。

2. 逻辑连接词

我们已经知道，简单命题是由单个命题语句构成的，是命题逻辑运算的最基本单位，它们的真值是确定的。多个简单命题可以通过逻辑连接词拼接成为复合命题。常见的逻辑连接词有以下几种。

（1）否定

定义：设P为命题，复合命题“非P”称为P的否定，记为“$\neg P$”，符号“$\neg$”称为否定连接词。

当P为真时，对应的$\neg P$为假；当P为假时，对应的$\neg P$为真。根据P的取值，我们可以得到$\neg P$的取值，如下表所示。

$\neg P$的取值

P	$\neg P$
T	F
F	T

举例：P：今天没有下雨。

$\neg P$：今天下雨了。

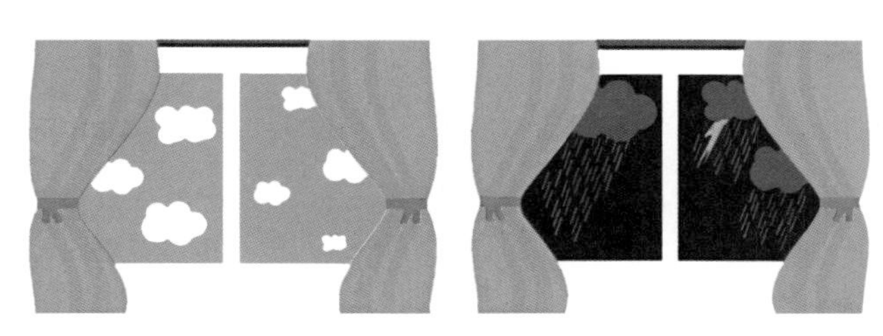

P与$\neg P$示例图

(2)合取

定义：设P、Q为两个命题，复合命题“P与Q”称为P和Q的合取式，记为“$P \wedge Q$”，符号“$\wedge$”称为合取连接词。

$P \wedge Q$为真当且仅当P和Q同时为真。根据P和Q的取值，可以得到$P \wedge Q$的取值，如下表所示。

$P \wedge Q$的取值

P	Q	$P \wedge Q$
F	F	F
F	T	F
T	F	F
T	T	T

合取的概念同物理电路中的串联电路十分类似。在电路图的a图串联电路中，当且仅当两个开关都闭合时电路为通路。类似的，当且仅当P为真且Q为真时，“$P \wedge Q$”才为真。

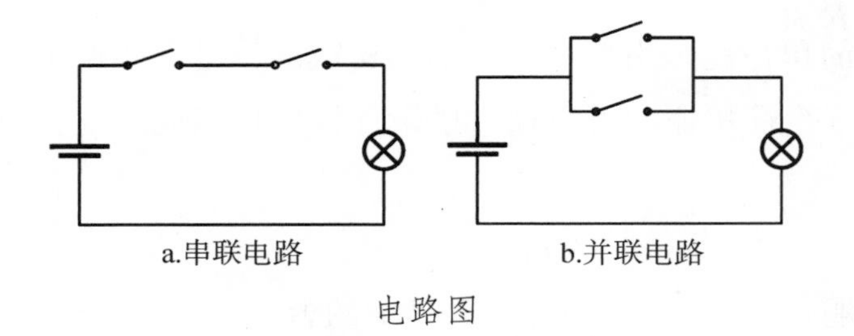

电路图

举例：P：盘子里有梨。Q：盘子里有苹果。

$P \wedge Q$：盘子里既有梨也有苹果。

$P \wedge Q$示例图

值得注意的是，连接词“$\wedge$”可以对应自然语言中的许多种描述形式，比如“与”“和”“既……又……”“不但……而且……”等都可以表示两件事情同时成立的情况。

但是，出现“与”或者“和”的语句并不一定都表示合取。比如“盘子里有苹果和梨”表示盘子里既有苹果也有梨，而“小明和小红是同学”就只是表示两个主语之间的关系，该语句依然是一个简单命题。

（3）析取

定义：设P、Q为两个命题，复合命题“P或Q”称为P和Q的析取式，记为“$P \vee Q$”，符号“$\vee$”称为析取连接词。

$P \vee Q$为假当且仅当P为假并且Q为假。根据P和Q的取值，可以得到$P \vee Q$的取值，如下表所示。

$P \vee Q$的取值

P	Q	$P \vee Q$
F	F	F
F	T	T
T	F	T
T	T	T

析取的概念同物理电路中的并联电路十分类似。在电路图的b图并联电路中，当两个开关中有一个闭合时电路即为通路。类似的，当P为真或者Q为真时，“$P \vee Q$”便为真。

举例：P：盘子里有梨。Q：盘子里有苹果。

$P \vee Q$：盘子里有梨或苹果。

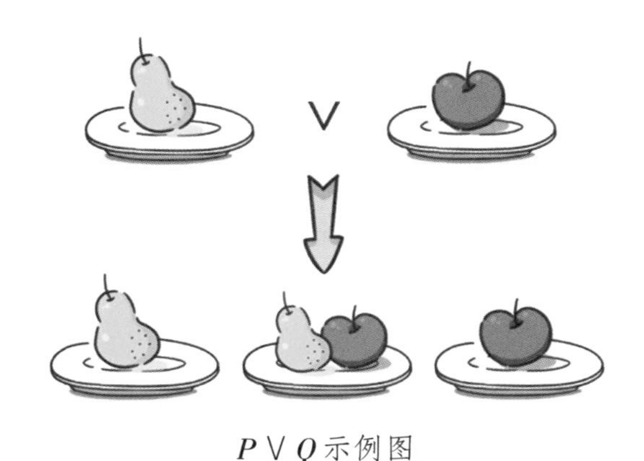

$P \vee Q$示例图

当我们在自然语言中提到“或”时，一般有两种情况：一种情况下连接的两个命题可以同时为真，比如“小明爱唱歌或者爱跳舞”；另一种情况下连接的两个命题只能有一个为真，比如“上课的教室或者在一楼，或者在二楼”。但是析取连接词“$\vee$”对应的只能是第一种情况下的“或”，对于第二种情况，我们使用下面要介绍的异或连接词来表示。

（4）异或

定义：设P、Q为两个命题，复合命题“P异或Q”称为P和Q的异或式，记为“$P \oplus Q$”，符号“$\oplus$”称为异或连接词。

$P \oplus Q$为真当且仅当P和Q中仅有一个为真。根据P和Q的取值，可以得到$P \oplus Q$的取值，如下表所示。

$P \oplus Q$的取值

P	Q	$P \oplus Q$
F	F	F
F	T	T
T	F	T
T	T	F

举例：P：盘子里有梨。Q：盘子里有苹果。

$P \oplus Q$：盘子里或者有梨，或者有苹果。

$P \oplus Q$示例图

关于逻辑与、或、异或的关系，我们可以通过下面这幅趣味小漫画来进一步加深理解。你能说出在已知A、B的胡子头发分布的情况下，进行逻辑与、或、异或操作后的胡子头发分布吗？

趣味逻辑图

（5）蕴含

定义：设P、Q为两个命题，复合命题“若P则Q”称为P和Q的蕴含式，记为“$P\to Q$”，符号“→”称为蕴含连接词，P、Q分别称为蕴含式的前件和后件。

$P\to Q$为假当且仅当P为真、Q为假。根据P和Q的取值，可以得到$P\to Q$的取值，如下表所示。

$P\to Q$的取值

P	Q	$P\to Q$
F	F	T
F	T	T
T	F	F
T	T	T

举例：P：今天不下雨。Q：小禹去游乐园玩了。

$P\to Q$：因为今天不下雨，所以小禹去游乐园玩了。

蕴含连接词“→”有多种表达方式，我们再来多看几个例子：

1. 如果不堵车，小禹就不会迟到。
2. 只要出太阳，雪就会融化。
3. 因为1+2=3，所以太阳从东边升起。
4. 如果太阳从西边升起，那么月亮就会发光。
5. 如果太阳从西边升起，那么$3>2$。
6. 只有好好学习，才能取得好成绩。

事实上，上面这些例子全都可以用“$P\to Q$”的形式来表示。你能指出对应的P和Q分别是什么吗？从这些举例中可以看到，“如果P，则Q”“因为P，所以Q”“只要P，就Q”“只有Q才P”等都可以表示“$P\to Q$”，也就是说，在发生了P的前提条件下，一定能得到Q的结论。

不过有意思的是，仔细观察第三个例子，你也许会觉得这句话使人发笑，“1+2=3”怎么能和“太阳从东边升起”扯上关系呢？事实上，这句话是正确的。因为这句话可以分解成P：1+2=3。Q：太阳从东边升起。把它形式化为$P\to Q$后，因为P和Q都为真，所以该命题是真的。在数理逻辑的研究中，推理是抽象化的，命题P和Q实际上可以没有任何关系。

再来观察第四和第五个例子，这两句话也都是正确的。它们可以分别对应真值表的第一行和第二行，由于太阳无论如何都不可能从西边升起，所以不管后面结论是什么，整个句子都是对的。对于$P\to Q$，当P为假时，无论Q取什么值，该蕴含式都为真。使得$P\to Q$为假的唯一条件便是P为真而Q为假。

（6）等价

定义：设P、Q为两个命题，复合命题“P当且仅当Q”称为P和Q的等价式，记为“$P \leftrightarrow Q$”，符号“$\leftrightarrow$”称为等价连接词。

$P \leftrightarrow Q$为真当且仅当P与Q同时为真或同时为假。根据P和Q的取值，可以得到$P \leftrightarrow Q$的取值，如下表所示。

$P \leftrightarrow Q$的取值

P	Q	$P \leftrightarrow Q$
F	F	T
F	T	F
T	F	F
T	T	T

举例：P：标准大气压下水的沸点是100摄氏度。Q：标准大气压下水在100摄氏度时变成气体。

$P \leftrightarrow Q$：标准大气压下水的沸点是100摄氏度当且仅当标准大气压下水在100摄氏度时变成气体。

从上面的表格中我们还可以看到，当P和Q都为假命题时，对应的等价复合命题为真。比如“雪是绿色的当且仅当太阳从西边升起”，因为两件事情都是不可能发生的，所以等价连接词连接之后的复合命题是真的。

实际上，有的复合命题可能会由多个逻辑连接词拼接而成，比如（$P \wedge Q$）$\vee$（$Q \rightarrow \neg R$），这时需要根据不同逻辑连接词的优先顺序“( )，$\neg$，$\wedge$，$\vee$，$\rightarrow$，$\leftrightarrow$”来对命题依次分析判断真值；如果是相同的逻辑连接词，我们就根据从左到右的顺序来进行分析。

思考与实践

5.1 如果已知3个命题，其中P和R都是真命题，Q是假命题，你能不能根据规则判断出下式的真值呢？

$$(R \rightarrow (P \wedge Q)) \rightarrow (P \vee R)$$

3. 真值表

在学习逻辑连接词的过程中，我们发现利用表格可以更加清楚地表示复合命题的取值。

把不同逻辑连接词对应的结果整合在一起，如下表所示。

复合命题真值表

P	Q	$\neg P$	$P \wedge Q$	$P \vee Q$	$P \oplus Q$	$P \rightarrow Q$	$P \leftrightarrow Q$
F	F	T	F	F	F	T	T
F	T	T	F	T	T	T	F
T	F	F	F	T	T	F	F
T	T	F	T	T	F	T	T

对于多个连接词组合而成的命题，依然可以用这种表格的形式来计算得到最终的结果。从表格中，我们可以看出给定复合命题各个组成部分的真值赋值后如何计算复合语句的真值，它被称为真值表。

前面留了一个思考题让你判断复合命题的真值，它是真命题，你做对了吗？如果命题P、Q、R的真值未知，你知道什么情况下（$R\rightarrow(P \wedge Q)) \rightarrow (P \vee R$）为假命题吗？我们可以利用真值表来进行解答。

列出真值表如下。

$(R\rightarrow(P \wedge Q)) \rightarrow (P \vee R)$ 真值表

P	Q	R	$P \wedge Q$	$R\rightarrow(P \wedge Q)$	$P \vee R$	$(R\rightarrow(P \wedge Q)) \rightarrow (P \vee R)$
F	F	F	F	T	F	F
F	F	T	F	F	T	T
F	T	F	F	T	F	F
F	T	T	F	F	T	T
T	F	F	F	T	T	T
T	F	T	F	F	T	T
T	T	F	T	T	T	T
T	T	T	T	T	T	T

从真值表可以很清楚地看出，当且仅当P和R同时为假命题时，无论Q的取值为真或假，$(R\rightarrow(P \wedge Q)) \rightarrow (P \vee R)$ 都为假命题。

“小明要么爱吃苹果，要么不爱吃苹果”是一个复合命题，因为它包含了所有的情况，所以不管“小明爱吃苹果”是否成立，这句话都是对的。如果现在有一个复合命题A，对于A中简单命题的任意赋值，A的值都为真，那么我们称A为永真式或重言式。

“小明既爱吃苹果又不爱吃苹果”也是一个复合命题，但这句话里面的两个命题是自相矛盾的，所以不管小明是否爱吃苹果，这句话都是错误的。如果现在有一个复合命题A，对于A中简单命题的任意赋值，A的值都为假，我们称A为永假式或矛盾式。

如果A不是永假式，即存在成真的赋值，我们称A为可满足式。

显然，永真式是可满足式，但是可满足式不一定是永真式。如果A是永真式，那么$\neg A$就是永假式。

你一定意识到可以通过真值表来清楚地看出命题的类型。将复合命题中的各简单命题的所有赋值列出以得到真值表，如果真值表的最后一列全为真，那么命题为永真式；如果最后一列全为假，那么命题为永假式；如果最后一列至少有一个真，那么命题为可满足式。下面是（$P\wedge\neg P$）∨（$Q\wedge\neg Q$）的真值表，由于真值表最后一列全为假，所以（$P\wedge\neg P$）∨（$Q\wedge\neg Q$）为永假式。

（$P\wedge\neg P$）∨（$Q\wedge\neg Q$）真值表

P	Q	$\neg P$	$\neg Q$	$P\wedge\neg P$	$Q\wedge\neg Q$	（$P\wedge\neg P$）∨（$Q\wedge\neg Q$）
F	F	T	T	F	F	F
F	T	T	F	F	F	F
T	F	F	T	F	F	F
T	T	F	F	F	F	F

还记得本部分开始提到的逻辑学家的故事吗？实际上，通过设计合适的问题，对问题列出真值表，我们就能判断所提的问题是否为合理的发问方式。试试看你能不能解决它吧。

思考与实践

5.2 有一名逻辑学家误入某部落，被囚禁在牢狱里，酋长对逻辑学家说：“现在有两扇门，一扇门通向自由，一扇门通向死亡，你可以选择打开其中一扇门。你可以从两个战士中选择一个人回答你所提的任何一个问题，其中一个人天性诚实，另一个人说谎成性。”你知道逻辑学家该如何发问才能知道应该打开哪一扇门吗？

二、等值演算

下午课间休息的时候，小禹提起自己中午吃到了喜欢的饭菜，同学们都好奇地猜测他中午吃了什么。

小明说：小禹吃了鱼香肉丝饭，没有吃腐竹牛腩饭。

小桓说：小禹没有吃鱼香肉丝饭，吃了辣子鸡饭。

小沈说：小禹没有吃腐竹牛腩饭，也没有吃鱼香肉丝饭。

小禹笑着说：你们三个人里面只有一个人说得全对，一个人说对了一半，还有一个人全说错了。那么小禹中午究竟吃了什么呢？

你可能会想，根据同学们说的话罗列命题取值，再列出真值表，就可以猜到小禹吃什么了。事实上，用真值表的确可以解决问题。当命题中含有的简单命题比较少时，真值表是一个比较方便的选择。但是，当复合命题比较复杂时，用真值表来进行表示会变得非常麻烦。能否直接从公式入手进行推导呢？也就是说，能否在目标语句上直接应用推理规则来进行运算简化，从而得出命题的真值呢？

想要应用推理规则来进行运算简化，首先需要了解逻辑等价的概念。如果有两个含有相同简单命题的复合命题A和B，对于简单命题的所有赋值，A和B的真值都相同，那么我们可以说A和B是逻辑上等价的，记为$A \Leftrightarrow B$。可以通过真值表来进行判定，如果A和B的真值表相同，那么A与B逻辑等价。比如“小明既爱吃苹果，又爱吃梨”与“小明既爱吃梨，又爱吃苹果”可以分别用“$P \wedge Q$”和“$Q \wedge P$”来表示，它们具有相同的真值表，因此它们是逻辑等价的。

1. 逻辑等价定律

下面我们来了解一些常用的逻辑等价定律。

（1）交换律

$P \wedge Q \Leftrightarrow Q \wedge P$，$P \vee Q \Leftrightarrow Q \vee P$

举例：P：篮子里有三个苹果。Q：篮子里有两个梨。

$P \wedge Q$：篮子里既有三个苹果又有两个梨。

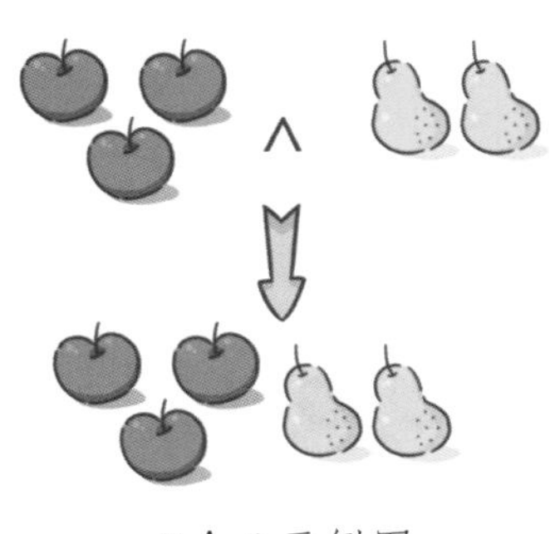

$P \wedge Q$示例图

$Q \wedge P$：篮子里既有两个梨又有三个苹果。

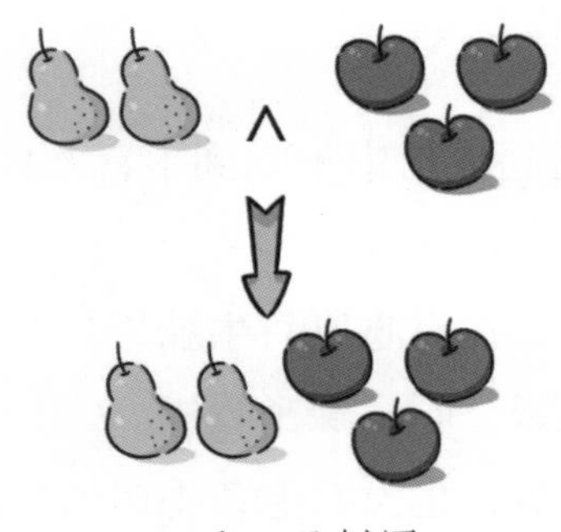

$Q \wedge P$示例图

（2）结合律

$(P \wedge Q) \wedge R \Leftrightarrow P \wedge (Q \wedge R)$，$(P \vee Q) \vee R \Leftrightarrow P \vee (Q \vee R)$

举例：P：篮子里有两个梨。

Q：篮子里有三个苹果。

R：篮子里有一个橘子。

$(P \wedge Q) \wedge R$：篮子里既有两个梨和三个苹果又有一个橘子。

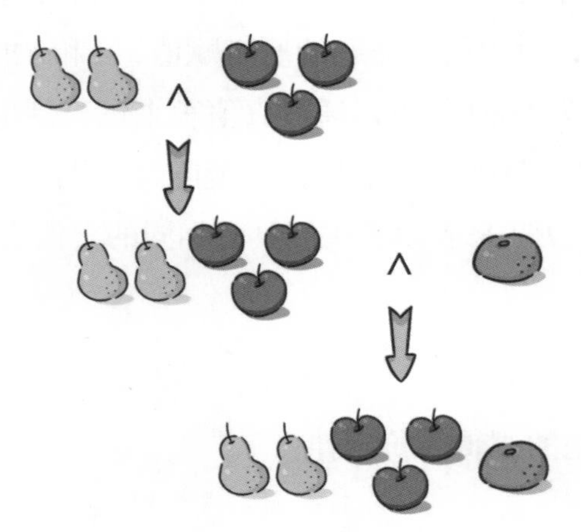

$(P \wedge Q) \wedge R$示例图

$P \wedge (Q \wedge R)$：篮子里既有两个梨又有三个苹果和一个橘子。

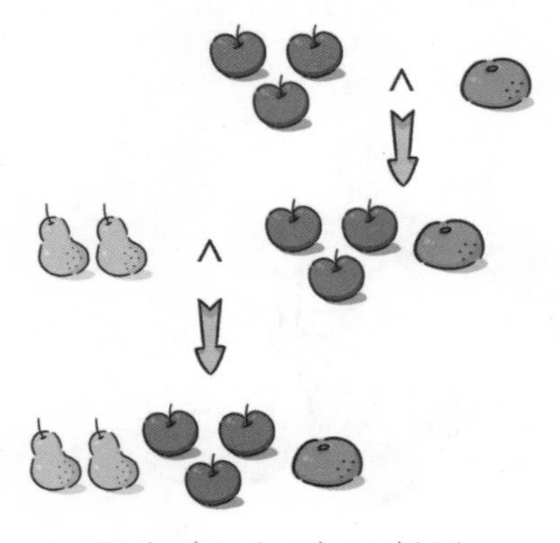

$P \wedge (Q \wedge R)$示例图

（3）分配律

$P \vee (Q \wedge R) \Leftrightarrow (P \vee Q) \wedge (P \vee R)$，$P \wedge (Q \vee R) \Leftrightarrow (P \wedge Q) \vee (P \wedge R)$

举例：P：篮子里有两个梨。

Q：篮子里有三个苹果。

R：篮子里有一个橘子。

$P \vee (Q \wedge R)$：篮子里有两个梨或者有三个苹果和一个橘子。

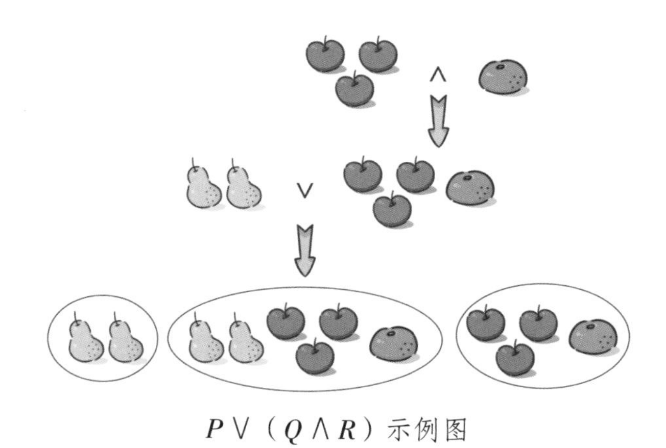

$P \vee (Q \wedge R)$ 示例图

$(P \vee Q) \wedge (P \vee R)$：篮子里不仅有两个梨或者三个苹果，而且有两个梨或者一个橘子。

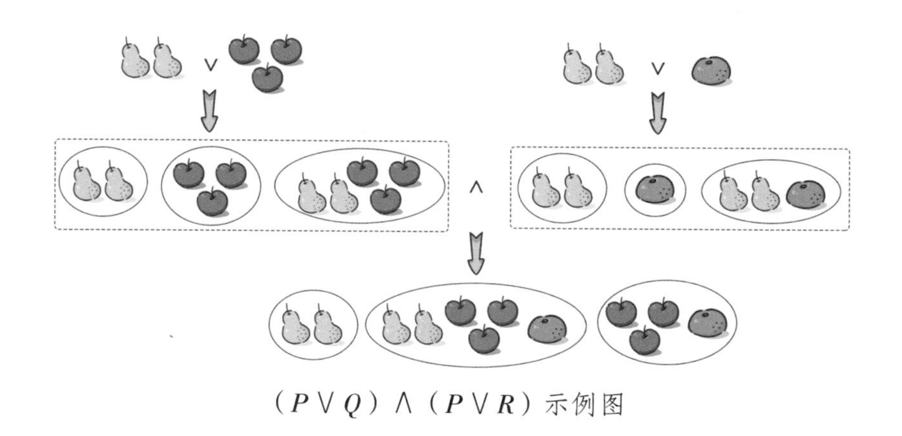

$(P \vee Q) \wedge (P \vee R)$ 示例图

（4）双重否定律

$\neg(\neg P) \Leftrightarrow P$

举例：P：小明喜欢吃苹果。

$\neg P$：小明不喜欢吃苹果。

$\neg(\neg P)$：小明并非不喜欢吃苹果。

（5）幂等律

$P \Leftrightarrow P \vee P$，$P \Leftrightarrow P \wedge P$

举例：P：盘子里有一个梨。

$P \vee P$：盘子里有一个梨。

$P \wedge P$：盘子里有一个梨。

$P \Leftrightarrow P \wedge P$示例图

同理，$P \vee P \vee P \vee \cdots \vee P$及$P \wedge P \wedge P \wedge \cdots \wedge P$也与$P$逻辑等价。

（6）假言易位律

$P \rightarrow Q \Leftrightarrow \neg Q \rightarrow \neg P$

举例：P：今天不下雨。

Q：小明今天出去玩。

$P \rightarrow Q$：如果今天不下雨，那么小明今天就出去玩。

$\neg Q \rightarrow \neg P$：如果小明今天没出去玩，那么今天下雨了。

（7）德摩根律

$\neg(P \vee Q) \Leftrightarrow \neg P \wedge \neg Q$，$\neg(P \wedge Q) \Leftrightarrow \neg P \vee \neg Q$

举例：盘子里有苹果、梨和橘子，小明从中拿了一个水果。

P：小明拿了苹果。

Q：小明拿了梨。

$\neg(P \vee Q)$：小明拿了苹果或者梨都不满足情况。

$\neg P$：小明没有拿苹果，即小明拿了梨或橘子。

$\neg Q$：小明没有拿梨，即小明拿了苹果或橘子。

$\neg P \wedge \neg Q$：小明没有拿苹果，也没有拿梨。

可以看出，从$\neg(P \vee Q)$和$\neg P \wedge \neg Q$，我们都可以得到小明拿了橘子的结论。

（8）同一律

$P \wedge \mathrm{T} \Leftrightarrow P$，$P \vee \mathrm{F} \Leftrightarrow P$

其中T为真命题，F为假命题。同一律的含义为：当P和一个真命题同时满足时，复合命题的真值取决于P；当P或一个假命题至少满足其中一个时，复合命题的真值取决于P。

举例：P：篮子里有一个苹果。

T：太阳从东边升起。

$P \wedge \mathrm{T}$：篮子里有一个苹果并且太阳从东边升起。

由于命题T说太阳从东边升起是真命题，命题$P \wedge \mathrm{T}$的真值取决于P，即与P等价。

（9）零律

$P \wedge \mathrm{F} \Leftrightarrow \mathrm{F}$，$P \vee \mathrm{T} \Leftrightarrow \mathrm{T}$

其中T为真命题，F为假命题。零律的含义为：当P和一个假命题同时满足时，复合命题一定为假命题；当P或一个真命题至少满足其中一个时，复合命题一定为真命题。

举例：P：篮子里有一个苹果。

F：太阳从西边升起。

$P \wedge \mathrm{F}$：篮子里有一个苹果并且太阳从西边升起。

由于命题F说太阳从西边升起是假命题，无论命题P的真值为真或假，命题$P \wedge \mathrm{F}$都是假命题，即与F等价。

（10）矛盾律

$P \wedge \neg P \Leftrightarrow \mathrm{F}$

如果一个复合命题既要求满足命题P，又要求满足P的否定命题$\neg P$，那么该命题显然是不成立的，即一定为假命题。

举例：P：今天下午会下雨。

$\neg P$：今天下午不会下雨。

$P \wedge \neg P$：今天下午既会下雨又不会下雨。

命题$P \wedge \neg P$的表述自相矛盾，无论今天下午是否下雨，P和$\neg P$两者中一定有一个假命题，因此$P \wedge \neg P$与假命题F等价。

（11）蕴含等值式

$P \to Q \Leftrightarrow \neg P \vee Q$

举例：P：今天不下雨。

Q：小明今天出去玩。

$P \to Q$：如果今天不下雨，那么小明今天就出去玩。

$\neg P \vee Q$：今天下雨或者小明出去玩了。

在前面学习蕴含连接词的时候，我们了解到$P \to Q$为假当且仅当P为真、Q为假。从真值表中可以看出，$P \to Q$与P为假或者Q为真的情况等价，即$\neg P \vee Q$。

2. 实际应用

了解了常见的逻辑等价定律后，就可以利用等值演算来解决实际生活中的案例了。现在让我们回到前面的问题，看看能不能推断出小禹中午吃了什么饭。

定义命题：

P：小禹吃了鱼香肉丝饭。

Q：小禹吃了腐竹牛腩饭。

R：小禹吃了辣子鸡饭。

小明的猜测是：$P \wedge \neg Q$

小桓的猜测是：$\neg P \wedge R$

小沈的猜测是：$\neg Q \wedge \neg P$

我们并不知道3个人中究竟是谁全都猜对了，谁猜对了一半，谁全猜错了，所以需要分情况讨论，列出以下9个命题。

小明全说对了：$A1=P \wedge \neg Q$

小明说对一半：$A2=(P \wedge Q) \vee (\neg P \wedge \neg Q)$

小明全说错了：$A3=\neg P \wedge Q$

小桓全说对了：$B1=\neg P \wedge R$

小桓说对一半：$B2=(P \wedge R) \vee (\neg P \wedge \neg R)$

小桓全说错了：$B3=P \wedge \neg R$

小沈全说对了：$C1=\neg Q \wedge \neg P$

小沈说对一半：$C2=(\neg Q \wedge P) \vee (Q \wedge \neg P)$

小沈全说错了：$C3=Q \wedge P$

小禹的说法中存在6种情况，分别是：

(1)小明全说对了，小桓说对一半，小沈全说错了：$A1 \wedge B2 \wedge C3$

(2)小明全说对了，小桓全说错了，小沈说对一半：$A1 \wedge B3 \wedge C2$

(3)小明说对一半，小桓全说对了，小沈全说错了：$A2 \wedge B1 \wedge C3$

(4)小明说对一半，小桓全说错了，小沈全说对了：$A2 \wedge B3 \wedge C1$

(5)小明全说错了，小桓全说对了，小沈说对一半：$A3 \wedge B1 \wedge C2$

(6)小明全说错了，小桓说对一半，小沈全说对了：$A3 \wedge B2 \wedge C1$

这6种情况中总有一种情况是真命题，因此

$$D=(A1 \wedge B2 \wedge C3) \vee (A1 \wedge B3 \wedge C2) \vee (A2 \wedge B1 \wedge C3) \vee (A2 \wedge B3 \wedge C1) \vee (A3 \wedge B1 \wedge C2) \vee (A3 \wedge B2 \wedge C1)$$

为真命题。

我们对这6种情况分别进行分析。

(1) $A1 \wedge B2 \wedge C3=(P \wedge \neg Q) \wedge ((P \wedge R) \vee (\neg P \wedge \neg R)) \wedge (Q \wedge P)$

$\Leftrightarrow (P \wedge \neg Q) \wedge ((P \wedge R \wedge Q \wedge P) \vee (\neg P \wedge \neg R \wedge Q \wedge P))$（分配律）

$\Leftrightarrow (P \wedge \neg Q) \wedge ((P \wedge R \wedge Q \wedge P) \vee (\neg P \wedge P \wedge \neg R \wedge Q))$（交换律）

$\Leftrightarrow (P \wedge \neg Q) \wedge ((P \wedge R \wedge Q \wedge P) \vee \mathrm{F})$（矛盾律）

$\Leftrightarrow (P\wedge\neg Q)\wedge((P\wedge R\wedge Q)\vee \mathrm{F})$（幂等律）

$\Leftrightarrow (P\wedge\neg Q)\wedge(P\wedge R\wedge Q)$（同一律）

$\Leftrightarrow P\wedge\neg Q\wedge Q\wedge P\wedge R$（交换律）

$\Leftrightarrow \mathrm{F}$（矛盾律）

（2）$A1\wedge B3\wedge C2=(P\wedge\neg Q)\wedge(P\wedge\neg R)\wedge((\neg Q\wedge P)\vee(Q\wedge\neg P))$

$\Leftrightarrow (P\wedge\neg Q)\wedge((P\wedge\neg R\wedge\neg Q\wedge P)\vee(P\wedge\neg R\wedge Q\wedge\neg P))$（分配律）

$\Leftrightarrow (P\wedge\neg Q)\wedge((P\wedge\neg R\wedge\neg Q)\vee(P\wedge\neg R\wedge Q\wedge\neg P))$（幂等律）

$\Leftrightarrow (P\wedge\neg Q)\wedge((P\wedge\neg R\wedge\neg Q)\vee \mathrm{F})$（矛盾律）

$\Leftrightarrow (P\wedge\neg Q)\wedge(P\wedge\neg R\wedge\neg Q)$（同一律）

$\Leftrightarrow P\wedge\neg R\wedge\neg Q$（幂等律）

（3）$A2\wedge B1\wedge C3=((P\wedge Q)\vee(\neg P\wedge\neg Q))\wedge(\neg P\wedge R)\wedge(Q\wedge P)$

$\Leftrightarrow ((P\wedge Q\wedge\neg P\wedge R)\vee(\neg P\wedge\neg Q\wedge\neg P\wedge R))\wedge(Q\wedge P)$（分配律）

$\Leftrightarrow (\mathrm{F}\vee(\neg P\wedge\neg Q\wedge\neg P\wedge R))\wedge(Q\wedge P)$（矛盾律）

$\Leftrightarrow (\neg P\wedge\neg Q\wedge\neg P\wedge R)\wedge(Q\wedge P)$（同一律）

$\Leftrightarrow \neg P\wedge P\wedge\neg Q\wedge\neg P\wedge R\wedge Q$（交换律）

$\Leftrightarrow \mathrm{F}$（矛盾律）

（4）$A2\wedge B3\wedge C1=((P\wedge Q)\vee(\neg P\wedge\neg Q))\wedge(P\wedge\neg R)\wedge(\neg Q\wedge\neg P)$

$\Leftrightarrow ((P\wedge Q\wedge P\wedge\neg R)\vee(\neg P\wedge\neg Q\wedge P\wedge\neg R))\wedge(\neg Q\wedge\neg P)$（分配律）

$\Leftrightarrow ((P\wedge Q\wedge\neg R)\vee(\neg P\wedge\neg Q\wedge P\wedge\neg R))\wedge(\neg Q\wedge\neg P)$（幂等律）

$\Leftrightarrow ((P\wedge Q\wedge\neg R)\vee \mathrm{F})\wedge(\neg Q\wedge\neg P)$（矛盾律）

$\Leftrightarrow (P\wedge Q\wedge\neg R)\wedge(\neg Q\wedge\neg P)$（同一律）

$\Leftrightarrow \mathrm{F}$（矛盾律）

（5）$A3\wedge B1\wedge C2=(\neg P\wedge Q)\wedge(\neg P\wedge R)\wedge((\neg Q\wedge P)\vee(Q\wedge\neg P))$

$\Leftrightarrow (\neg P\wedge Q)\wedge((\neg P\wedge R\wedge\neg Q\wedge P)\vee(\neg P\wedge R\wedge Q\wedge\neg P))$（分配律）

$\Leftrightarrow (\neg P\wedge Q)\wedge(\mathrm{F}\vee(\neg P\wedge R\wedge Q\wedge\neg P))$（矛盾律）

$\Leftrightarrow (\neg P\wedge Q)\wedge(\neg P\wedge R\wedge Q)$（同一律、幂等律）

$\Leftrightarrow \neg P\wedge R\wedge Q$（幂等律）

（6）$A3\wedge B2\wedge C1=(\neg P\wedge Q)\wedge((P\wedge R)\vee(\neg P\wedge\neg R))\wedge(\neg Q\wedge\neg P)$

$\Leftrightarrow (\neg P\wedge Q)\wedge((P\wedge R\wedge\neg Q\wedge\neg P)\vee(\neg P\wedge\neg R\wedge\neg Q\wedge\neg P))$（分配律）

$\Leftrightarrow (\neg P\wedge Q)\wedge(\mathrm{F}\vee(\neg P\wedge\neg R\wedge\neg Q))$（矛盾律、幂等律）

$\Leftrightarrow (\neg P\wedge Q)\wedge(\neg P\wedge\neg R\wedge\neg Q)$（同一律）

$\Leftrightarrow \mathrm{F}$（矛盾律）

因此，由同一律可得：

$$D=(A1\wedge B2\wedge C3)\vee(A1\wedge \mathrm{B}3\wedge C2)\vee(A2\wedge B1\wedge C3)$$
$$\vee(A2\wedge B3\wedge C1)\vee(A3\wedge B1\wedge C2)\vee(A3\wedge B2\wedge C1)$$

$$\Leftrightarrow (P \wedge \neg R \wedge \neg Q) \vee (\neg P \wedge R \wedge Q)$$

小禹中午只能吃一种饭，所以P、Q、R三个命题中只能有一个真命题，即

$$P \wedge Q = P \wedge R = Q \wedge R = \mathrm{F}$$

于是

$$D \Leftrightarrow P \wedge \neg R \wedge \neg Q$$

因此，小明全说对了，小桓全说错了，小沈说对一半，P为真命题，Q和R为假命题，小禹中午吃了鱼香肉丝饭。

通过运用逻辑等价定律，我们可以化简生活中许多复杂的逻辑问题，从而得到正确的答案，是不是很有趣呢？尝试解决了上面的实际问题之后，你一定希望能尝试用这些定律来解决新的问题。

三、推理演算

掌握了基础的命题逻辑知识，我们就可以运用逻辑来进行推理。俗话说“没有规矩不成方圆”，从前提出发，只有应用一系列正确的推理规则，才能证明得出的结论是正确的。下面我们来了解一些常见的推理规则。

1. 前提引入规则：在证明的任何步骤上都可以引入前提。

2. 结论引入规则：在证明的任何步骤上所得到的结论都可以作为后继证明的前提。

3. 置换规则：在证明的任何步骤上，命题公式中的子公式都可以用与之等值的公式置换，得到公式序列中的又一个公式。

实际上，前面介绍的所有逻辑等价定律都可以用于推理。

4. 假言推理规则（或称分离规则）：$(A \to B) \wedge A \Rightarrow B$

这是最常见的推理规则，它的意思是，只要语句中已出现过$A \to B$和A，那么就可以推出B。

举例：前提：（1）如果小禹期末考试考了100分，妈妈就给他买游戏机。

（2）小禹期末考试考了100分。

结论：妈妈给小禹买游戏机。

5. 化简规则：$(A \wedge B) \Rightarrow A$

化简规则的作用是消去合取词，即如果前提是A与B同时满足，那么可以推出A作为结论。

举例：前提：小明会唱歌，也会跳舞。

结论：小明会唱歌。

6. 附加规则：$A \Rightarrow (A \vee B)$

附加规则的作用是添加析取词，即如果已知前提A，那么可以推出A或B成立作为结论。

因为A是正确的，所以$A \vee B$一定是正确的。

举例：前提：小明会唱歌。

结论：小明会唱歌或者会跳舞。

7. 拒取式规则：$(A \rightarrow B) \wedge \neg B \Rightarrow \neg A$

拒取式规则是指，在A蕴含B的前提下，如果已知B是错误的，那么也可以推出A是错误的。

举例：前提：（1）如果今天不下雨，小明就去游乐场。

（2）小明没有去游乐场。

结论：今天下雨了。

此外，还有一些基于逻辑等值推出的规则可以表示如下。

8. 假言三段式规则：$(A \rightarrow B) \wedge (B \rightarrow C) \Rightarrow A \rightarrow C$

9. 析取三段式规则：$(A \vee B) \wedge \neg B \Rightarrow A$

10. 构造二难推理规则：$(A \rightarrow B) \wedge (C \rightarrow D) \wedge (A \vee C) \Rightarrow B \vee D$

下面通过一个生活中的例子，看看怎么运用推理规则来完成推理的证明。

如果小禹考了100分，妈妈就带他去游乐园或者动物园。如果游乐园人太多，就不去游乐园。小禹考了100分，并且游乐园人太多，所以妈妈带他去了动物园。

动物园

为方便表示，定义以下简单命题：

P：小禹考了100分。

Q：妈妈带小禹去游乐园。

R：妈妈带小禹去动物园。

S：游乐园人太多。

从上面的描述可以得到前提：$P \rightarrow (Q \vee R)$，$S \rightarrow \neg Q$，P，S。

要推理的结论为：R。

证明如下：

① $P\rightarrow(Q\vee R)$	前提引入规则
② P	前提引入规则
③ $Q\vee R$	假言推理规则
④ $S\rightarrow\neg Q$	前提引入规则
⑤ S	前提引入规则
⑥ $\neg Q$	假言推理规则
⑦ R	③⑥析取三段式规则

利用推理规则从已知前提推出了结论，因此这个结论是正确的。

四、归结推理

利用推理演算可以解决很多推理问题，但是在推理的过程中，并不知道是否有足够的推理规则，或者说，能否使用已知的推理规则，由前提推出需要的结论。比如在上面的例子中，如果我们不知道假言推理规则，那么根据已知前提就不能推出最后的结论。下面将介绍归结推理规则，它也被形象地称为消解规则。和俄罗斯方块类似，归结推理的进行过程也是消除一个个中间语句的过程。不同的是，俄罗斯方块是消除掉相同的方块，而归结推理是消除掉存在互补前提的语句。

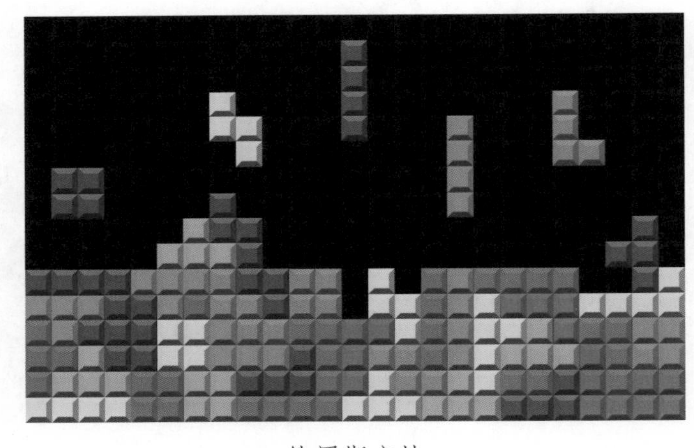

俄罗斯方块

为了更清晰地阐述归结推理，我们引入子句集的概念。子句是指文字的析取式，表示文字的集合。而文字是指一个原子公式或者它的否定，其中原子公式是不能分解出子公式的公式。子句可以为空，空子句是永假式，即不管何时取值都为假。在进行命题演算的过程中，以合取形式表示的式子称为合取范式，子句通过合取得到子句集。事实上，任何语句都可以表示为子句的合取式的形式，可以利用逻辑等价定律的等值演算将语句化为合取式的形式。

举例：将下述命题语句转化为合取式的形式。

$\neg(P\rightarrow\neg Q)\vee R$

①$\neg(P\rightarrow\neg Q)\vee R$

②$\neg(\neg P\vee\neg Q)\vee R$（蕴含等值式）

③$(P\wedge Q)\vee R$（德摩根律）

④$(P\vee R)\wedge(Q\vee R)$（分配律）

经过转换，原本的命题语句变成合取范式，它是两个子句的合取式。

我们通过一个简单的例子来了解归结推理的概念。

举例：小禹今天可能去图书馆、篮球场或者美术馆，已知小禹今天没去美术馆，那么小禹去了图书馆或者篮球场。

定义以下简单命题：

P：小禹今天去图书馆。

Q：小禹今天去篮球场。

R：小禹今天去美术馆。

前提为$P\vee Q\vee R$，$\neg R$。由于存在文字R的互补文字$\neg R$，所以可以消去$P\vee Q\vee R$中的R，得到归结后的语句$P\vee Q$。这就是简单的单元归结，表示如下：

$$(m_1\vee m_2\vee\cdots\vee m_k)\wedge n\Rightarrow m_1\vee\cdots\vee m_{i-1}\vee m_{i+1}\vee\cdots\vee m_k$$

其中m_1，m_2，…，m_k，n都是文字，n是m_i的互补文字。在前提中可以同时出现多个否定式来进行归结，消去语句中$m_1\vee m_2\vee\cdots\vee m_k$与$n_1$，$n_2$，…，$n_l$互补的文字，这种归结方式被称为全归结，表示如下：

$$\begin{aligned}&(m_1\vee m_2\vee\cdots\vee m_k)\wedge(n_1\vee n_2\vee\cdots\vee n_l)\\&\Rightarrow m_1\vee\cdots\vee m_{i-1}\vee m_{i+1}\vee\cdots\vee m_k\vee n_1\vee\cdots\vee n_{j-1}\vee n_{j+1}\vee\cdots\vee n_l\end{aligned}$$

其中，n_j是与m_i互补的文字。可以利用这种置换规则，依次消去原式中与n_1，n_2，…，n_l互补的文字。

举例：求A_1：$P\vee R$和A_2：$\neg P\vee Q$的归结式。

由于P和$\neg P$互为互补文字，消去P和$\neg P$得到归结$R\vee Q$。再由蕴含等值式，可以将被归结的子句写成$\neg R\rightarrow P$，$P\rightarrow Q$的形式。不难看出，这即是我们前面提到的假言三段式规则的形式，因此假言三段论是归结规则的一个特殊形式。

归结推理的过程是，若需要证明$A\Rightarrow B$，将其转变为证明$A\wedge\neg B$不可满足，通过反证法推导出矛盾来完成证明。假定α为包含一系列已知公式的集合，β为待证明的结论，则归结推理的具体步骤可以总结如下：

（1）将$\alpha\wedge\neg\beta$转变为合取范式的形式，得到子句集。

（2）对子句集运用归结规则，对存在互补文字的子句进行归结消去互补文字，得到新的子句。

（3）如果新的子句没有在子句集中出现过，将其加入子句集。

（4）重复过程（2）（3），直到没有子句可以进行归结产生新的子句。如果归结出现空子句，则说明$\alpha \wedge \neg\beta$是不可满足的，从α中可以推出β；否则说明从α中无法推出β。

这个过程可能看起来略显烦琐难以理解。实际上，如果$\alpha \wedge \neg\beta$可以通过消去互补文字归结得到空子句，由于子句集是子句的合取，也就说明子句集为假，即不存在任何一种情况使得满足α的条件下也满足$\neg\beta$，那么也就证明了$\alpha \Rightarrow \beta$。

举例：利用归结推理证明下式：

$(P \to Q) \wedge P \Rightarrow Q$

① 将$\neg Q$加入公式，并利用等值运算将其转变为子句集的形式：

$(P \to Q) \wedge P \wedge \neg Q$

$(\neg P \vee Q) \wedge P \wedge \neg Q$　　（蕴含等值式）

得到子句集$\{\neg P \vee Q, P, \neg Q\}$

② 将$\neg P \vee Q$与P进行归结，消去$\neg P$和P，得到Q

③ 将Q加入子句集，子句集现在为$\{Q、\neg Q\}$

④ 对Q和$\neg Q$进行归结，得到空子句。

这说明$(P \to Q) \wedge P \wedge \neg Q$是不可满足的，因此$(P \to Q) \wedge P \Rightarrow Q$成立。

归结推理是完备的，即不管什么样的推理语句都可以通过归结推理规则来完成证明。对于归结推理的完备性的证明难度太大，本书就不展开介绍了，感兴趣的读者可以自行查阅资料进行更深入的了解。

思考与实践

5.3 如果小禹考了100分，妈妈就带他去游乐园或者动物园。如果游乐园人太多，就不去游乐园。小禹考了100分，并且游乐园人太多，所以妈妈带他去了动物园。你能利用归结推理完成推理过程吗？

第六章　基于一阶逻辑的推理

学习了命题逻辑，小禹和同学们经常尝试着用命题逻辑的形式来表示生活中的一些自然语言并进行推理。但是他们很快发现，对于有些自然语言，运用基于命题逻辑的推理规则并不能得到想要的结论。比如在知道“凡是参加了这次运动会的同学都可以得到一朵小红花”和“小明参加了运动会”的前提下，没办法利用命题逻辑得出在自然语言中显而易见的“小明可以得到一朵小红花”的结论。将这3个命题定义为P、Q、R，由于对任意命题P、Q、R，$P \wedge Q \rightarrow R$并不总是完全成立的，所以已知$P \wedge Q$，无法推出R。

实际上，我们看到P和Q两个命题存在一定的关联性，即“小明参加了运动会”满足“凡是参加了这次运动会的同学都可以得到一朵小红花”中“凡是”所定义的条件。但是由于命题逻辑只能表示全盘肯定或者全盘否定，不能对原子命题进一步分割来进行部分肯定或否定，因此命题逻辑不能把语句中“凡是”的含义表示出来。另一方面，对于“小禹是一班的同学”和“小明是一班的同学”两个句子，仅仅是主语不同，显然存在关联性，但是命题逻辑却只能把这两个句子表示成两个不同的命题，并不会考虑它们之间的关系。这些都说明命题逻辑具有一定的局限性。

本章将介绍一种表达能力更强的逻辑语言——一阶逻辑，运用一阶逻辑，就可以解决这种局限性，更全面地进行表示和推理。

一、一阶逻辑基本概念

为了更好地理解一阶逻辑的概念，我们通过走近小禹来进一步了解。下页图是与小禹有关的一个关系网。

这幅图主要展示了下面几个信息，我们用命题的形式将其表示出来：

① 周女士是小禹的妈妈。

② 李先生是小禹的爸爸。

③ 李先生和周女士是夫妻。

④ 小禹和小明是好朋友。

⑤ 小禹的头发是卷曲的。

⑥ 小明的头发是直的。

⑦ 小明戴眼镜。

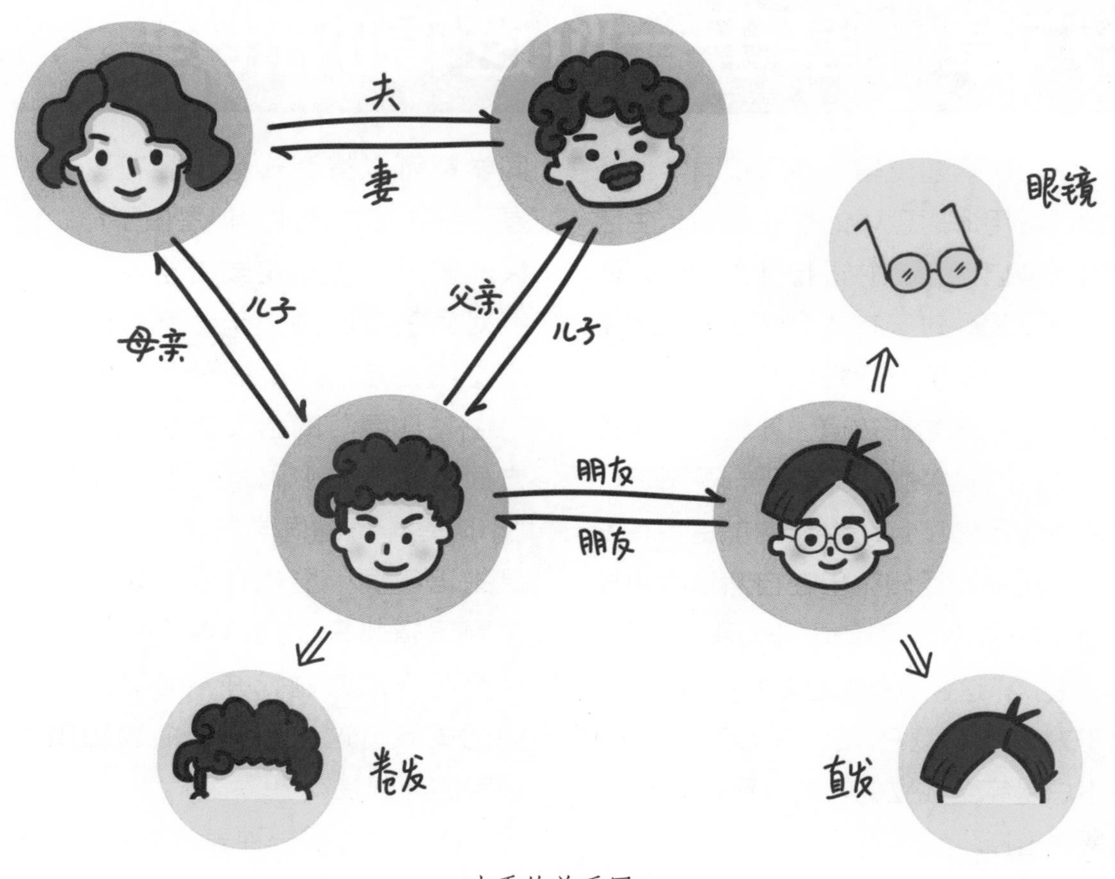

小禹的关系网

1. 对象与谓词

从上述命题中很容易发现，“周女士”“李先生”“小禹”“小明”“眼镜”“头发”等名词分别表示了不同的对象，而“是……的妈妈”“是……的爸爸”“是夫妻”“是好朋友”“戴……”定义了两个对象之间的关系，“卷曲的”“直的”则描述了某个对象的属性。日常生活的大部分命题都是由对象和关系组成的，只描述一种对象的关系就对应于对象的属性。

（1）对象

世界上存在着许许多多对象，我们可以很容易地想到很多对象，比如房子、电脑、形状、小禹、天气、颜色等名词或者名词短语，也可称它们为个体词，代表真实世界中的每一个个体存在。

对象的变化范围被称为个体域或论域，用D表示。个体域不同，命题的描述形式可能不相同，真假值也可能不相同。若不作特殊声明，一般情况下认为个体域为包含事物的最广的集合。

（2）谓词

不同对象之间又存在着不同的关系，诸如“长方形的”“很高”“美味的”等描述都对应于对象的一元关系，它们被称为一元谓词，用于描述对象本身的属性。我们可以用$P(x)$，$Q(x)$来表示一元谓词。比如前文中提到的“小禹是一班的同学”和“小明是一班的同学”

两个句子，在命题逻辑中只能表示为两个完全不同的命题。不过利用一元谓词，可以定义关系“……是一班的同学”为$P(x)$，修改不同的主语，我们就可以得到P（小禹）和P（小明）两个命题。

生活中更常见的是不同对象之间的关系，比如“比……大”“在……上”“是好朋友”等，这些谓词通过定义不同的关系将不同的对象连接起来，它们被称为多元谓词。我们可以用$P(x, y)$，$Q(x, y)$来表示多元谓词。对于“小明和小红是好朋友”这句话，定义$P(x, y)$表示“x和y是好朋友”，命题可以表示为P（小明，小红）。

一阶逻辑提供了更通用本质的描述框架，能够提取不同命题中的特征部分，将原子命题进行进一步划分。

2. 函数与量词

从上述命题中我们还注意到，在自然语言描述中还存在诸如“小禹的眼睛”“小红的头发”等描述，这些描述可以从一个对象通过函数映射得到另一个对象。实际上，在更复杂的命题中不仅仅含有对象与谓词，还包含了函数与量词。我们通过下面几个例子来进一步了解。

① 小明的爸爸是老师。

② 所有的猫都是动物。

③ 有的人是左撇子。

（1）函数

在命题①中，“小明的爸爸”是一个函数。函数是对对象的映射，可以把一个对象映射成另一个对象。“……的左手”“……最好的朋友”等描述都是函数。函数可以用小写字母来表示，它并不单独使用，一般是作为谓词的输入。

谓词和函数是不同的概念，函数是不同对象的映射，并无真假可言。比如函数*Bestfriend*（小禹）仅仅表示小禹最好的朋友那个人，尽管不知道这个人是谁，但是可以用函数映射来完成对他的指代。而表示“x和y是好朋友”的二元谓词$Friend(x, y)$存在真假性，即如果x和y是好朋友，那么$Friend(x, y)$为真；否则$Friend(x, y)$为假。

（2）量词

量词定义了描述的适用范围，但是量词并不是指定到具体一个或者两个对象，而是一种通用的范围限制。根据适用范围为全体和部分，我们可以把量词分为全称量词和存在量词。

在命题②中，“所有的”把范围定义到全体，类似的描述还有“凡是”“一切”“凡……都……”，它们被称为全称量词，用符号“$\forall$”来表示。$\forall x$表示对所有x来说都成立，$\forall xP(x)$为真当且仅当对所有的x来说$P(x)$都为真。

如果用$P(x)$表示“x是猫”，$Q(x)$表示“x是动物”，那么我们可以将命题②表示为$\forall x(P(x) \rightarrow Q(x))$，也就是说，对于所有满足“$x$是猫”的$x$，都满足“$x$是动物”这一谓词。

所有的猫都是动物

（3）存在量词

在命题③中，“有的人”把范围限定到部分人群，是一种表示存在的范围，它表明并不是所有人都满足“是左撇子”这一谓词。类似的描述还有“存在”“有些”“有一个”等，它们被称为存在量词，用符号“$\exists$”来表示。$\exists x$表示在能取到的x中至少有一个x，$\exists xP(x)$为真当且仅当至少存在一个x使$P(x)$为真。

如果用$P(x)$表示“x是人”，$Q(x)$表示“x是左撇子”，那么可以将命题③表示为$\exists x(P(x)\land Q(x))$，也就是说，至少存在一个$x$使得$x$同时满足“$x$是人”和“$x$是左撇子”两个条件。你可能会疑惑，为什么存在量词不能像全称量词一样表示成$\exists x(P(x)\to Q(x))$的形式。我们回顾蕴含式的含义，会发现当$P(x)$为假时不管$Q(x)$取何值其结果都为真，那么只要某个对象x不满足$P(x)$，$\exists x(P(x)\to Q(x))$就为真，显然与我们想要表达的存在信息不符合。

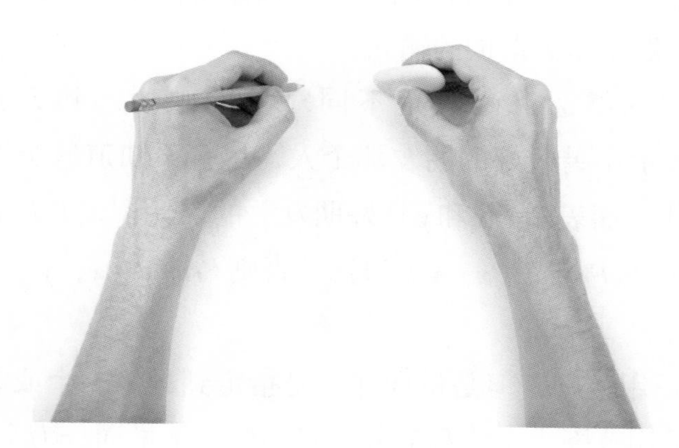

有的人是左撇子

我们需要根据命题的实际含义来判断选择全称量词还是存在量词。如果发生多个量词同时出现的情况，不能随意调换其顺序。举例来说，如果用$P(x, y)$表示x认识y，那么$\forall x\exists yP(x, y)$表示的是对于所有的$x$都至少认识一个人$y$；而$\exists y\forall xP(x, y)$表示的是存在一个人$y$被所有$x$认识。它们的意义并不完全相同。

二、等值演算

在前面对命题逻辑的介绍中，为了便于进行运算，我们引入了一些逻辑等价定律，这些逻辑等价定律对一阶逻辑也同样适用。以双重否定律为例，在一阶逻辑中对应有如下形式：

$$\forall xF(x) \Leftrightarrow \neg\neg\forall xF(x)$$

$$\forall x\exists y(P(x,y)\rightarrow Q(x,y)) \Leftrightarrow \neg\neg\forall x\exists y(P(x,y)\rightarrow Q(x,y))$$

与命题逻辑不同的是，一阶逻辑的等值演算还需要注意量词的作用域以及全称量词和存在量词的转换。

1. 量词否定律

在自然语言中，“不存在任何一种生物是长生不老的”这句话表达的意思是“所有的生物都不是长生不老的”。令$P(x)$为“x是长生不老的”，那么对应到一阶逻辑中，“不存在x满足$P(x)$”与“所有x都不满足$P(x)$”是等价的。同理，“并不是所有的女孩都是长发”与“存在女孩不是长发”含义相同。对应到一阶逻辑中，“并不是所有的x都满足$P(x)$”与“存在x不满足$P(x)$”等价。

用公式表示量词否定律如下：

$$\neg\exists xP(x) \Leftrightarrow \forall x\neg P(x),\neg\forall xP(x) \Leftrightarrow \exists x\neg P(x)$$

2. 量词分配律

除了量词否定律，一阶逻辑语句还满足量词分配律：

$$\forall x(P(x)\wedge Q(x)) \Leftrightarrow \forall xP(x)\wedge\forall xQ(x)$$

$$\exists x(P(x)\vee Q(x)) \Leftrightarrow \exists xP(x)\vee\exists xQ(x)$$

举例：“艺术中心的所有人既会唱歌又会跳舞”和“艺术中心的所有人都会唱歌，并且艺术中心的所有人都会跳舞”等价。同样的，“艺术中心存在一个人，他会跳舞或者会唱歌”和“艺术中心存在一个人会唱歌，或者艺术中心存在一个人会跳舞”等价。令$P(x)$为艺术中心的x会唱歌，$Q(x)$为艺术中心的x会跳舞，那么上述语句可表示为下页的两张图。

全称量词仅对合取适用分配律。假设“艺术中心的所有人要么会唱歌，要么会跳舞”成立，对其运用分配律，则会表述为“艺术中心的所有人都会唱歌，或者艺术中心的所有人都会跳舞”，这句话不一定成立，因为条件变严格了。同理，存在量词仅对析取适用分配律。假

$\forall x(P(x) \wedge Q(x)) \Leftrightarrow \forall x P(x) \wedge \forall x Q(x)$示例图

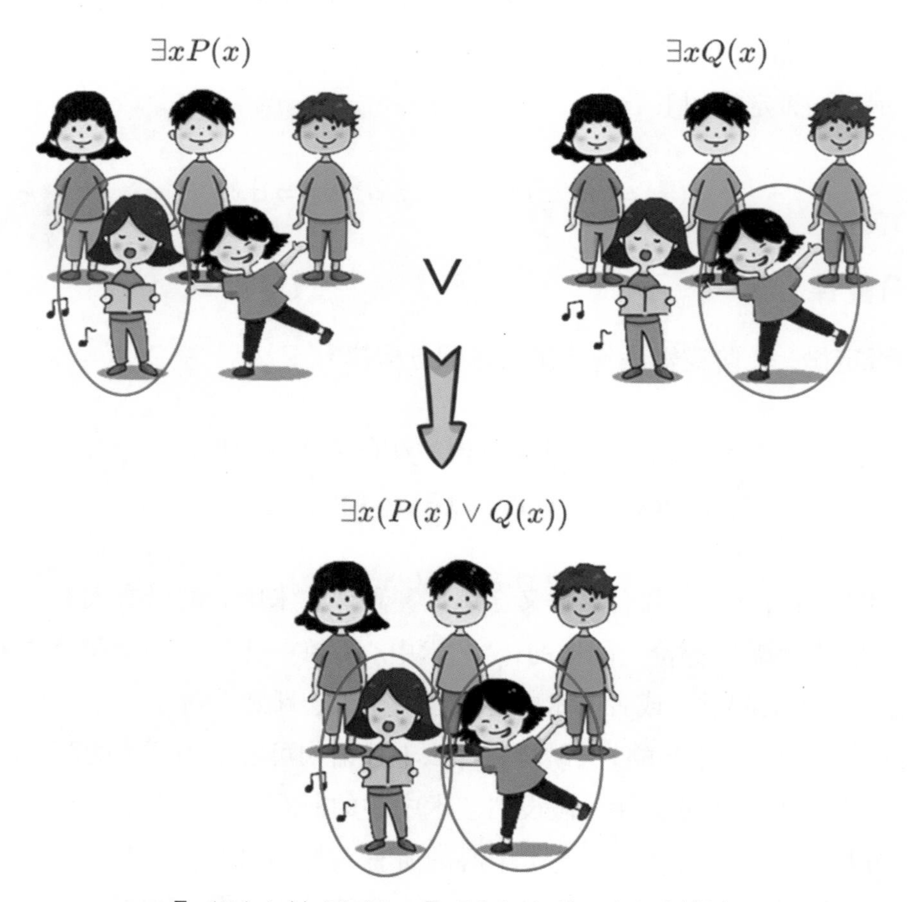

$\exists x(P(x) \vee Q(x)) \Leftrightarrow \exists x P(x) \wedge \exists x Q(x)$示例图

设“艺术中心存在一个人，他既会唱歌又会跳舞”成立，对其运用分配律，则会表述为“艺术中心存在一个人会唱歌，并且存在一个人会跳舞”，这句话与前者又不等同，因为条件变宽松了。

3. 量词作用域等值式

量词只对跟随其后的所约束的变量起作用，对其余变量不起作用，这些其余变量称为自由变量，即使它们出现在量词的作用域中，量词也不对它们起约束作用。我们可以利用这一个性质，对量词进行作用域的扩张与收缩。

(1)全称量词

① $\forall x(P(x)\vee Q)\Leftrightarrow\forall xP(x)\vee Q$

$\forall x(P(x)\wedge Q)\Leftrightarrow\forall xP(x)\wedge Q$

举例：$P(x)$：合唱团的x会唱歌。Q：太阳从东方升起。$\forall x(P(x)\vee Q)$：对于合唱团的所有人来说，他们都会唱歌，或者太阳从东方升起。

由于“太阳从东方升起”这一命题的正确与否与合唱团的成员并没有关系，因此我们可以缩小全称量词的作用域，变为$\forall xP(x)\vee Q$。由$\forall xP(x)\vee Q$也可通过作用域扩张得到$\forall x(P(x)\vee Q)$。

同理，$\forall x(P(x)\wedge Q)$与$\forall xP(x)\wedge Q$也等价。

② $\forall x(P(x)\rightarrow Q)\Leftrightarrow\exists xP(x)\rightarrow Q$

举例：$P(x)$：班里的同学x拿了运动会的奖项。Q：班级得到一枚奖章。$\forall x(P(x)\rightarrow Q)$：对于班里所有的同学$x$，如果$x$拿了运动会的奖项，那么班级可以得到一枚奖章。

也就是说，如果班里存在同学x拿了运动会的奖项，那么班级就可以得到一枚奖章，即$\exists xP(x)\rightarrow Q$。

同理，已知$\exists xP(x)\rightarrow Q$，我们也可以得到$\forall x(P(x)\rightarrow Q)$。

③ $\forall x(Q\rightarrow P(x))\Leftrightarrow Q\rightarrow\forall xP(x)$

举例：$P(x)$：班里的同学x不去上课。Q：今天下暴雨。$\forall x(Q\rightarrow P(x))$：对于班里所有的同学$x$，如果下暴雨，同学$x$就不去上课。

也就是说，如果下暴雨，则对班里所有的同学x，都有同学x不去上课，即$Q\rightarrow\forall xP(x)$。

同理，已知$Q\rightarrow\forall xP(x)$，我们也可以得到$\forall x(Q\rightarrow P(x))$。

(2)存在量词

① $\exists x(P(x)\vee Q)\Leftrightarrow\exists xP(x)\vee Q$

$\exists x(P(x)\wedge Q)\Leftrightarrow\exists xP(x)\wedge Q$

举例：$P(x)$：班里的同学x会唱歌。Q：太阳从东方升起。$\exists x(P(x)\vee Q)$：班级里存在同学x，同学x会唱歌，或者太阳从东方升起。

与全称量词作用域中的析取式相同，存在量词所约束的同学x，并不会影响“太阳从东方升起”这一命题的正确与否，因此我们可以对析取式进行作用域收缩，变为$\exists xP(x)\vee Q$。相应地，$\exists xP(x)\vee Q$也可以通过作用域扩张得到$\exists x(P(x)\vee Q)$。同理，合取式的作用域收缩与扩张也成立。

② $\exists x(P(x)\rightarrow Q)\Leftrightarrow\forall xP(x)\rightarrow Q$

举例：$P(x)$：果园里的果树x授粉成功。Q：果农培育出新的果树品种。$\exists x(P(x)\rightarrow Q)$：果园里存在果树$x$，如果果树$x$授粉成功，则果农可以培育出新的果树品种。

那么，如果所有果树都授粉成功了，则果农一定可以培育出新的果树品种，因此我们可以通过作用域扩张得到等价式$\forall xP(x)\rightarrow Q$。同样的，如果有$\forall xP(x)\rightarrow Q$，我们不能说所有的果树$x$授粉成功都可以培育出新的果树品种，但是可以说果园中存在果树x，如果它授粉成功，能使果农培育出新的果树品种，以此来完成作用域收缩，变为$\exists x(P(x)\rightarrow Q)$。

③ $\exists x(Q\rightarrow P(x))\Leftrightarrow Q\rightarrow\exists xP(x)$

举例：$P(x)$：班里的同学x感冒了。Q：天气降温。$\exists x(Q\rightarrow P(x))$：班里存在同学$x$，天气一降温同学$x$就感冒。

也就是说，天气一降温，班里就有同学x感冒，即$Q\rightarrow\exists xP(x)$。

同理，已知$Q\rightarrow\exists xP(x)$，我们也可以得到$\exists x(Q\rightarrow P(x))$。

对于包含蕴含式的表达式，可以结合析取式或合取式的作用域等值式来进行等值演算。以$\forall x(P(x)\rightarrow Q)$为例。

$\forall x(P(x)\rightarrow Q)$

$\Leftrightarrow\forall x(\neg P(x)\vee Q)$（蕴含等值式）

$\Leftrightarrow\forall x\neg P(x)\vee Q$（析取式量词作用域收缩）

$\Leftrightarrow\neg\exists xP(x)\vee Q$（量词否定律）

$\Leftrightarrow\exists xP(x)\rightarrow Q$（蕴含等值式）

利用一阶逻辑的等值演算规则，我们可以完成以下实例的证明。

小禹班里举办辩论赛，同学们分别支持正方和反方辩队。不存在任何一个同学既支持正方辩队又支持反方辩队。利用等值演算证明，对于所有同学，如果支持正方辩队那么就不支持反方辩队。先符号化表示命题。

$P(x)$：同学x支持正方辩队。

$Q(x)$：同学x支持反方辩队。

则问题可以表示为：$\neg\exists x(P(x)\wedge Q(x))\Leftrightarrow\forall x(P(x)\rightarrow\neg Q(x))$

$\neg\exists x(P(x)\wedge Q(x))$

$\Leftrightarrow\forall x\neg(P(x)\wedge Q(x))$（量词否定律）

$\Leftrightarrow\forall x(\neg P(x)\vee\neg Q(x))$（德摩根律）

$\Leftrightarrow\forall x(P(x)\rightarrow\neg Q(x))$（蕴含等值式）

问题得证。

思考与实践

6.1 你能说出一阶逻辑与命题逻辑的主要区别吗？

三、推理演算

学习了一阶逻辑，我们再来了解一下基于一阶逻辑的推理规则。在等值演算中可以看到，一阶逻辑与命题逻辑最大的不同是对量词的处理。对于给定的带量词的语句，我们能否先对量词进行处理，得到不带量词的命题逻辑语句，再利用基于命题逻辑的推理来完成推理呢？下面就来介绍一些量词处理规则。

1. 全称量词消去规则（简称 $\forall_-$）

$$\forall xP(x)\Rightarrow P(y)$$

其中y可以是个体域中的任何一个对象。假设个体域中有对象a，我们可以得到$\forall xP(x)\Rightarrow P(a)$。

举例：$\forall xP(x)$：合唱队的每一个人都会唱歌。

P（小红）：小红会唱歌（小红是合唱队的一员）。

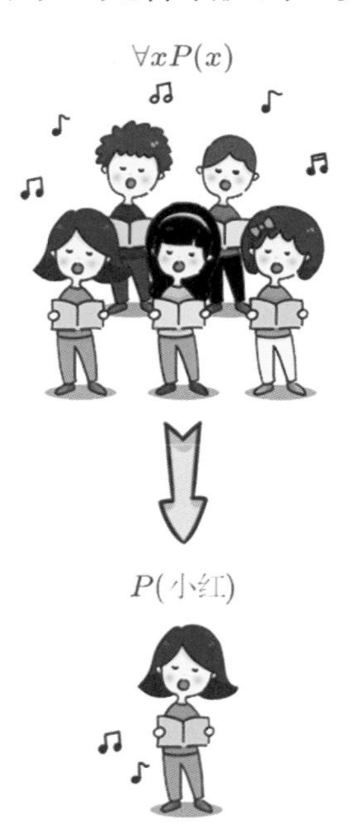

$\forall xP(x)\Rightarrow P(y)$ 示例图

2. 全称量词引入规则（简称$\forall_+$）

$$P(y) \Rightarrow \forall xP(x)$$

其中，y可以为作用域内任何一个对象。直观上来理解的话，由于我们定义命题$P(y)$的时候并没有特指作用域里的哪一个对象，即对于作用域内的任何一个y都满足$P(y)$，因此命题对作用域中的任何一个对象都是成立的，即$\forall xP(x)$。

举例：$P(y)$：合唱队中的y会唱歌（y为合唱队中任一个体）。

$\forall xP(x)$：合唱队中的任一个体x都会唱歌。

$P(y) \Rightarrow \forall xP(x)$示例图

3. 存在量词消去规则（简称$\exists_-$）

$$\exists xP(x) \Rightarrow P(y)$$

其中y是个体域中能使$P(y)$为真的某个对象。如果对象a能使$P(a)$为真，我们可以得到$\exists xP(x) \Rightarrow P(a)$。

举例：$\exists xP(x)$：一班里有同学会唱歌。

P（小红）：一班的小红会唱歌。

由于小红会唱歌，P（小红）为真。

$\exists xP(x) \Rightarrow P(y)$ 示例图

4. 存在量词引入规则（简称 $\exists_+$）

$$P(y) \Rightarrow \exists xP(x)$$

举例：$P(y)$：一班的小红会唱歌。

$\exists xP(x)$：一班里有同学会唱歌。

$P(y) \Rightarrow \exists xP(x)$ 示例图

除此之外，在命题逻辑中提到的前提引入规则、结论引入规则和置换规则，对一阶逻辑的推理也依然适用。利用全称量词消去规则和存在量词消去规则，我们可以将一阶逻辑中的量词消去，然后将变化得到的命题当成简单的命题逻辑来进行处理，就可以运用在命题逻辑中的假言推理规则等基础推理演算规则来进行推理，从而完成需要的证明。

下面通过一个生活中的例子来看看怎么运用推理规则来完成推理的证明。

在联欢晚会上表演节目的人，要么唱歌，要么跳舞，要么说相声。由于跳舞节目和中场互动环节时间顺序相连，为了保证晚会的质量，导演组规定凡是跳舞的就不能参与中场互动环节。要证明的是：因为有在晚会上表演节目的人既不唱歌，也不说相声，所以有些人不能参与中场互动环节。

证明：定义$P(x)$表示“x在联欢晚会上表演节目”。

$Q(x)$表示“x表演唱歌节目”。

$R(x)$表示“x表演跳舞节目”。

$S(x)$表示“x表演说相声节目”。

$Z(x)$表示“x参与中场互动环节”。

则有前提：

$\forall x(P(x)\to Q(x)\vee R(x)\vee S(x))$

$\forall x(P(x)\wedge R(x)\to\neg Z(x))$

$\exists x(P(x)\wedge\neg Q(x)\wedge\neg S(x))$

需要推出的结论为：$\exists x(P(x)\wedge\neg Z(x))$

设a为联欢晚会表演节目者中的一位，且a既不唱歌，也不说相声。则有附加前提$P(a)$，$\neg Q(a)$，$\neg S(a)$。

推理过程如下：

① $\forall x(P(x)\to Q(x)\vee R(x)\vee S(x))$（前提引入规则）

② $P(a)\to Q(a)\vee R(a)\vee S(a)$（全称量词消去规则）

③ $\forall x(P(x)\wedge R(x)\to\neg Z(x))$（前提引入规则）

④ $P(a)\wedge R(a)\to\neg Z(a)$（全称量词消去规则）

⑤ $Z(a)\to\neg(P(a)\wedge R(a))$（假言易位律）

⑥ $Z(a)\to\neg P(a)\vee\neg R(a)$（德摩根律）

⑦ $P(a)$（前提引入规则）

⑧ $Q(a)\vee R(a)\vee S(a)$（②⑦假言推理规则）

⑨ $\neg Q(a)$，$\neg S(a)$（前提引入规则）

⑩ $R(a)$（⑧⑨析取三段式规则）

⑪ $\neg Z(a)$（④⑦⑩假言推理规则）

⑫ $P(a)\wedge\neg Z(a)$（⑪结论引入规则）

⑬ $\exists x(P(x)\wedge\neg Z(x))$（存在量词引入规则）

推理得证。

四、归结推理

通过消去量词将一阶逻辑推理转化为命题逻辑推理，确实是一种解决问题的方法，但是这种来回转化进行推理的方式效率并不高。你可能会自然地联想到，能不能像命题逻辑推理中的归结推理一样，直接对一阶逻辑语句进行归结推理呢？实际上，归结推理也适用于一阶逻辑，只是由于一阶逻辑中存在量词、可变的个体词等元素，对一阶逻辑应用归结推理会比较复杂。我们先了解一下置换与合一的思想，然后再学习一阶逻辑中的归结推理规则，并尝试直接利用这些规则去完成一阶逻辑的推理。

1. 置换与合一

小禹是艺术团的一员。我们已知他会弹吉他，并且知道有一条规则“每个艺术团的同学，如果会弹吉他，必定会唱歌。”在自然语言分析中，我们很容易判定他一定会唱歌。用 $Art(x)$ 表示“x是艺术团的成员”，$Guitar(x)$ 表示“x会弹吉他”，$Sing(x)$ 表示“x会唱歌”，这一判定所经历的推理过程可以表示如下：

$\forall x(Art(x)\wedge Guitar(x))\Rightarrow Sing(x)$

Art（小禹）

$Guitar$（小禹）

利用置换｛x/小禹｝可以得到$Sing$（小禹），即小禹会唱歌的结论。

所谓置换，就是形为｛p_1/p'_1，p_2/p'_2，…，p_n/p'_n｝的一个有限集，其中p_1，p_2，…，p_n是蕴含式中所包含的变量，比如$Art(x)$中的x。p'_1，p'_2，…，p'_n是不同于p_1，p_2，…，p_n的项，它可以是变量，如y，z等；也可以是常量，如小禹，小红等；还可以是函数，如$Father(x)$，$BestFriend$（小禹）等。｛x/a，y/b｝｛x/小禹，$z/f(x)$｝等都是置换。

可以将置换用一条规则来表示。如果有已知的n个前提语句和一个蕴含式，通过置换θ，可以使已知的前提与蕴含式的前项完全相同，我们就可以将置换应用于蕴含式的后项，得到想要推出的结论。表达式如下：

$$p'_1\wedge p'_2\wedge\cdots\wedge p'_n\wedge(p_1\wedge p_2\wedge\cdots\wedge p_n\Rightarrow q)\Rightarrow SUBST(\theta,q)$$

其中$SUBST(\theta,q)$表示通过置换θ得到结论q。它与命题逻辑推理中的假言推理规则$(A\rightarrow B)\wedge A\Rightarrow B$十分相似。然而，针对命题逻辑推理的假言推理规则只能根据没有变量的前提推出结论，但是这条置换规则可以找到不同逻辑之间的相同规律，利用包含变量的蕴含式推出结论。我们称其为一般化假言推理规则。

运用一般化假言推理规则的关键是找到一个置换，能够使不同的逻辑语句转化为相同的语句，这一过程称为合一。给定两条不同的语句，如果通过置换θ，它们能转化为相同的语句，我们就称这两条语句是可合一的，θ为合一置换。比如｛x/小禹｝就是Art（x）和Art（小禹）的一个合一置换。合一过程就像对橡皮泥进行加工的过程，只要两块橡皮泥的原材料一致，经过合一过程，总能得到相同的产物。

合一置换是在一阶逻辑推理中非常有用的技能。如果没有合一置换，假言推理规则只能对完全匹配的逻辑前提进行推理，这样的推理是非常受限的。

2. 归结推理规则

我们在前面已经看到，只利用命题归结推理规则，就可以完成对命题逻辑的推理。这里将学习如何让归结推理规则扩展到一阶逻辑。

和命题逻辑一样，一阶逻辑进行归结推理之前也要先将语句化为合取式的形式。由于一阶逻辑中含有量词，转化过程相应比命题逻辑复杂。我们将转化过程分为前束范式转化、量词消去、合取式转化3个部分。

（1）前束范式转化

前束范式指的是，所有量词都在表达式的最前面，并且量词的作用域一直到表达式末尾的逻辑式，如$\forall x \forall y \exists z P(x, y, z)$，其中$P(x, y, z)$是不包含量词的逻辑表达式，而对变量进行约束的全称量词和存在量词对P中出现的所有相应变量都起作用。将逻辑表达式转变为前束范式，有利于我们对量词进行操作而不改变表达式的原意。任何逻辑表达式都对应着同样意义的前束范式，具体转化方法如下。

① 消去蕴含连接词或等价连接词

利用等值演算中的蕴含等值式和等价等值式消去表达式中的蕴含连接词“→”或等价连接词“↔”。

② 否定连接词内移

利用量词否定律，将否定连接词“¬”内移到原子公式的最前面。

③ 重命名变量

如果表达式中量词所约束的变量有重名的现象，如$\forall x P(x) \vee \forall x Q(x)$，为了防止变量混淆，可以将其中一个变量名进行修改，即变为$\forall x P(x) \vee \forall y Q(y)$。

④ 量词前移

利用量词分配律、量词作用域等值式，将量词提到最前面。

由于前束范式中量词的顺序可以不同，因此一个表达式可能对应有不唯一的前束范式。

（2）量词消去

① 消去存在量词

如果存在量词左边有全称量词，比如$\forall x \exists y P(x, y)$，则对全称量词$x$来说，不同的$x$可能存在不同的$y$满足$P(x, y)$，在消去存在量词时应将其改写为该全称量词的函数；如果左边没有全称量词，则可以将其直接改写为常量。

② 消去全称量词

由于消去存在量词之后剩下的量词都为全称量词，并且作用域是到表达式末尾，因此我们可以直接略去全称量词。

（3）合取式转化

将表达式转变为若干个析取式的合取的形式，得到合取范式。每个析取式为一个子句，合取范式中的若干个析取式构成子句集。

同命题逻辑的归结推理类似，一阶逻辑的归结推理也是对包含互补文字的两个子句集进行归结。如果一阶逻辑的文字不能直接互补（如$P(x)$和$\neg P(a)$），只要一个文字的互补式能与另一个文字合一，我们也可以说它们是可以互补的。因此，一阶逻辑的归结推理除了需要进行置换合一之外，其余与命题逻辑的推理过程相同。一阶逻辑的归结推理规则可以表示如下：

$$(m_1 \vee m_2 \vee \cdots \vee m_k) \wedge (n_1 \vee n_2 \vee \cdots \vee n_l)$$
$$\Rightarrow SUBST(\theta, m_1 \vee \cdots \vee m_{i-1} \vee m_{i+1} \vee \cdots \vee m_k \vee n_1 \vee \cdots \vee n_{j-1} \vee n_{j+1} \vee \cdots \vee n_l)$$

其中，n_j是与m_i互补的文字，$SUBST(\theta, m_1 \vee \cdots \vee m_{i-1} \vee m_{i+1} \vee \cdots \vee m_k \vee n_1 \vee \cdots \vee n_{j-1} \vee n_{j+1} \vee \cdots \vee n_l)$表示利用置换$\theta$可以消去原式中的$m_i$，利用这种置换规则，即可依次消去原式中与$n_1$，$n_2$，…，$n_l$互补的文字。

举例：求A_1：$P(f(x)) \vee G(x, y)$和A_2：$Q(s) \vee G(s, v)$的归结式。

通过合一置换$\{x/s, y/v\}$，消除互补文字，可以对A_1和A_2归结得下式：

$$P(f(x)) \vee Q(x)$$

在进行合一置换的过程中，因为置换为$\{x/s, y/v\}$，所以置换后A_2中的$Q(s)$也要变成$Q(x)$，即合一置换必须对整个子句集进行置换。

思考与实践

6.2 在联欢晚会上表演节目的人，要么唱歌，要么跳舞，要么说相声。由于跳舞节目和中场互动环节时间顺序相连，为了保证晚会的质量，导演组规定凡是跳舞的就不能参与中场互动环节。尝试用归结推理规则证明：因为有在晚会上表演节目的人既不唱歌，也不说相声，所以有些人不能参与中场互动环节。

第七章　产生式与专家系统

春天到了，万物生长，小禹却开始不停地打喷嚏。他以为自己感冒了，但吃了几天感冒药仍不见好转，就去医院看病。医生询问他的具体症状，得知小禹是打喷嚏、鼻塞等一同发生，并且持续了一周多时间，据此判断他得了过敏性鼻炎，给开了合适的药进行治疗。医生确定小禹疾病的过程是一个生活中常见的推理过程：医生以从小禹那里获取的他现在的症状为前提，根据自己所在领域的专家知识“若有人打喷嚏、鼻塞等症状一同发生，并且持续超过7～10天，则此人得了过敏性鼻炎”，得出小禹得了过敏性鼻炎的结论。

既然如此，我们能不能告诉机器一些特定领域的专业知识，让机器根据已知事实前提完成自动推理过程，得到新的事实前提呢？本章将了解人工智能发展初期的一个重要分支——专家系统。给定某领域内的专业知识和规则，专家系统能自动推理得出结论，帮助人类解决专业领域的问题。

一、产生式

波斯特

由于目前大多数专家系统都采用产生式来表示知识，因此在介绍专家系统之前，我们先简单了解产生式的概念。产生式规则由美国数学家波斯特在1934年提出，他根据替换规则提出了一种称为波斯特机的模型，波斯特机的每一条规则对应一个产生式。

下面是几个用产生式表示的例子。

（1）如果今天不下雨，小禹就去游乐园。

（2）如果机房高温预警，就需要立即关闭电闸。

（3）如果小禹没有按时完成作业，他会被老师批评。

你一定会发现，这些产生式表示的例子和逻辑蕴含式的例子非常相似。事实上，蕴含式就是产生式的一种，但是除此之外，产生式还包含各种操作、规则。比如第二个例子是产生式规则，而不是蕴含式，因为它表示的是当满足前提条件时需要进行的操作。产生式常用的结构还有“原因→结果”“条件→结论”“前提→操作”“事实→进展”“情况→行为”等。

产生式的基本形式是IF P THEN Q，可以把上述例子表达如下：

（1）IF今天不下雨THEN小禹去游乐园

(2)IF机房高温预警THEN立即关闭电闸

(3)IF小禹没有按时完成作业THEN小禹被老师批评

产生式系统包含数据库、产生式规则和控制系统。当满足产生式的前提条件时，我们就可以应用产生式规则来使数据库的状态发生改变。利用产生式系统，定义特定领域的规则，可以实现用于特定领域的专家系统。

二、专家系统

每个领域都有专家，这些专家掌握了大量领域内的专业知识，并且有很强的解决领域内问题的能力。专家系统是通过获取人类专家的知识，试图像人类专家一样来解决特定类型的问题，其本质是用智能系统代替人类进行逻辑推理。

深蓝计算机

深蓝计算机打败人类世界冠军引起巨大轰动，它存储了100年来几乎所有国际象棋大师的对弈棋谱，还有4位国际级大师教它下棋规则和技巧。深蓝计算机就是国际象棋领域的专家系统，它有一个包含国际象棋规则和技巧的知识库，并利用强大的计算能力进行推理和搜索，从而得以战胜人类。

20世纪60年代诞生的通用问题求解器（General Problem Solver，简称GPS）可以算是专家系统的前身。虽然GPS没有能像预期那样用来解决通用的问题，但是它提供了一种将知识规则与解决问题的策略分离开来的思路，为专家系统的产生奠定了基础。

1965年，第一个专家系统DENDRAL系统诞生，它可以帮助化学家判断物质的分子结构，专家系统从此逐渐走进人们的视野。随后相继出现了许多成功的专家系统，比如用于医学诊断的MYCIN系统，用于探矿的PROSPECTOR系统等。专家系统的技术日益成熟，目前已经广泛应用于科学、商业、医学等多种领域，为人们提供极大的便利，带来巨大的经济效益。世界上第一个成功的商用专家系统R1，1982年开始在DEC公司使用，它用于代替人工向厂家提交订单，每年可以为DEC公司节省4000万美元。

专家系统的结构如下页图所示，主要由人机交互界面、知识库和推理机3部分构成。

知识库是专家系统的重要组成部分，包含一些已知事实以及用于推理的规则。知识库中的知识由该领域专家提前提供，专家系统的水平直接受知识库中知识水平的影响。人类专家可以通过不断向知识库提供更多知识来进一步完善专家系统。

专家系统通过人机交互界面与用户进行交互，用户告知专家系统自己的特定信息和问题，并根据专家系统显示在人机交互界面的提问提供更多信息，专家系统经过推理之后返回的解

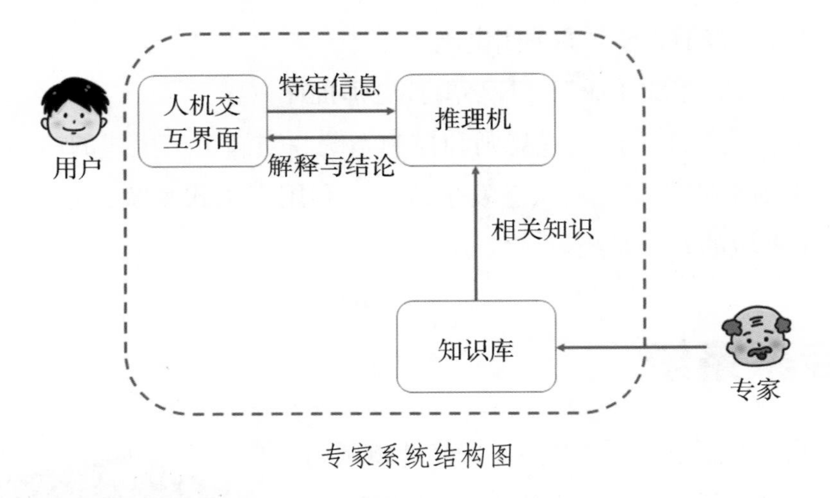

专家系统结构图

释与结论也通过人机交互界面传达给用户。

推理机是用来进行问题求解的关键模块，就是把人类所进行的推理工作交由机器自动完成。推理机通过整合在人机交互界面获取的用户信息，以及从知识库中检索到的已知事实和规则来进行推理，得出最终的结论。常见的推理方法有正向推理和反向推理。正向推理是演绎推理，即由一个初始事实，结合知识库中的已知事实，寻找规则进行推理，得到一个结论，然后将结论作为前提继续应用规则迭代产生新的结论，直到知识库中没有可用的规则为止。反向推理为归纳推理，即首先提出一个假设，根据假设来寻找相应的证据，如果能支撑该假设的证据都能找到，就说明假设是正确的。与正向推理相比，反向推理目标导向性更强。但是如果一开始的假设不合适，反向推理可能会需要多次修改假设。

推理机的具体程序与知识库是互相独立的，人类丰富知识库的行为并不影响推理机的运行。这种知识与策略相分离的思想与通用问题求解器的思想是一致的，不同的是，专家系统不是寻求对一般问题的通用解决办法，而是注重于对特定领域问题的解决。

为了更加清楚地了解专家系统的具体工作过程，我们以MYCIN系统为例来进行研究。MYCIN系统是20世纪70年代美国斯坦福大学研制的专家系统，用于对血液感染患者进行诊断，并为患者提供最佳处方。MYCIN系统成功处理了很多病例，具有较高的治疗水平。它的工作过程分为以下几个部分。

1. 将专家知识输入系统

首先，需要向MYCIN系统提供专业知识。专门研究细菌感染的医生（即该领域的专家）将他们所了解的特定疾病信息提供给系统，使MYCIN系统包含了大约100种细菌感染原因。

2. 输入新问题

患者来进行治疗时，通过人机交互界面向专家系统输入新问题，包括患者的症状、年龄等基本信息，以及疾病史等诊断相关信息。

3. 推理并获取更多信息

有了问题描述之后，MYCIN系统会检索知识库获取一些知识规则并进行推理。如果患者提供的信息不够充分，MYCIN系统经过推理可能会得到几个可能的选项。为了得到准确的诊断结果，MYCIN系统可能会需要更多信息，于是通过人机交互界面请求用户回答更多问题，比如症状什么时候第一次出现等。

4. 得到最终结论，输出解决方案

获取了足够的信息之后，MYCIN系统应用知识库中的系统规则得到最终的结论，输出当前问题的解决方案，主要包括识别患者是否存在细菌感染，如果出现细菌感染则识别导致感染的细菌类型，并且规划对应的治疗过程。

专家系统在20世纪80年代获得了巨大成功，商业公司一度涌现出创建专家系统的热潮，它的发展给当时陷入寒冬的人工智能带来了新希望。然而，随着人工智能的进一步发展，专家系统的局限性也开始凸显出来。虽然专家系统能够在一些问题上有着不错的表现，但是它只能处理有限的问题，即人类告诉过它的在知识库中有对应规则的问题，规则的数量决定了专家系统的能力。而真实世界中存在的问题是无限的，专家系统并没有自动学习的能力，不能解决不确定的问题。

在下一章，我们将会介绍具有学习能力的机器学习。通过对机器学习模型进行训练，模型能够从有限的训练集中学习到泛化的解决问题的能力。

思考与实践

7.1 思考专家系统的优缺点分别是什么。

第3部分
机器学习

在人工智能的方法论研究理论中，除了之前介绍的搜索策略与逻辑推理方法，还存在一个非常关键的技术方法：机器学习。机器学习目前成为人工智能领域最热门、最具潜力的研究方向，很多高校和企业的人工智能研究院都着重关注机器学习方向的探索与研究。机器学习已经在视觉、语音、文本等各大领域大显神通，发挥着至关重要的作用。机器学习是一门范围广阔的学科，自其诞生以来，不计其数的算法被研究者提出。本书挑选其中一些比较经典和热门的算法进行介绍。

我们与生俱来便具备学习的能力，但究竟什么是学习呢？美国著名学者，图灵奖、诺贝尔经济学奖得主赫伯特·西蒙（Herbert A. Simon）将学习定义为一个系统从经验中提高性能的过程。以人类为例，学习一项新技能就是大脑（系统）从大量书本知识以及亲身实践（经验）中不断由生疏到熟练地掌握技能（提升性能）的过程。西蒙教授对于学习的定义是宽泛的，但同时是必要的。因为学习不仅限于人类以及其他动物，它同样适用于非生物。所以很自然地，我们也可以将学习的能力赋予机器。研究如何让机器通过学习达成目标的学科被称为机器学习。

美国卡内基梅隆大学的计算机科学家汤姆·米切尔（Tom M. Mitchell）教授对于机器学习的定义如下：机器学习是一门研究学习算法的学科，这些学习算法能够在某些任务 T（task）上通过经验 E（experience）提升性能 P（performance）。于是一个学习任务可以由三元组〈T，P，E〉明确定义。我们将会看到，机器学习不像搜索和推理一样，通过一系列显式的编程来得到一段基于规则的程序，而是通过设计一个学习算法，使它通过经验自动提升目标性能。即某项智能并非我们事先设定好的，我们只告诉机器该怎么学习，让机器自身通过经验学会该智能。在机器学习中，经验通常被称为数据。

机器学习从学习范式上可以分为监督学习、无监督学习和强化学习三大类，我们将通过3个具体的案例从任务 T、性能 P 和经验 E 3个方面简要介绍这三类机器学习范式。

■ 监督学习（Supervised Learning）：通过带有标签（label）的数据学习达到某一任务，常见任务有分类问题和回归问题两种。以水果图片分类任务为例，任务 T 是给定一张图片，判断这张图片中的水果是苹果还是梨；经验 E 是一些苹果和梨的图片，每张图片都有对应的标签表明它是苹果还是梨；性能 P 是对水果图片进行分类的准确率。

■ 无监督学习（Unsupervised Learning）：根据没有标签的数据学习分析数据内在的结构，常见任务有降维、聚类和生成。以人脸生成问题为例，该问题是一个典型的生成任务。

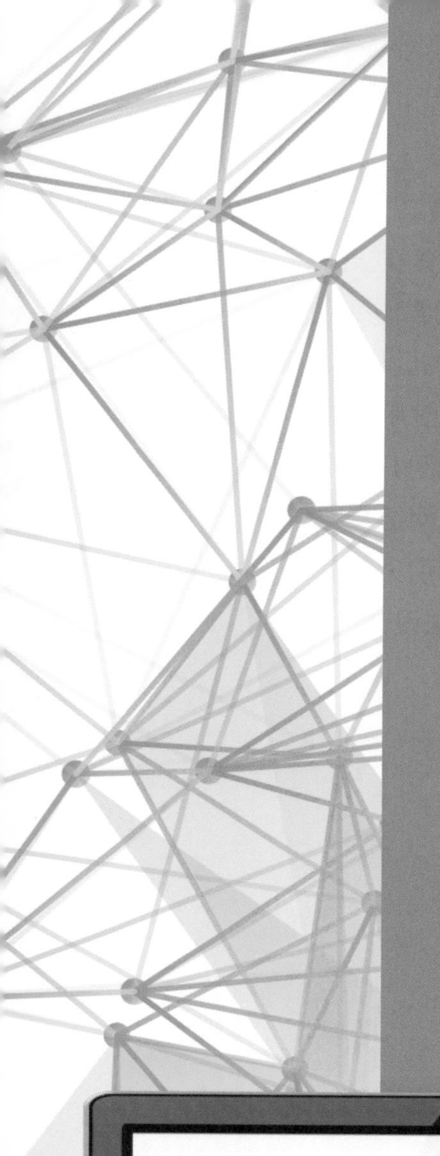

任务 T 是能够凭空生成一些人脸的图像；经验 E 是一些真实的人脸图片；性能 P 是生成的人脸图像与真实人脸的相似程度。

■ 强化学习（Reinforcement Learning）：在一个动态环境中，通过采取行动得到奖励的不断交互学习得到一个策略。以 Atari 游戏打乒乓为例，任务 T 是控制乒乓挡板；经验 E 是一些挡板的历史移动轨迹，同时包括把球击回成功和失败的案例；性能 P 是乒乓比赛的胜率和所用时间。

不论哪种机器学习范式，机器学习都可以被认为是在寻找一个能够达成目标的函数。例如在水果图片分类问题上，函数的输入是一张图片，输出是苹果或者梨。在这样的理解下，机器学习的本质就是寻找一个能够在经验数据上达到较高性能的函数，并且更重要的是，这个函数能够在更一般的情况下表现很好。试想一下，我们的目标是要获得一个函数，对于所有的苹果和梨的图片都能给出一个正确的判断。假设我们根据已有的梨和苹果的图片得到了一个函数，但是我们用这个函数对其他的梨和苹果图片进行判别时，发现性能并不好，那么这个函数也就没有实用价值了。

接下来的章节将详细介绍 3 种学习范式中各种经典模型的具体技术细节和应用场景。

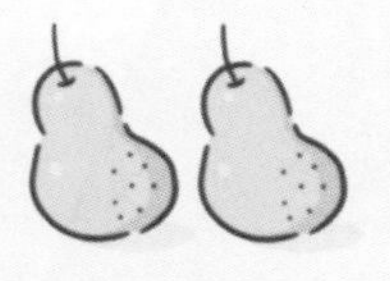

监督学习举例：水果图片分类

无监督学习举例：人脸生成

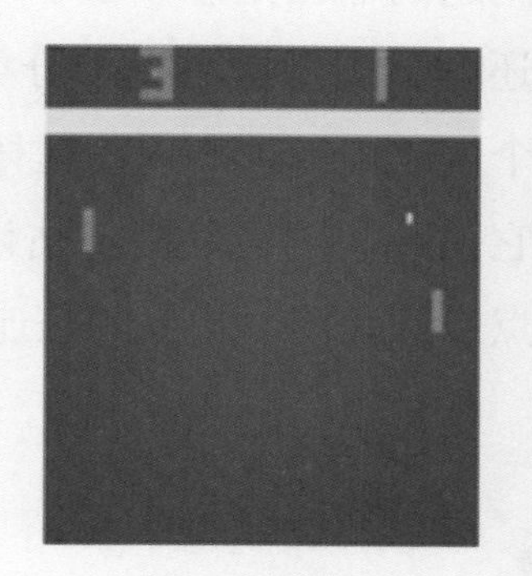

强化学习举例：Atari 游戏

第八章　监督学习

在机器学习中，监督学习是最基础、最常见的一种学习范式。监督学习，顾名思义就是“监督”+“学习”。我们已经知道了学习的概念，所谓学习就是利用以往的经验不断提升性能，从而达到学习目标。监督一词则表示当前的学习受到一种监督信号（标签）的指导，监督信号指引着学习往正确的方向进行。根据标签的类型，监督学习主要可以分为两种问题：回归和分类。本章将介绍几种常见的监督学习算法：线性回归、逻辑回归、支持向量机、神经网络和决策树。一般情况下，使用线性回归处理回归问题；使用逻辑回归、支持向量机处理分类问题；神经网络和决策树既可以处理分类问题，也可以处理回归问题，取决于它们具体的算法设计。

一、监督学习思想

在正式介绍监督学习的算法之前，先来了解一下分类和回归问题。分类和回归问题的最大区别，在于它们的标签是离散的还是连续的。我们称一个值是连续的，表示它能够取到一个区间内的任何一个实数，例如人的身高，可以是1.7米、1.75米、甚至是1.7588米，取决于事先确定的精度。我们称一个值是离散的，表示它只能取一些特定的值并且能一一列举，例如人的性别，只能取值为男性或者女性两种。

回到分类和回归问题的界定。如果问题的输出是离散值，即定性输出，则是分类问题；如果问题的输出是连续值，即定量输出，则是回归问题。给你一杯饮料，如果让你判断它是可乐还是雪碧，这是一个分类问题；而如果让你估计这杯饮料的容量，这是一个回归问题。在这个例子中，当你判断这杯饮料的种类时，你只能说它是可乐或者雪碧，输出的是离散值，所以它是分类问题；当你估计这杯饮料的容量时，你可以说出任何一个正实数，甚至可以是小数点后好几位，输出的是连续值，所以它是回归问题。

思考与实践

8.1 从日常生活中，列举出 3 个离散值和 3 个连续值，再列举出 3 个分类问题和 3 个回归问题的例子。

监督学习的本质是学习一个函数能够拟合带标签的数据。学习这样的一个函数的过程可以分为如下3个步骤，见下图。

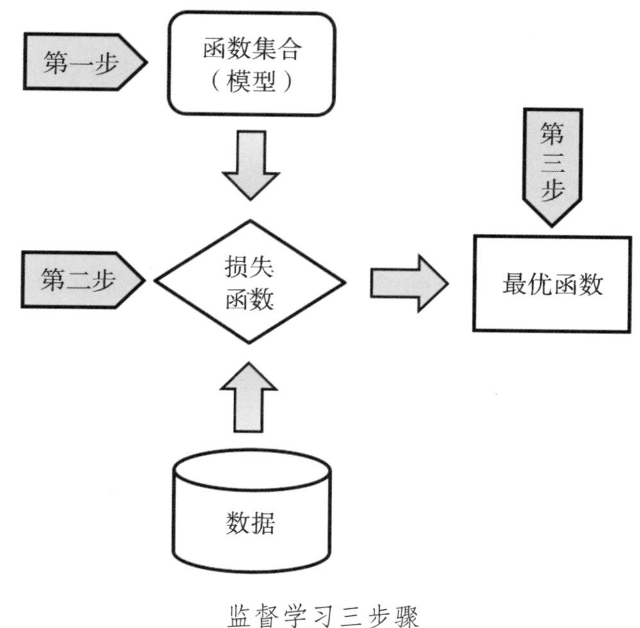

监督学习三步骤

（1）第一步预先定义一个函数的集合，这个函数集合在机器学习中被称为模型（model）。我们希望从这个函数集合中挑选出一个最佳的函数来达成分类或回归的任务。

（2）第二步设计一个损失函数（loss function），它可以根据经验数据来判断一个函数的优劣。损失函数的输入是函数集合中的函数，输出是当前函数的预测值和真实数据之间的差异，数值越小表示函数越能拟合数据。给定函数集合中的不同函数，就能判断哪个函数更好。假如有一个函数将苹果的图片判断成了梨，那么这个函数显然不是很好。

（3）第三步在函数集合（模型）里找到一个损失函数值最小的函数。一般情况下，机器学习某一模型定义的函数集合里存在无穷多个函数，想要遍历所有的函数，并从中挑选一个函数使得损失函数值最小是做不到的。所以通常需要一种优化（optimization）算法来从函数集合中挑出一个最优函数。

上述根据一些数据找到这个最优函数的3个步骤称为训练，也就是学习的过程，其中用到的数据称为训练集。得到这个函数之后，就可以用它来对新的数据进行相应的判断，这个阶段称为测试，用来测试的数据称为测试集。我们希望学习得到的函数能够在测试阶段获得最佳的结果。这就是监督学习的整体框架。

监督学习3个步骤的模式适用于参数化模型，但不适用于基于符号主义的决策树算法，因此我们会在监督学习的最后一部分单独介绍决策树算法。在决策树算法之前的监督学习模型都遵循这3个步骤。

接下来介绍之后会用到的一些数学符号，以方便大家在后续的算法学习中进行对应。

在监督学习中，一个数据样本表示为（x，y），其中x是输入，y是标签。输入通常是一个高维的向量，每一个维度表示输入的某种特征，于是具有d维特征的输入x可表示为$[x_1, x_2, \cdots, x_d]$。标签则是监督学习的目标，在分类问题中，标签是某一类别；而在回归问题中，标签是某个实数。监督学习的模型是一个函数集合，里面的每个函数可以表示为$f_{\{w, b\}}$，其中$\{w, b\}$是函数的参数，通过改变参数的值，可以得到函数集合中的不同函数。对于包含N个数据样本的训练集$D=\{(x^{(i)}, y^{(i)})\}_{i=1}^{N}$，监督学习的目标是在函数集合中找一个函数$f$，使得函数将$x^{(i)}$作为输入时能够得到与标签$y^{(i)}$一致或者相似的输出$f(x^{(i)})$。损失函数$L(w, b)$用来衡量当前函数对训练集中标签的预测值和标签真实值之间的相似度，然后根据某种优化算法调节参数$\{w, b\}$来最小化损失函数，得到最优函数。同时，我们希望学到的函数能够在测试集上进行准确的预测，即希望训练得到的函数能够举一反三。

二、线性回归

1. 情景引入

由于小禹父母换了工作，小禹家搬到了一个新的环境。这一天，小禹正在查看地图，想要熟悉新家附近的环境（见下图（a））。突然，小禹不小心打翻了边上的饮料，地图上某一块区域染上了饮料无法看清，但他记得这块区域内有一家书店和一家超市（见下页图（b））。充满探究精神的小禹决定通过自己的亲身实践，在这张不完整的地图上重新标记出书店和超市的位置，而不是直接去买一张新地图。小禹经过一番思考，想到可以通过计步器和指南针分别确定距离和方向，来确定书店和超市的位置。于是他收集了他到书店和超市的计步器步数和指南针的方向角度，但是他不知道计步器步数对应的地图距离应该是多少，因为他记录步数时并非按直线来往于两地，所以也无法直接采用步数和每步距离相乘后根据比例尺换算来得到地图上的距离。

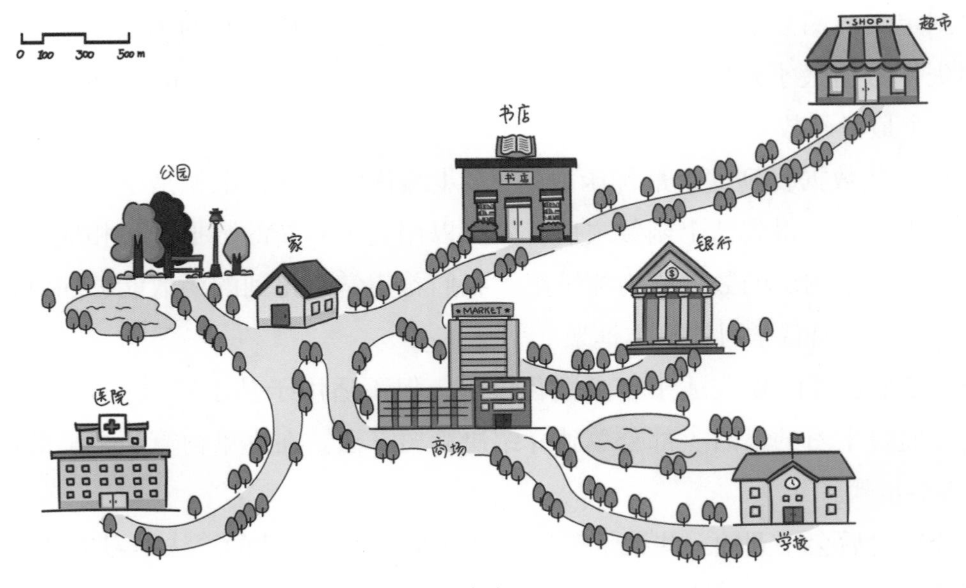

（a）

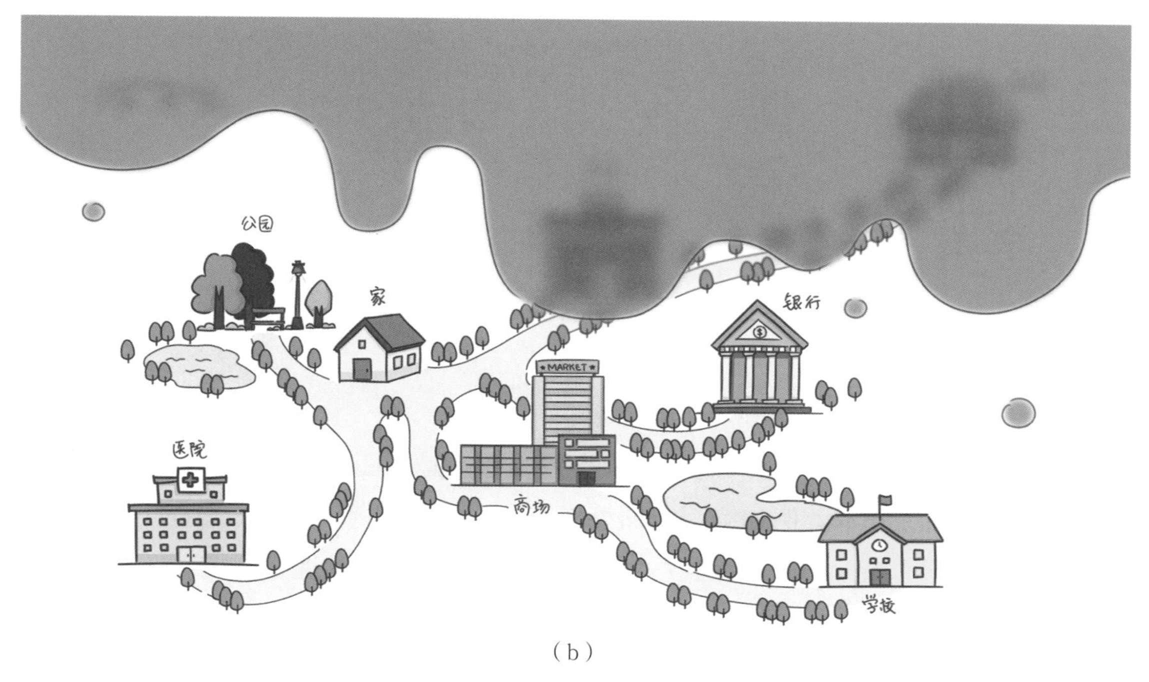

（b）

地图补全任务

虽然这让人感到头疼，但是热爱人工智能的小禹发现，监督学习中的线性回归模型可以解决这个问题。为了求解一个线性回归函数，他还采集了从家出发到附近公园、商场、医院、银行和学校的计步器步数。同时，他用直尺测量了地图上这些场所距离家的直线距离。他希望通过这些数据来训练一个线性回归函数，然后用训练好的线性回归函数来预测书店和超市在地图上离家的直线距离。他将这些数据记录在了下表中，其中书店和超市数据可以认为是测试数据，其他5个地点的数据是训练数据。

地图补全任务中的数据

	公园	商场	医院	银行	学校	书店	超市
计步器步数	538	996	1 485	2 052	2 523	1 268	2 876
距家地图距离	3.1	6.3	9.2	11.9	15.3	?	?

把训练数据表示成数学形式，得到下表。将这些数据画在二维平面上，如下页图所示，其中横坐标是计步器步数，纵坐标是地图上的距离。

训练数据的数学表示

	数据1	数据2	数据3	数据4	数据5
x	538	996	1 485	2 052	2 523
y	3.1	6.3	9.2	11.9	15.3

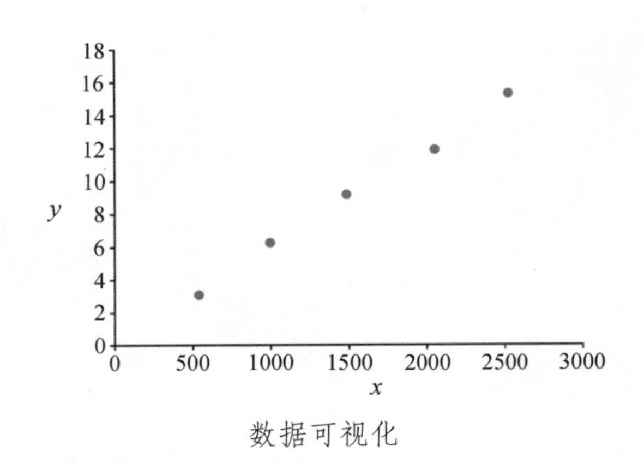

数据可视化

在这个地图补全任务中，输入是计步器步数，标签是地图距离，它们都是连续值。这个问题中一共有5个训练样本，例如第一个训练样本的输入为$x^{(1)}$=538，标签为$y^{(1)}$=3.1。在这个问题中，假定标签是输入的线性函数，这一点符合直觉。因为通常在路线不是很蜿蜒的情况下，两个地点之间的距离和步行步数在一定程度上成正比。而且在可视化的图中，这5个点也基本处在一条直线上。线性回归模型是解决回归任务的一种最基础的机器学习算法，并且它假定标签是输入的线性函数，所以考虑用线性回归模型来解决这个问题。

2. 监督学习第一步

监督学习的第一步是挑选一个模型，即一个函数集合，这里选择线性回归模型。在线性回归模型定义的函数集合中，对于一个输入x，函数$f(x)$定义为以x为自变量的线性函数，写成$f(x)=wx+b$。其中，$\{w, b\}$是可以学习的参数集合，包含两个参数，w是斜率，b是截距。w和b可以取任意值，一对w和b可以确定一个函数，所以线性回归模型就是所有函数$f(x)=wx+b$的集合，里面存在无数个函数。需要注意的是，在这个例子中，输入只有一个特征，也就是计步器步数，于是只有两个参数。但通常情况下，输入有很多个特征，例如当输入是一个n维的向量时，我们需要n+1个参数，多出来的一个参数是截距b。假设令w=−1和b=0，就得到一个函数$f(x)=-x$，但是这个函数无法解决这个问题，因为如果将计步器步数输入到函数中，会得到负的距离，这不合理。因此，需要用训练数据来学习这两个参数。接下来衡量不同函数的优劣。

3. 监督学习第二步

监督学习的第二步，需要定义一个损失函数，它以参数$\{w, b\}$作为输入，输出这组参数对应的函数有多差。对于线性回归模型中的某个函数$f(x)=wx+b$，如果将训练集中的所有样本的输入代入到该函数中，可以得到该函数对5个标签$\{y^{(1)}, y^{(2)}, y^{(3)}, y^{(4)}, y^{(5)}\}$的预测$\{f(x^{(1)}), f(x^{(2)}), f(x^{(3)}), f(x^{(4)}), f(x^{(5)})\}$。损失函数的设计目标是，衡量这些预测与真实标签两两之间的相似性，越相似损失函数越小，代表函数$f(x)$越好。

先考虑一个训练样本 $\{x^{(i)}, y^{(i)}\}$，它的标签 $y^{(i)}$ 和预测值 $f(x^{(i)})$ 之间的误差为 $|y^{(i)}-f(x^{(i)})|$，误差的平方为 $(y^{(i)}-f(x^{(i)}))^2$，可以用它来衡量真实值和预测值之间的相似度，误差平方越小代表它们之间越相似。当预测值和标签完全一致时，误差平方最小，也即是0。现在考虑训练集中的所有训练样本，可以对所有训练样本的误差平方计算平均值，以衡量整体的相似度。这种损失函数被称为均方误差MSE（Mean Squared Error）。于是损失函数可以写成

$$L(w,b)=\frac{1}{2N}\sum_{i=1}^{N}(y^{(i)}-f(x^{(i)}))^2=\frac{1}{2N}\sum_{i=1}^{N}(y^{(i)}-wx^{(i)}-b)^2$$

将误差平方和除以训练集的个数得到均值，又除以2是为了方便后续的梯度计算和参数更新。在这个问题中，N的值为5，因为训练集中只有5个训练样本。注意损失函数与样本有关，如果训练样本发生变化，损失函数也就会相应改变。可以看到，损失函数的输入是参数 w 和 b，而一组参数 $\{w, b\}$ 能确定一个函数，所以可以认为，损失函数的输入是一个函数集合中的函数，输出是该函数不好的程度。

思考与实践

8.2 将地图补全任务中的 5 个训练样本代入到损失函数中，手写一下展开后的形式。然后随意取一些参数的值，查看一下损失函数的输出。把这些参数代表的函数直线画出来，查看一下这些直线和数据的远近。

为了更加直观地理解损失函数，将函数集合中所有函数的损失函数输出都画到右图上，图中的每个点表示一个函数，因为一个点由横坐标（参数 w）和纵坐标（参数 b）确定，而一组 $\{w, b\}$ 即可唯一确定一个函数。我们画出了不同参数的损失函数等高线图，图中每个点颜色的深浅代表这组参数相对应的损失函数值的高低。颜色越浅，代表损失函数值越小。可以发现，颜色最浅的区域是中间部分，参数 w 的大概范围是0到0.01，参数 b 的大概范围是−10到10。我们的目标是找到一组 $\{w, b\}$，使得损失函数值最小。需要注意的是，损失函数值最小不代表损失函数为零。

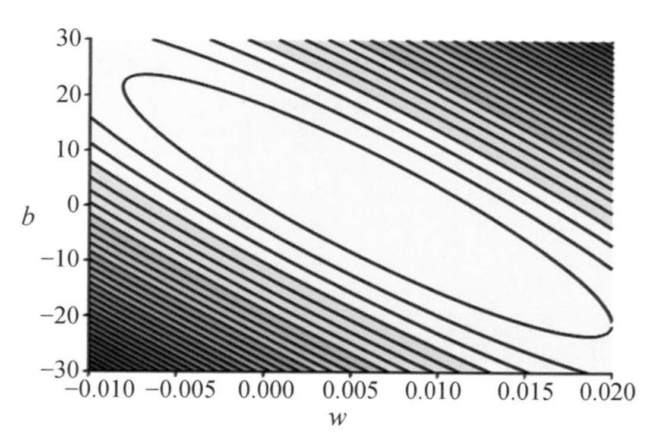

损失函数等高线分布（原始数据）

4. 监督学习第三步

监督学习的第三步，希望求解一个 $\{w^*, b^*\}$，使得 $L(w^*, b^*)$ 最小，也就是 $\{w^*, b^*\}=\operatorname{argmin}_{w,b}L(w, b)$。argmin的意思是，找到令损失函数值最小的一组 $\{w, b\}$。最简单的方法是枚举所有的参数，然后找到损失函数最小的那一组，但这是不切实际的，因为参数有无穷多个选择，枚举所有的参数在有限时间内不可能完成。于是我们采取梯度下降（gradient descent）的方法，来找到线性回归模型的最优函数的参数。梯度下降是机器学习中参数化模型最常用的优化方法，只要函数是可导的就都可以使用。

损失函数在某一点的梯度是由所有参数的偏导数组成的向量。计算一个参数的偏导数时，可以把其他参数都看成常数。在这个例子中，损失函数有两个变量，分别为 w 和 b，它们的偏导数分别是 $\partial\frac{L}{\partial w}$ 和 $\partial\frac{L}{\partial b}$，于是梯度可以表示为向量 $\left[\partial\frac{L}{\partial w},\partial\frac{L}{\partial b}\right]$。梯度的方向是函数局部上升最快的方向，梯度的大小表示上升的快慢。可以根据损失函数的等高线图来理解，在某一点处的梯度就是该点所在等高线的法线方向，指向数值更大的等高线，所以该方向是损失函数上升最快的方向。该点附近的等高线越密集，代表该点的梯度越大，也就是越陡峭。由于想要求得损失函数最小时候的参数，我们希望改变一次参数能够使得损失函数变小。于是，可以让参数向量往其梯度的负方向更新（也就是让每个参数往其偏导数的负方向更新），这样损失函数会朝最快减小的方向减小。这种方法被称为梯度下降法。想象我们现在从山顶下山，并想尽快到达山脚位置，我们就每次朝着山势最陡的方向下山，也就是梯度的负方向。梯度下降法的思想和搜索策略中最速爬山法的思想类似，都是在当前位置找到所有下一步位置或方向中最优的。只不过在最速爬山法中，周围所有位置数有限，可以遍历所有位置的值之后挑选最佳的；而在梯度下降法中，当前位置附近有无数个方向，要根据梯度信息找到最优的方向。

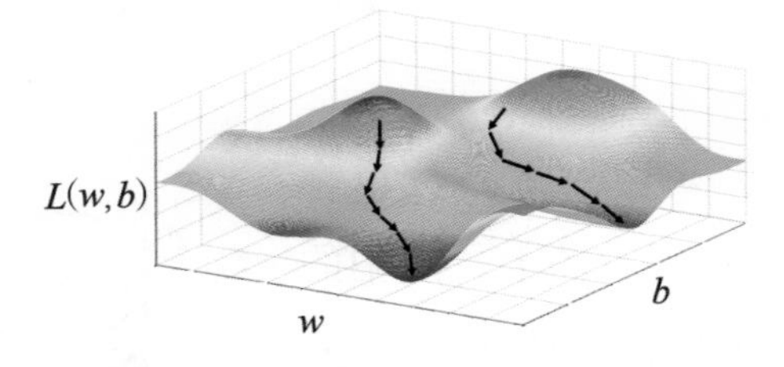

梯度下降可视化（原图来源于网易云课堂的吴恩达机器学习课程第二讲，作了修改）

现在用梯度下降法来求解线性回归问题。梯度下降法需要一组参数的初始值，然后逐步将参数沿着梯度的负方向更新，这样损失函数 $L(w, b)$ 就会不断减小。从上图中可以看到梯度下降的过程，并且注意到当参数初始化的位置不同时，最终会到达不同的局部最优点。

通常参数初始值是随机挑选的，例如全零初始化，就是 $w^0=0$，$b^0=0$。这里的上标数字0是指第0步，表示初始值。进行一次梯度下降后，参数写成 w^1、b^1，表示第一步得到的参数，以此类推。

梯度下降的更新公式为

$$w^i = w^{i-1} - \alpha \frac{\partial}{\partial w} L(w, b)$$

$$b^i = b^{i-1} - \alpha \frac{\partial}{\partial b} L(w, b)$$

其中，$\frac{\partial}{\partial w} L(w, b)$是损失函数对于参数$w$的偏导数，$\frac{\partial}{\partial b} L(w, b)$是损失函数对于参数$b$的偏导数，$\alpha$是学习速率，表示参数往梯度的负方向更新多少量。学习速率的设置不能太小也不能太大，如果学习速率太小，可能需要梯度下降很多步才能达到最小值；如果学习速率太大，可能会直接越过最小值导致损失函数不断变大，如下图所示。想象一下我们处在一个盆地的半山腰处，如果一个小矮人要走向盆地的最低处，由于步子太小需要走很久才能走到；而如果是一个巨人，可能一步就直接跨出了这个盆地。小矮人就相当于学习速率太小，巨人就相当于学习速率太大。

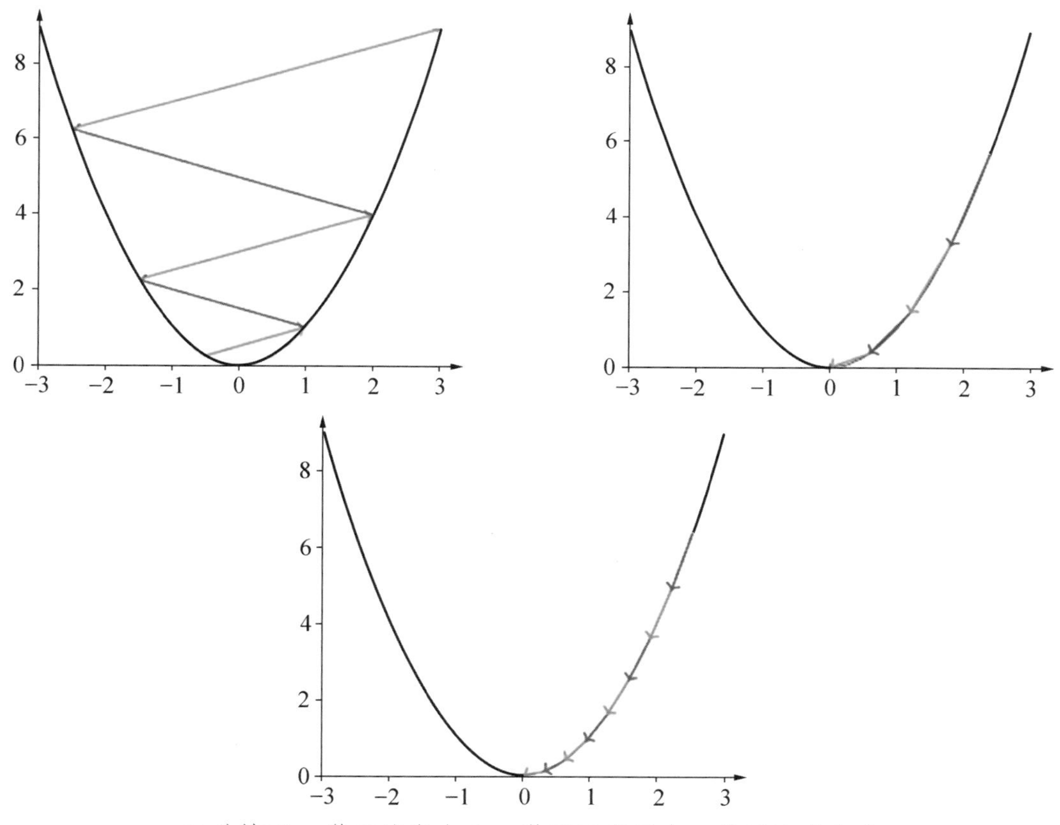

三种情况：学习速率太大，学习速率适中，学习速率太小

于是，现在问题的关键就是上面两个式子中损失函数对于两个参数的偏导数计算，两个参数的偏导数合起来便是梯度。为了简单起见，先考虑损失函数只有一个训练数据（x，y）的情况，这样就可以暂时不考虑累加部分。

$$\frac{\partial}{\partial w}\cdot\frac{1}{2}(y-f(x))^2=2\cdot\frac{1}{2}(y-f(x))\cdot\frac{\partial}{\partial w}(y-wx-b)=(y-f(x))\cdot(-x)=(f(x)-y)\cdot x$$

$$\frac{\partial}{\partial b}\cdot\frac{1}{2}(y-f(x))^2=2\cdot\frac{1}{2}(y-f(x))\cdot\frac{\partial}{\partial b}(y-wx-b)=(y-f(x))\cdot(-1)=f(x)-y$$

因此，对于一个训练数据来说，参数更新规则为

$$w^i=w^{i-1}-\alpha(f(x)-y)\cdot x$$

$$b^i=b^{i-1}-\alpha(f(x)-y)$$

观察发现，参数的更新量正比于误差项$f(x)-y$，所以对于一个训练样本来说，如果它的预测值比较准确，参数就不怎么需要更新；如果预测值和真实值之间相差较大，参数就需要比较大的更新。

我们已经推导了对于一个训练数据的损失函数进行梯度下降的规则。对于多个训练数据的损失函数，可以得到

$$w^i=w^{i-1}-\frac{\alpha}{N}\sum_{i=1}^{N}(f(x^{(i)})-y^{(i)})\cdot x^{(i)}$$

$$b^i=b^{i-1}-\frac{\alpha}{N}\sum_{i=1}^{N}(f(x^{(i)})-y^{(i)})$$

我们可以不断重复上述两个参数的更新规则，不断迭代训练，直至一个事先设定好的轮次。例如设定梯度下降m次就结束训练，于是参数更新的整个过程就是w^0，$b^0\to w^1$，$b^1\to\cdots\to w^m$，b^m，其中每一步更新都是根据梯度下降进行的。

上述梯度下降法通常被称为批量梯度下降（batch gradient descent），因为它考虑了所有数据产生的损失函数的梯度，取平均后即可得到当前参数的更新方向。还有一种梯度下降法称为随机梯度下降（stochastic gradient descent），即每次随机选择一个训练样本，根据一个训练样本产生的损失函数梯度进行参数更新。另外，如果取这两种梯度下降方法的折中，就得到小批量梯度下降（mini-batch gradient descent），即每次随机选择一定数量的训练样本来计算损失函数，然后得到梯度进行参数更新。

5. 模型实操与评估

在明确了学习线性回归模型的3个步骤后，小禹现在准备用它来解决地图补全问题。小禹将初始参数设置为$w^0=0$和$b^0=2$，设置学习速率$\alpha=0.000\,000\,1$。训练5000轮之后，得到线性回归函数的参数为$w=0.0049$和$b=1.9998$，即从函数集合中挑选了这样一个函数。小禹发现，如果选择更大的学习速率，根据梯度下降的方向更新参数，最终会直接越过最低点。从等高

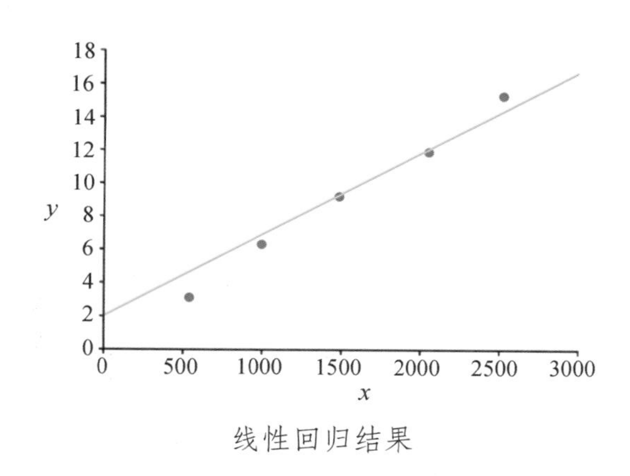

线性回归结果

线图中也可以看出，与参数b对比，参数w的微小改动都会导致损失函数的很大变化。但是当学习速率太小时，参数b基本没有发生变化。小禹把得到的函数画在上图中，发现并没有非常完美地拟合这些数据。

小禹为了取得更好的结果，思考有什么方法可以改进当前的训练方式。他想到如下两个解决方案。

解决方案一：为两个参数设置不一样的学习速率。小禹觉得，如果学习速率设置得太小，参数b无法更新很多，会导致结果不好；但学习速率又不能设置得更大，否则参数w的更新就会直接越过损失函数的最小值了。如果为参数w和b设置不一样的学习速率会怎样呢？小禹将参数w的学习速率仍然设置为0.000 000 1，而将参数b的学习速率设置为0.01。训练5000轮之后，得到w=0.0059，b=0.1140。小禹将结果画在下图中，发现拟合情况比较好。需要注意的是，由于为不同参数的偏导数设置了不同的学习速率，参数的更新方向已经不是严格的梯度负方向了。

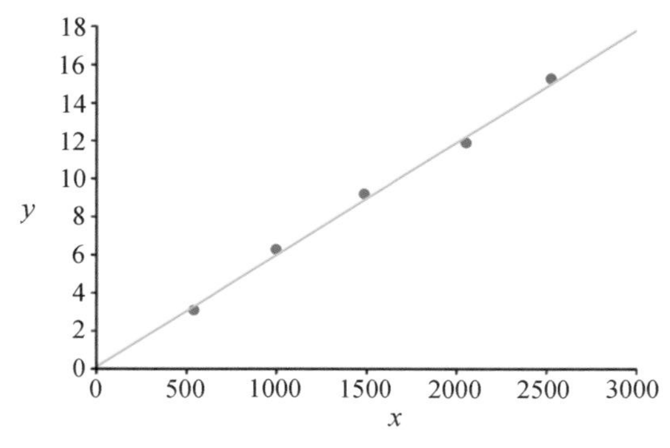

不同学习速率情况下的线性回归结果

解决方案二：对输入（计步器步数）进行数值缩放。小禹觉得，正是因为输入的数值太大了（上千），若w的参数跨度很小，就会得到比较大的损失函数变动。所以，如果让输入的数值缩小到1/100，相应的w参数就可以扩大到100倍，并且保持输出大小不变，因为它们之间是相乘关系。让输入缩小到1/100可以吗？答案是肯定的，只要我们对训练集和测试集所有的输入进行同样的缩放操作，那么用训练集学习得到的参数也可以直接用来预测测试集的数据样本。小禹将所有的输入都缩小到1/100，此时损失函数的等高线图如下页图所示，注意此时的不同点在于，x轴参数w的值扩大到100倍。这个时候，小禹可以将学习速率设置得更大，因为不会再发生w跨度很小损失函数就变化很大的情况。小禹将学习速率设置为0.01，训练50 000轮之后得到w=0.5956和b=0.1139。

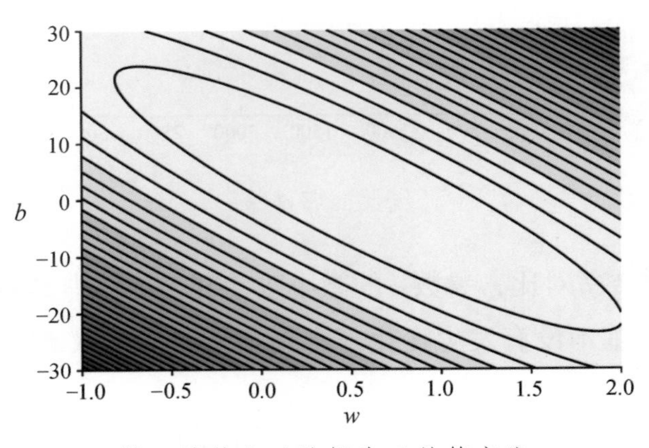

输入缩放之后的损失函数等高线

思考与实践

8.3 在线性回归中，当输入缩小到 1/100 后，w 参数相应扩大到 100 倍，为什么学习速率需要增大 10 000 倍?

根据这两种解决方法，小禹最终都得到了不错的拟合函数。于是对于书店和超市，小禹将计步器步数输入到函数中，用来预测它们在地图上与家的距离。小禹为了验证自己是否准确地预测了书店和超市在地图上的位置，又买来一张新地图，然后进行真实距离的测量，与自己得到的结果进行比较。如果结果比较相近，那么说明自己比较成功地完成了运用线性回归进行地图补全的任务。这即是测试阶段。

在监督学习任务中，往往分为两个阶段，一是通过训练数据集训练得到模型，二是通过测试数据集进行模型测试。测试集的数据是在训练集中没有接触过的，这样划分是为了更好地评估模型的优劣。试想用同样的训练集学习得到两个函数，函数A在训练集上取得更小的误差，而函数B在测试集上取得更小的误差，那么我们认为函数B比函数A更好，即更具有泛化（generalization）能力。泛化能力是指一个根据已知数据学习得到的函数对于未知数据的表现能力。因为一个模型尽管可以在现有的训练数据上训练得很好，但我们的目标是让该模型能够在训练阶段未见过的测试集上表现最好。如果一个模型在训练阶段效果很好，而对于新的测试数据不能进行很好的预测，那这个模型就没有什么实际作用。

三、逻辑回归

1. 情景引入

数学课上开始学习一个新的知识点，昨天老师上完课后只留了一道难度比较大的题。今天作业的批改情况出来之后，小禹想探究一下做对这道题和大家花费的时间之间的关系。考虑到大家本身的学习能力，他又收集了同学们上一次数学考试的成绩。小禹收集到的数据如下表所示。

作业题正确预测任务数据

	同学*A*	同学*B*	同学*C*	同学*D*	同学*E*	同学*F*	同学*G*	同学*H*	同学*I*	同学*J*
花费时间	0.8	1.4	1	1.3	2.2	1.9	2.7	2.5	0.5	1.8
考试分数	94	86	82	62	78	72	80	67	68	88
正确与否	正确	正确	错误	错误	正确	错误	正确	错误	错误	正确

根据一个同学做题花费的时间和上一次的考试分数来判断他/她能否正确答对题目，这是一个分类问题。输入有两个特征，一是花费时间，二是考试分数，标签是答题正确与否。更进一步，这是一个二分类问题，因为标签只能取两个值，要么答题正确要么答题错误，也即标签是离散的。

现在要将这些数据表达成数学形式。小禹收集了10个同学的情况，所以一共有10个训练数据。每个数据的输入有两个特征，我们将花费时间写成x_1，考试分数写成x_2。标签只能取两个值，若答题正确，标签设为$y=1$，表示正类；若答题错误，标签设为$y=0$，表示负类。例如，第一个数据可以表示为（$[x_1^{(1)}, x_2^{(1)}]$，$y^{(1)}$），其中$x_1^{(1)}=0.8$，$x_2^{(1)}=94$，$y^{(1)}=1$。将这10个训练数据整理到下表中。

作业题正确预测任务数据的数学表示

	数据1	数据2	数据3	数据4	数据5	数据6	数据7	数据8	数据9	数据10
x_1	0.8	1.4	1	1.3	2.2	1.9	2.7	2.5	0.5	1.8
x_2	94	86	82	62	78	72	80	67	68	88
y	1	1	0	0	1	0	1	0	0	1

再将这些数据画在二维平面图上，如下页图所示。

小禹有了训练线性回归模型的经验，决定先对数据输入进行特征的数值缩放。和地图补全任务不同的是，这个问题中有两个特征，该如何对这两个特征分别进行数值缩放呢？可以发现，两个特征各自的取值范围非常不一样，第一个特征花费时间的取值在0到3之间，而第二个特征考试分数的取值在50到100之间。假设特征x_1相对应的参数是w_1，特征x_2相对应的

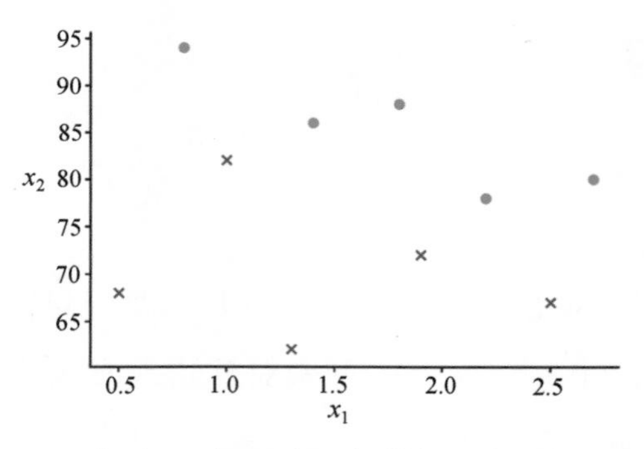

作业正确预测任务数据可视化

参数是w_2。如果不进行特征数值缩放，由于x_2取值范围比较大，参数w_2稍微改变一点，损失函数就会有比较大的变化。这种情况下，如果使用梯度下降方法进行优化，为了不越过损失函数最小值时候的w_2值，学习速率要设置得比较小。而比较小的学习速率又会使得参数w_1变化很小。如果我们将其画出来，便如下图左边所示，当沿着等高线的法线方向（梯度的负方向）更新参数时，虽然在局部参数范围内损失函数下降最快，但从全局来看，参数更新并非是朝着损失函数最小值的方向，这将不利于找到一组比较好的参数。

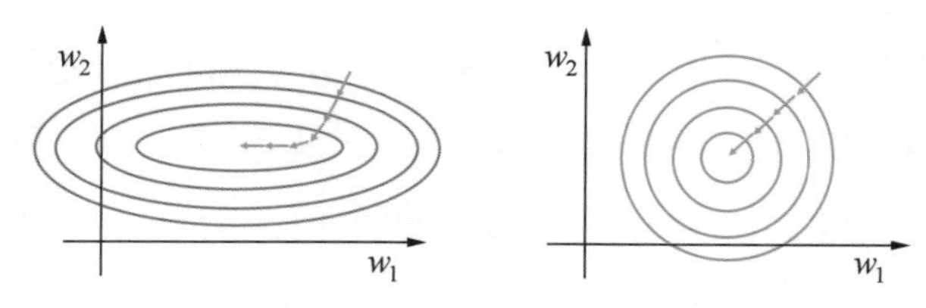

特征标准化前后损失函数等高线对比图

遇到这种情况，我们往往会采取特征标准化操作，这样在进行梯度下降的时候，梯度的负方向会更加直接地指向损失函数的最小值。特征标准化是指，对每一维特征减去所有样本在该维度的均值，并且除以所有样本在该维度的标准差。经过标准化后，每一维特征的均值为0，方差为1，于是便不存在一个特征的取值范围比另一个特征的取值范围大很多的问题。经过特征标准化后，损失函数的等高线如上图右边所示，沿着参数梯度的负方向更新，能够更直接地达到损失函数最小值。

小禹将10个训练数据进行特征标准化，例如对第一维特征x_1，计算均值为1.61，计算标准差为0.696，则标准化后的第一个数据的第一维特征变成$x_1^{(1)}=\dfrac{0.8-1.61}{0.696}=-1.16$。得到新的数据后，小禹将它们记录在下表中。

特征标准化后的数据

	数据1	数据2	数据3	数据4	数据5	数据6	数据7	数据8	数据9	数据10
x_1	−1.16	−0.30	−0.88	−0.45	0.85	0.42	1.57	1.28	−1.59	0.27
x_2	1.67	0.85	0.44	−1.61	0.03	−0.58	0.24	−1.10	−0.99	1.06
y	1	1	0	0	1	0	1	0	0	1

处理完了数据，小禹首先想，能不能直接用线性回归模型来解决这个分类问题呢？在预测的时候，对于一个新的数据，如果学习得到的线性回归函数输出大于等于0.5，则判断为正类，否则就判断为负类。此时线性回归模型为$f(x)=w_1x_1+w_2x_2+b$。用梯度下降法获得最优函数（w_1=0.173，w_2=0.406，b=0.5），在平面上分别画出$0.173x_1+0.406x_2+0.5=0/0.5/1$的3条直线，如下图所示。小禹发现，根据中间的蓝色直线划分时，训练集中的第三个数据并没有被准确分类。从二维平面图上可以看到，存在一条直线可以将属于正类的数据和属于负类的数据完全正确地划分到直线两侧。就是说，这本应该是一个线性可分的问题，我们称这条直线为线性决策面（当数据维度超过平面可以表示的两维时，它不再是一条直线）。线性回归并不适合用来解决分类问题，通俗的解释是，因为线性回归的损失函数会同等考虑离决策面比较远的数据和比较近的数据，但实际上，那些距离比较远的数据的线性回归输出会远小于0（负类）或远大于1（正类），而为了让距离比较远的数据也能预测得比较好（接近0或者1），决策面会向那些数据进行一些偏离。仔细思考一下，你就会发现，分类任务更应该关心离决策面比较近的数据，因为距离比较远的那些数据对决策面的选择并没有什么大影响。

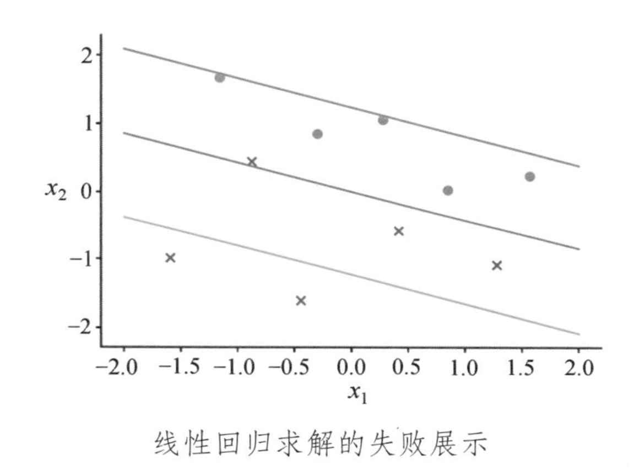

线性回归求解的失败展示

既然不能用线性回归的算法来解决分类任务，那么就需要一个新的分类方法。在机器学习中，一个最经典的分类方法是逻辑回归算法，能够用来处理线性可分的分类问题。我们仍然通过监督学习的3个步骤来介绍逻辑回归算法。

2. 监督学习第一步

监督学习的第一步是挑选一个函数集合，此处我们将采用的函数集合是逻辑回归模型。

由于标签只有0和1两个取值，要得到离散化的函数输出，一个比较自然的想法是将模型的输出限制在0到1之间，当输出大于等于0.5时认为是正类，当输出小于0.5时认为是负类。在这一点上，与用线性回归模型解决分类任务时的想法一样。关键的不同点在于，逻辑回归模型中的函数将所有数据的输出值都限制在区间（0，1）之内。为了做到这一点，逻辑回归模型中引入了Sigmoid 函数$\sigma(t)=\dfrac{1}{1+e^{-t}}$，见下页图。不管输入取什么值，其输出始终在（0，1）区间内。当输入趋近于正无穷时，输出趋近于1；而当输入趋近于负无穷时，输出趋近于

0。观察到Sigmoid函数非常光滑，这意味着它处处可导。计算Sigmoid的导数，得到

$$\sigma'(t)=\frac{1}{(1+e^{-t})^2}e^{-t}=\frac{1}{1+e^{-t}}\left(1-\frac{1}{1+e^{-t}}\right)=\sigma(t)(1-\sigma(t))$$

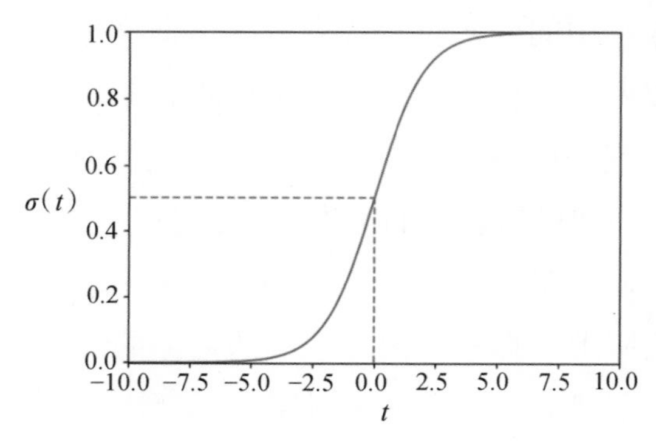

Sigmoid函数

接下来令Sigmoid函数中$t=w_1x_1+w_2x_2+b$（这是一个线性回归形式），于是得到逻辑回归模型中的函数为

$$f(x)=\sigma(w_1x_1+w_2x_2+b)=\frac{1}{1+e^{-(w_1x_1+w_2x_2+b)}}$$

其中，$\{w_1, w_2, b\}$是逻辑回归模型中的3个可学习参数。所有参数的取值构成了逻辑回归模型中的函数集合，因为参数可以取任意值，所以这个函数集合同样也是无限的。通过改变参数的大小，可以得到集合中的不同函数，且每个函数对于任意输入的输出都在0到1之间。至此，我们定义好了监督学习第一步中的函数集合，即逻辑回归模型。

3. 监督学习第二步

监督学习第二步，需要设计损失函数来评估逻辑回归模型中不同函数的优劣。

首先想到的是，能否直接用均方误差（MSE）作为逻辑回归的损失函数？答案是可以，但不够好，因为用均方误差会存在梯度消失的问题。对于一个数据（x，y），均方误差的损失函数为$L(w_1,w_2,b)=\frac{1}{2}(y-f(x))^2$。计算参数$w_1$的偏导数为$\partial\frac{L}{\partial w_1}=(y-f(x))\cdot f(x)(1-f(x))\cdot x_1$。假设这个数据的标签$y$=1，如果参数离目标值很近，这就是我们想要的结果；如果参数离目标值很远，即函数$f(x)$的预测接近0，此时偏导数的结果也会接近0，这就是所谓的梯度消失问题。此时使用梯度下降法来更新参数会非常低效，参数难以达到令损失函数最小的值。假设这个数据的标签y=0，参数离目标值很远的时候也会产生同样的问题。

于是，需要为逻辑回归算法设计一个合适的损失函数。我们以概率（一个事件发生的可能性）的视角来看待这个问题，用逻辑回归模型中的函数输出来表示x为正类的概率。因为概率的取值只能在0和1之间，所以将Sigmoid函数的输出看成概率是很自然的，于

是有

$$P(y=1 \mid x)=f(x)$$
$$P(y=0 \mid x)=1-f(x)$$

其中，$P(y=1 \mid x)$表示条件概率，表示当给定x的时候，$y=1$的可能性是多少。上面两个概率可以统一写成

$$P(y \mid x)=(f(x))^{y}(1-f(x))^{1-y}$$

把$y=1$代入上式，可以得到$P(y=1 \mid x)=f(x)$；把$y=0$代入上式，可以得到$P(y=0 \mid x)=1-f(x)$。

逻辑回归算法的损失函数可以通过最大似然估计方法定义设计。最大似然估计是一种确定模型参数的方法，它的思想是，求得让样本出现可能性最大的参数。要采用最大似然估计的方法，需要先写出似然函数，然后通过最大化似然函数得到参数。似然函数的输入是逻辑回归模型的参数，输出则是在输入参数情况下所有样本同时出现的概率。如果训练集中所有样本是独立同分布（涉及概率统计知识，此处不作详细介绍）产生的，那么所有样本同时出现的概率就等于每个样本出现的概率相乘。所以似然函数可以写成

$$l(w_1,w_2,b)=\prod_{i=1}^{N}P(y^{(i)} \mid x^{(i)})=\prod_{i=1}^{N}(f(x^{(i)}))^{y^{(i)}}(1-f(x^{(i)}))^{1-y^{(i)}}$$

需要牢记，似然函数的自变量是模型参数。现在我们希望求解一组参数，使得似然函数最大，这就是最大似然估计方法。

但是，直接最大化似然函数比较困难，可以通过最大化似然函数的对数来最大化似然函数，因为对数函数是严格单调递增的。并且，最大化似然函数相当于最小化它的负。于是，损失函数可以定义为

$$L(w_1,w_2,b)=-\frac{1}{N}\ln l(w_1,w_2,b)=-\frac{1}{N}\sum_{i=1}^{N}(y^{(i)}\ln f(x^{(i)})+(1-y^{(i)})\ln(1-f(x^{(i)})))$$

至此，我们得到了逻辑回归算法的损失函数。这个损失函数也可以理解为交叉熵。关于交叉熵的具体意义涉及概率统计学的知识，我们同样不作详细介绍。

4. 监督学习第三步

监督学习的第三步，希望根据训练样本上的损失函数，从函数集合中找到一个最优函数。与线性回归求解类似，采用梯度下降法来进行优化。

在逻辑回归的梯度计算中需要用到链式法则，它是复合函数求导数的规则。假设复合函数的输入只有x一个元素，可以分为两种情况，一是一元函数与一元函数进行复合，二是

一元函数与多元函数进行复合。对于第一种情况，假设两个一元函数为$z=f(y)$，$y=g(x)$，此时链式法则为$\frac{\mathrm{d}z}{\mathrm{d}x}=\frac{\mathrm{d}z}{\mathrm{d}y}\cdot\frac{\mathrm{d}y}{\mathrm{d}x}$。对于第二种情况，假设复合函数为$s=f(x)$，$y=g(x)$，$z=h(s, y)$，此时链式法则为$\frac{\mathrm{d}z}{\mathrm{d}x}=\frac{\partial z}{\partial s}\cdot\frac{\mathrm{d}s}{\mathrm{d}x}+\frac{\partial z}{\partial y}\cdot\frac{\mathrm{d}y}{dx}$。

同样先考虑损失函数只有一个训练数据(x, y)的情况，这样就可以暂时不考虑累加部分。下面计算每个参数的偏导数，注意$(f(x)=\sigma(t))$。

$$
\begin{aligned}
\frac{\partial}{\partial w_1}(-y\ln f(x)-(1-y)\ln(1-f(x))) &= -y\frac{1}{f(x)}\frac{\partial}{\partial w_1}f(x)-(1-y)\frac{1}{1-f(x)}\frac{\partial}{\partial w_1}(1-f(x)) \\
&= -y\frac{1}{\sigma(t)}\sigma'(t)\frac{\partial t}{\partial w_1}-(1-y)\frac{1}{1-\sigma(t)}(-\sigma'(t))\frac{\partial t}{\partial w_1} \\
&= -y(1-f(x))x_1+(1-y)f(x)x_1 \\
&= (f(x)-y)x_1
\end{aligned}
$$

同理可得，

$$
\frac{\partial}{\partial w_2}(-y\ln f(x)-(1-y)\ln(1-f(x)))=(y-f(x))x_2
$$

$$
\frac{\partial}{\partial b}(-y\ln f(x)-(1-y)\ln(1-f(x)))=y-f(x)
$$

在以上的推导过程中，使用了链式法则$\frac{\partial f(x)}{\partial w_1}=\sigma'(t)\frac{\partial t}{\partial w_1}$，以及Sigmoid函数的求导公式$\sigma'(t)=\sigma(t)(1-\sigma(t))$。于是根据梯度下降，对每一个训练样本$(x, y)$，得到各个参数的更新规则为

$$
\begin{aligned}
w_1^i &= w_1^{i-1}-\alpha(f(x)-y)\cdot x_1 \\
w_2^i &= w_2^{i-1}-\alpha(f(x)-y)\cdot x_2 \\
b^i &= b^{i-1}-\alpha(f(x)-y)
\end{aligned}
$$

其中，上标数字是指第几步，上标0表示初始值。

如果对比线性回归和逻辑回归的梯度更新，会发现它们看上去几乎一样。但实际上，逻辑回归函数在线性回归函数的输出上加了Sigmoid函数，于是逻辑回归函数变成了非线性函数，而线性回归函数是线性函数。我们已经推导了对于一个训练数据如何更新参数的规则，可以直接使用随机梯度下降方法。先随机初始化3个参数，然后重复上述3个参数的更新规则，不断迭代训练。如果要使用批量梯度下降方法，考虑全部训练数据的损失函数，计算得到

$$
w_1^i = w_1^{i-1}-\frac{\alpha}{N}\sum_{i=1}^{N}(f(x^{(i)})-y^{(i)})\cdot x_1^{(i)}
$$

$$w_2^i = w_2^{i-1} - \frac{\alpha}{N}\sum_{i=1}^{N}(f(x^{(i)}) - y^{(i)}) \cdot x_2^{(i)}$$

$$b^i = b^{i-1} - \frac{\alpha}{N}\sum_{i=1}^{N}(f(x^{(i)}) - y^{(i)})$$

5. 情景结束与评估

小禹在明白逻辑回归的整套流程之后，对进行过特征标准化的10个训练数据使用逻辑回归算法，用梯度下降方法来进行优化。小禹将学习速率设置为0.1，训练1000轮之后得到参数w_1=2.91，w_2=4.78，b=−0.96。小禹将训练得到的逻辑回归函数决策面$w_1x_1+w_2x_2+b$=0画在右图中。

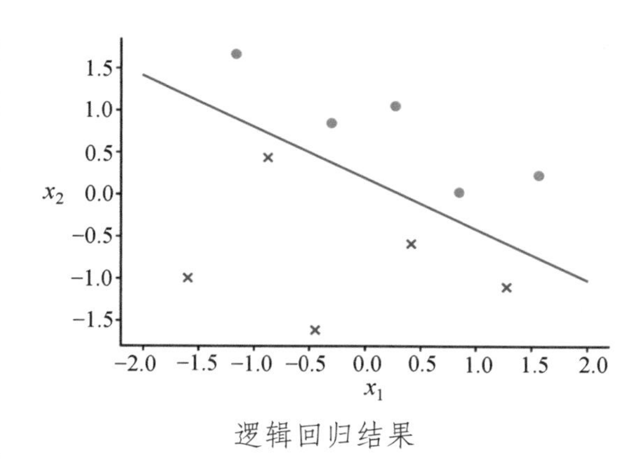

逻辑回归结果

小禹发现，逻辑回归的函数最终可以将10个训练样本完全分类正确。有了这个函数，小禹可以根据其他同学的考试分数和答题时间来大致判断他们是否做对了这道题。小禹根据函数结果总结得到，那些上次考试分数不是很高的同学，只要花费了足够的时间，最终也都能求解出这道题，这一发现印证了“勤能补拙”的观点。想到自己没有花足够的时间来求解这道题，导致自己没有做对，小禹暗下决心，之后一定要认真对待每一道作业题。

6. 线性不可分和多分类扩展

逻辑回归算法虽然很好地解决了小禹的这个问题，但它存在两个局限。一是逻辑回归对于线性不可分的数据不能进行完美分类，二是逻辑回归不能处理多分类问题。事实上，对当前逻辑回归算法作一些修改，就可以克服这两个局限。对于线性不可分的数据，可以对数据输入进行特征转换，即转换成线性可分的数据。对于多分类问题，逻辑回归算法有一些可供选择的方案。接下来对这两个问题一一进行介绍。

线性不可分数据的一个典型案例是逻辑连接词异或问题（参考逻辑推理中的异或真值表）。它的4个数据记录在下表中。将这些数据画在下页图中，可以看到不存在一条直线（决策面）能够将正类数据和负类数据完美分类。

异或问题的4个数据

	数据1	数据2	数据3	数据4
x_1	0	0	1	1
x_2	0	1	0	1
y	0	1	1	0

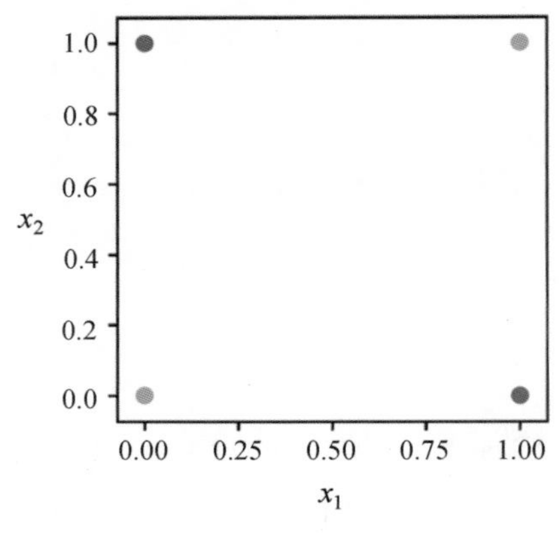

异或原始数据可视化

可以对这4个数据进行特征转换。对于数据输入$x=[x_1, x_2]$，我们令$x'_1=x_1-x_2$，$x'_2=(x_1-x_2)^2$，得到该数据新的表示$x'=[x'_1, x'_2]$。该步骤就是特征转换，相当于把原始数据从原来的坐标系转换到了新的坐标系。对所有4个新数据进行特征转换后，得到了新的数据集，记录在下表中，并画图显示在下图中。我们发现，此时数据1和数据4经过特征转换后变成了同一个点，它们都是负类。这种情况下，异或问题变成了一个线性可分的问题，于是使用逻辑回归就可以很轻松地解决它。

异或问题进行特征转换后的数据

	数据1	数据2	数据3	数据4
x_1	0	−1	1	0
x_2	0	1	1	0
y	0	1	1	0

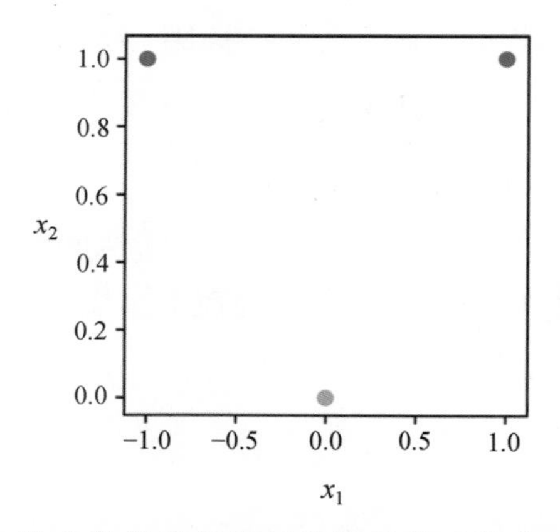

异或数据进行特征转换后的可视化

但是这样做存在一个问题：需要事先确定一个特征转换。对于特征比较多的实际场景，找到一个好的特征转换往往是比较困难的，并且需要一些专业知识。我们将这个问题的详细解决方式留到后面多层前向神经网络部分。简而言之，可以搭建一个多层的逻辑回归模型，即将一个逻辑回归的输出作为下一层逻辑回归的输入。这样做的好处是，前一（几）层的逻辑回归可以自动学习到这样的特征转换，不需要进行人工设计。

要将逻辑回归应用到多分类问题，在不改变逻辑回归模型本身的情况下，可以采用两种机制，分别是OvO（one vs one）和OvR（one vs rest）。假设一共有K个类别的标签，每个数据属于其中一个类别。我们在下面两个图中展示了当K=4时的两种方法，一种颜色代表一个类别。

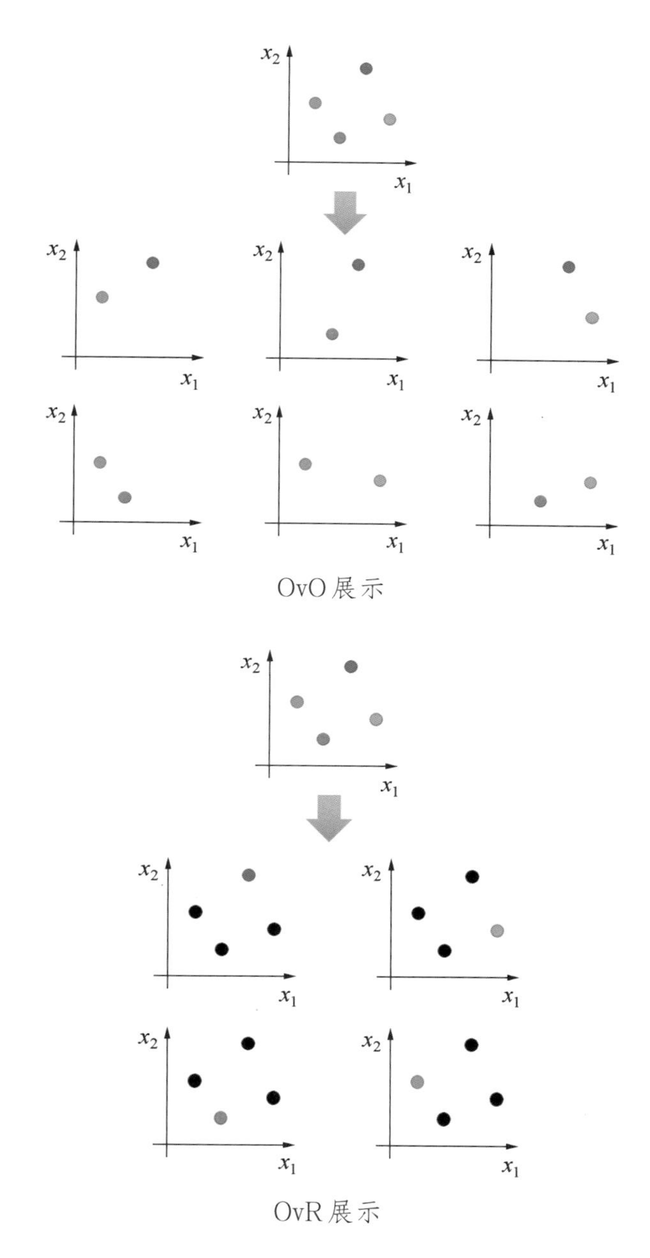

OvO展示

OvR展示

■ OvO是指每次挑出两个类别的数据，训练一个二分类的逻辑回归函数。从K个类别中挑出两个类别一共有C_K^2种可能，所以一共需要训练C_K^2个逻辑回归函数。对于一个新的数据，我们将用这C_K^2个函数一起进行预测，然后统计哪个类别被预测的次数最多，就认为该类别是最终的预测类别。

■ OvR是指每次挑选一个类别当作正类，其他类别都当作负类，一共训练K个逻辑回归函数。对于一个新的数据，我们用这K个函数分别预测数据属于那一类别的概率，即$P(y=1 \mid x)=f(x)$，然后选取概率最高的那一个类别，认为是最终的预测类别。

此外，还可以把逻辑回归模型的一个输出改成多个输出，将Sigmoid函数换成Softmax函数，然后采用交叉熵损失函数来解决多分类问题。关于Softmax函数和交叉熵损失函数，我们留到多层前向神经网络再进行介绍。

四、支持向量机

1. 思想引入

在逻辑回归的例子中，我们可以发现，存在无数个决策面能够把两个类别的数据分开。例如下图中所示，3个决策面都能将两类数据完美分类。既然每个决策面都能对这些训练数据做到完美分类，那是不是说明这些决策面都一样好呢？答案是否定的，因为在机器学习的问题中，虽然只能用训练集的数据来进行学习，但是训练得到的模型可能无法完美分类训练集之外的数据。

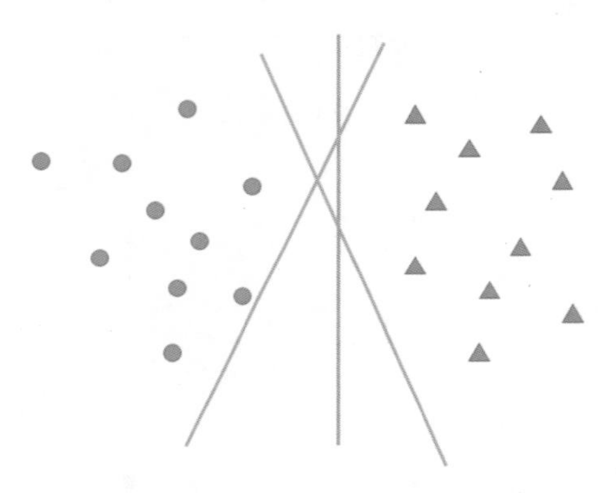

3个决策面都能完美分类

试想如果现在添加几个数据，那之前情况下完美分类的决策面中的一些可能就无法对这些新的数据进行正确分类，例如下图所示。我们想要的决策面是，尽可能对未知数据也能做

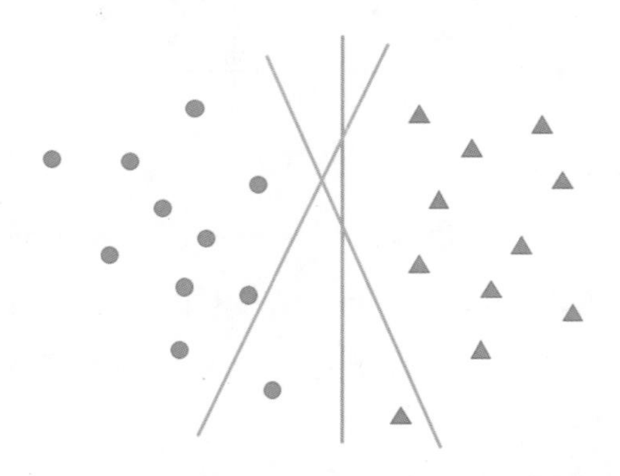

添加数据后，只剩下一个决策面能够完美分类

到准确判断。支持向量机算法提供了确定一个最优决策面的思路，能够对未知的数据也尽可能分类准确。

首先设想，每一个在二维平面上的训练数据，都能够在它周围很小一块区域进行移动，并且其类别不发生改变。例如，在小禹收集数据的时候，有些同学可能对于做作业的时间记得不是很清楚，就只告诉了小禹一个大概的时间，所以真实的花费时间可能在这个数据的周围，这个现象在机器学习中被称为采样噪声。我们发现，每个训练数据与决策面之间都会存在一个距离。离决策面较远的数据对于决策面的选择不是那么关键，因为稍微移动一下这些数据还是能够被准确分类；但是离决策面较近的数据就没有那么幸运了，因为它们稍微动一下就很可能跑到决策面的另一边去，即决策面不能准确分类了，例如下图所示。

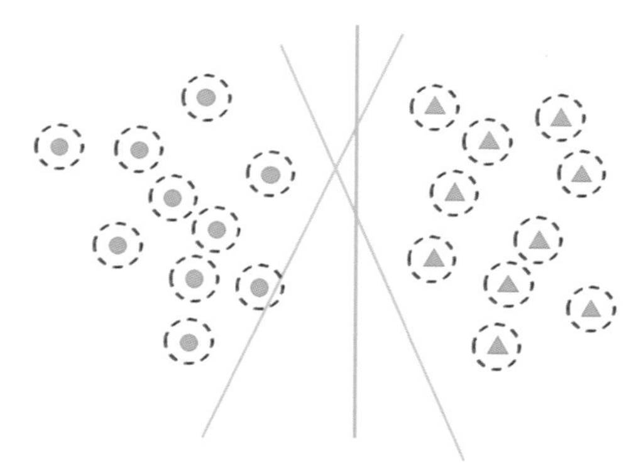

采样噪声情况下，有一个决策面无法完美分类

如果比较近的数据离决策面的距离也都比较大，那么所有的数据在周围进行移动时都不可能被分成另一类，从另一个角度理解，即决策面对于所有数据都有比较大的信心能够准确分类。但实际情况下，数据是不动的，只能通过改变模型参数来改变决策面的位置。我们希望获得一个决策面，使得最靠近决策面的数据离决策面的距离最大，这样如果新加入一个数据，它被准确分类的可能性就最大。这就是支持向量机（Support Vector Machine）的思想。在这个例子中，支持向量机模型得到的决策面如下图所示。最基础的支持向量机于1963年被提出。

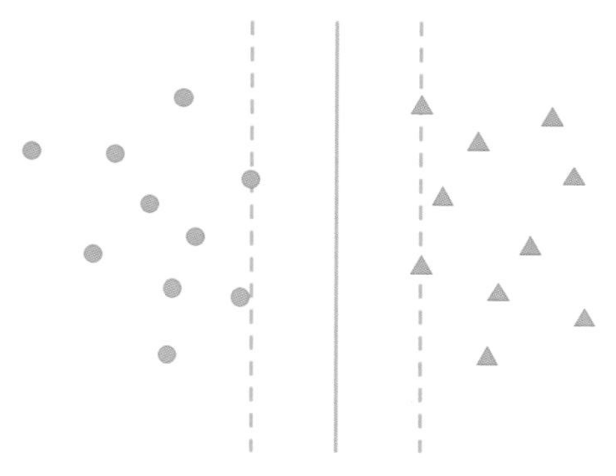

支持向量机模型得到的决策面

2. 监督学习第一步

仍然考虑一个二分类问题，其输入有两个特征。此时一个决策面可以表示成一条直线 $w_1x_1+w_2x_2+b=0$。假设正类被表示为$y=1$而负类被表示为$y=-1$，注意这里的正负类表示与逻辑回归中不同，这样定义是为了之后在写损失函数时表达更简便。

监督学习的第一步是要确定一个函数集合。支持向量机模型代表的函数集合非常简单，为$f(x)=w_1x_2+w_2x_2+b$，当函数输出值大于等于0时，判断为正类，当函数输出值小于0时，判断为负类。可学习的参数是$\{w_1, w_2, b\}$，不同的参数确定一个不同的函数。由于参数有无穷多种取值，函数集合中有无穷多个函数。

3. 监督学习第二步

确定好了函数集合之后，需要定义针对数据集的损失函数，来衡量函数集合中每个函数的优劣。假设训练集是$D=\{(x^{(i)}, y^{(i)})\}_{i=1}^{N}$。

根据支持向量机的思想，我们的目标是找到一组参数$\{w^*_1, w^*_2, b^*\}$，使得这组参数对应的决策面可以将两个类别的数据分在决策面的两侧，并且使得离决策面最近的数据与决策面的距离最大。于是对给定的一个数据（$[x_1, x_2], y$）和一个决策面$w_1x_1+w_2x_2+b=0$，计算这个数据到决策面之间的距离

$$d=\frac{|w_1x_1+w_2x_2+b|}{\sqrt{w_1^2+w_2^2}}$$

用于表示数据$x=[x_1, x_2]$离决策面的远近。我们发现，$w_1x_1+w_2x_2+b$的符号与类别y的符号是否一致可用来判断分类是否正确，因为可以假设$w_1x_1+w_2x_2+b$符号为正表示预测为正类，这样假设是合理的，即使不对也可以通过反转参数符号使其成立。我们将$\frac{y(w_1x_1+w_2x_2+b)}{\sqrt{w_1^2+w_2^2}}$称为几何间隔，用来表示分类的正确性以及确信度。如果几何间隔是正的，则表示分类正确；几何间隔值越大，则表示数据离决策面越远，越确信能分类正确。可以找到训练数据集中几何间隔最小的值

$$\gamma=\min_{i=1,2,\cdots,N}\frac{y^{(i)}(w_1x_1^{(i)}+w_2x_2^{(i)}+b)}{\sqrt{w_1^2+w_2^2}}$$

我们的目标是，通过改变参数$\{w_1, w_2, b\}$，使得这个值最大。于是可以把优化目标写成

$$\max_{w_1,w_2,b}\gamma \quad \text{s.t.} \quad \frac{y^{(i)}(w_1x_1^{(i)}+w_2x_2^{(i)}+b)}{\sqrt{w_1^2+w_2^2}}\geqslant\gamma, i=1,2,\cdots,N$$

其中，s.t.表示“使得”，它表示一种约束关系，即s.t.后面的式子必须成立。该目标是在所有的数据到决策面的距离都大于等于γ的情况下最大化γ。可以这样理解，基本上大多数数据点离决策面的距离都会超过γ，只有最近的数据点离决策面的距离可能刚好是γ。我们的目标就是，使得最靠近决策面的数据离决策面的距离最大，这便是支持向量机最初的思想。

为了进一步方便优化，令$\hat{\gamma}=\sqrt{w_1^2+w_2^2}\cdot\gamma$（称为函数间隔），于是上面的优化目标可以被改写为

$$\max_{w_1,w_2,b}\frac{\hat{\gamma}}{\sqrt{w_1^2+w_2^2}}\quad \text{s.t.}\quad y^{(i)}(w_1x_1^{(i)}+w_2x_2^{(i)}+b)\geqslant\hat{\gamma},i=1,2,\cdots,N$$

事实上，函数间隔$\hat{\gamma}$的取值并不影响优化问题的求解。假设将函数间隔$\hat{\gamma}$改变为$\lambda\hat{\gamma}$，则求解得到的w_1，w_2和b将会按比例成为$\lambda\omega_1$，$\lambda\omega_2$和λb。一条直线的参数乘以常数之后，直线的位置并没有发生改变，也就是决策面没有发生改变。所以，可以将函数间隔$\hat{\gamma}$设置为1，并且不会影响结果。此时优化目标可以进一步改写为

$$\min_{w_1,w_2,b}\sqrt{w_1^2+w_2^2}\quad \text{s.t.}\quad y^{(i)}(w_1x_1^{(i)}+w_2x_2^{(i)}+b)\geqslant 1,i=1,2,\cdots,N$$

因此，支持向量机的损失函数便是$\sqrt{w_1^2+w_2^2}$，但它是带约束条件的，即对于所有的数据（$[x_1^{(i)},x_2^{(i)}]$，$y^{(i)}$），都应满足$y^{(i)}(w_1x_1^{(i)}+w_2x_2^{(i)}+b)\geqslant 1$。

4. 监督学习第三步

监督学习的第三步，是通过优化算法找到最优的函数。对于支持向量机的损失函数，无法使用梯度下降的方法来求解最优参数，因为无法保证在参数更新的时候一定能满足约束条件。支持向量机的求解涉及比较复杂的数学推导，在此不作展开，待读者有了足够的数学储备后再自行求解。

我们可以从直观上大致理解一下。假设固定住参数b，那么约束条件就变成线性规划条件，只要在满足线性规划的区域内画同心圆，得到的最小半径就是当前参数b下w_1和w_2的最优解。然后改变参数b，再得到当前同心圆中的最小半径。遍历所有的b，得到无数个最小半径，这些最小半径中最小的那个便是我们要的最优解。但事实上，遍历所有的b是不可行的，我们只是通过这种描述帮助你理解这个带约束的优化问题。假设目前使用的数据集如下表所示，画在平面图上如下页图所示。

一个简单数据集

	数据1	数据2	数据3	数据4	数据5	数据6
x_1	2	2	3	0	1	0

（续表）

	数据1	数据2	数据3	数据4	数据5	数据6
x_2	1	2	1	1	0	0
y	1	1	1	−1	−1	−1

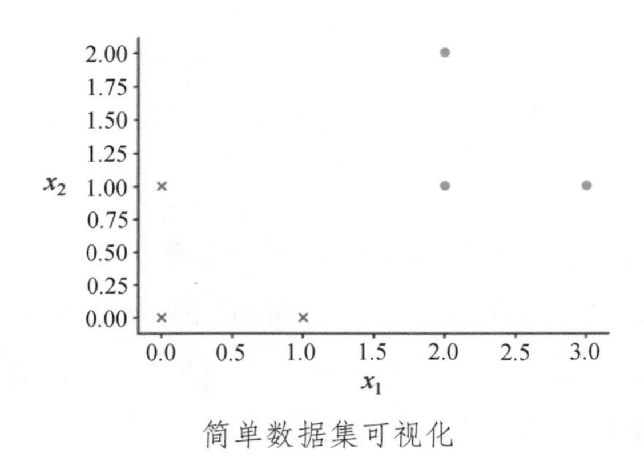

简单数据集可视化

把第6个数据代入到约束条件中，能得到$b\leqslant -1$。在此基础上，先固定b为某个值，例如取$b=-1$，于是经过代入整理，约束条件为

$$w_1\leqslant 0, w_2\leqslant 0, 2w_1+w_2\geqslant 2, w_1+w_2\geqslant 1, 3w_1+w_2\geqslant 2$$

把这些直线画出来，得到下页图（a），可以发现此时并没有符合约束条件的w_1，w_2，说明符合约束条件时b不可能取−1。

如果令$b=-2$，整理后约束条件为

$$w_1\leqslant 1, w_2\leqslant 1, 2w_1+w_2\geqslant 3, w_1+w_2\geqslant 1.5, 3w_1+w_2\geqslant 3$$

画出来得到下页图（b），可以发现只有$w_1=w_2=1$的一个点符合约束条件。

如果令$b=-3$，整理后约束条件为

$$w_1\leqslant 2, w_2\leqslant 2, 2w_1+w_2\geqslant 4, w_1+w_2\geqslant 2, 3w_1+w_2\geqslant 4$$

画出来得到下页图（c），可以发现有一片红色区域内的$\{w_1, w_2\}$取值都符合约束条件。以原点为圆心画同心圆，最小的半径便是最小的损失函数，也就是$\{w_1, w_2\}$取值是离原点最近的那个点，经过计算可得$w_1=1.6$，$w_2=0.8$，但该点到原点的距离比$w_1=w_2=1$更大。

可以尝试更多的b的取值，并且找出相应的$\{w_1, w_2\}$参数的最优值，然后比较这些最优$\{w_1, w_2\}$参数哪个离原点更近。最后发现，当$b=-2$，$w_1=w_2=1$时，是最优的。所以用支持向量机算法得到的决策面是$x_1+x_2-2=0$。将它画出来，如下页底部图所示，其中蓝色直线是决策面。我们发现，离决策面最近的有一个正类样本和两个负类样本，此时它们离决策面的距离

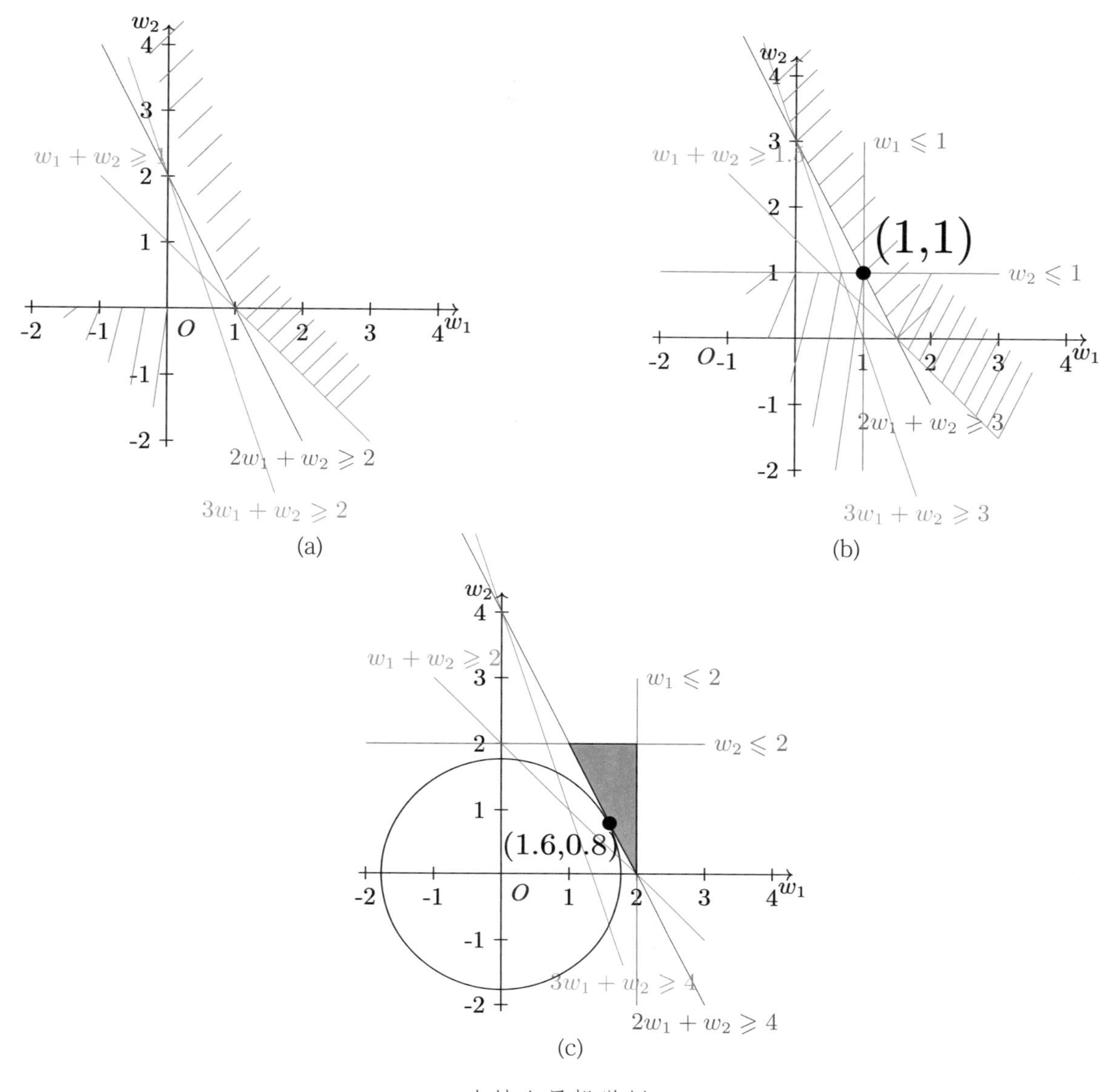

支持向量机举例

是最大的。如果稍微转动决策面，最近的点到决策面的距离就会变小，所以这的确符合支持向量机的初衷。离决策面最近的这一个正类样本和两个负类样本被称为支持向量，支持向量是令约束条件取等号的数据。不是支持向量的数据离决策面比较远，它们对决策面的确定没有太大影响。

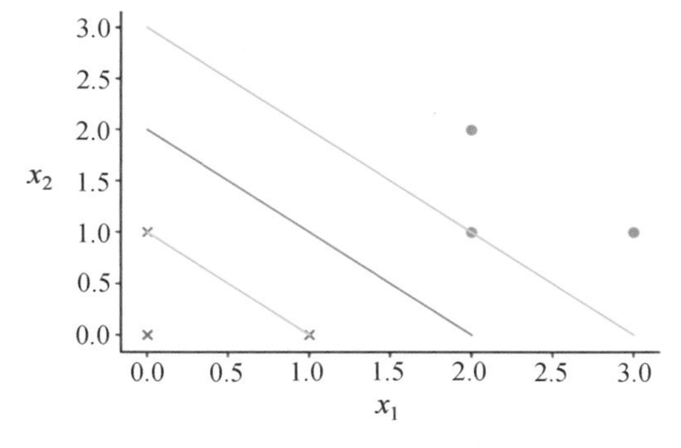

简单数据集上支持向量机结果

5. 更多说明

当求解出支持向量机的参数 $\{w^*_1, w^*_2, b^*\}$，对于一个新数据x，只需要计算 $f(x)=w^*_1x_1+w^*_2x_2+b^*$，并根据计算结果直接判断类别，若结果大于等于0则为正类，反之则为负类。

上面介绍的支持向量机的函数空间和损失函数只能用来求解线性可分的问题，对于线性不可分的数据，无法找到一组参数能够满足约束条件。不过，支持向量机可以通过修改函数空间（核技巧）和损失函数（软间隔）来扩展处理线性不可分的问题，但这里不展开介绍了。

五、神经网络

机器学习发展到今天，神经网络模型占据了半壁江山。神经网络方法，特别是深度学习，在很多实际场景下都取得了突破性的进展。但是神经网络如今的辉煌却来之不易。从最初饱受诟病的感知机模型，到如今火热的深度学习，神经网络的发展沉沉浮浮，经历了很多考验。我们将以时间轴为主线脉络，细数神经网络发展过程中的主要模型和突破。

（一）感知机

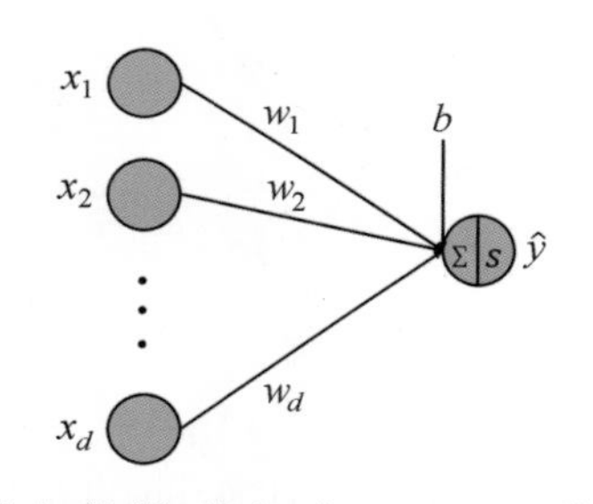

感知机模型（s表示Sign函数）

最早的神经网络模型是感知机（perceptron）模型，可以认为它是单层神经网络。罗森布拉特（Frank Rosenblatt）于1958年在文章《感知机——信息存储与组织的概率模型》（The Perceptron: A Probabilistic Model for Information Storage and Organization in the Brain）中提出了它，它是一个处理二分类问题的线性分类模型，如上图所示。感知机是对生物神经细胞的简单抽象，当收到输入信号量的总和超过某个阈值时，神经细胞就会被激活，产生电脉冲。因为只有两种情况：产生电脉冲或者不产生电脉冲，所以输出的是一个离散值，并且只有两种取值。因此，感知机模型同样局限于二分类问题，并且只能处理线性可分的二分类问题。假设现在有一个二分类问题，它的数据输入x有d个特征，即$x=[x_1, x_2, \cdots, x_d]$，数据标签$y$有两个类别，我们用1表示正类，−1表示负类。下面仍然通过监督学习的3个步骤来介绍感知机模型。

1. 监督学习第一步

监督学习的第一步，定义感知机模型的函数集合。集合中有无数个函数

$$f(x)=\mathrm{Sign}(w_1x_1+w_2x_2+\cdots+w_dx_d+b)$$

其中，Sign是符号函数，当其输入大于等于0时，函数输出1；当其输入小于0时，函数输出−1。

$$\mathrm{Sign}(t)=\begin{cases}+1, & t\geqslant 0\\ -1, & t<0\end{cases}$$

也就是说，当$w_1x_1+w_2x_2+\cdots+w_dx_d+b\geqslant 0$时，判断该样本为正类，反之则为负类。通过$w_1x_1+w_2x_2+\cdots+w_dx_d+b=0$这个决策面，将输入空间分成正负两个类别，这一点和支持向量机是一致的。所以这是一个线性分类器，只能处理线性可分的数据集。感知机模型的所有参数为$\{w_1, w_2, \cdots, w_d, b\}$，给定一组参数就唯一确定一个函数。由于每个参数都可以为任意实数，感知机模型的函数集合中有无数个函数。

2. 监督学习第二步

监督学习的第二步，定义一个损失函数，用训练数据集$D=\{(x^{(i)}, y^{(i)})\}_{i=1}^{N}$来衡量函数集合中每一个函数的优劣。在感知机模型中，定义损失函数为被分类错误的数据点到某一函数决策面的总距离，损失函数越小则该函数越好。我们希望通过被分类错误的数据来调整决策面，使得决策面向被分错的数据一侧移动，以减小这些误分类数据与决策面的距离，直到决策面能够越过这些被分错的数据，使得它们被正确分类。这就是感知机思想，如下图所示。

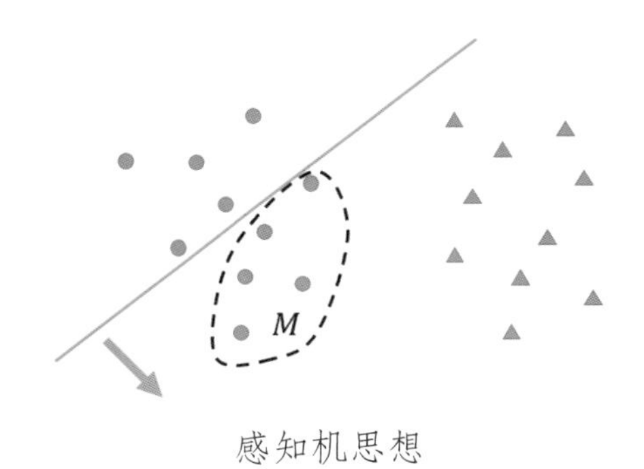

感知机思想

函数空间中的任意一个函数$f(x)=\mathrm{Sign}(w_1x_1+w_2x_2+\cdots+w_dx_d+b)$，确定了一个决策面$w_1x_1+w_2x_2+\cdots+w_dx_d+b=0$。给定一个训练样本$\{x=[x_1, x_2, \cdots, x_d], y\}$，我们可以计算这个样本到决策面之间的距离

$$d=\frac{|w_1x_1+w_2x_2+\cdots+w_dx_d+b|}{\sqrt{w_1^2+w_2^2+\cdots+w_d^2}}$$

如果一个数据是正类（即y=1），但是被分类错误，那么有$w_1x_1+w_2x_2+\cdots+w_dx_d+b<0$；如果一个数据是负类（即$y$=−1），但是被分类错误，那么有$w_1x_1+w_2x_2+\cdots+w_dx_d+b\geqslant 0$。因此，如果该样本被分类错误，总可以得到$-y(w_1x_1+w_2x_2+\cdots+w_dx_d+b)\geqslant 0$。

因此，在训练数据集中，被分类错误的数据（$x^{(i)}$，$y^{(i)}$）到决策面的距离去掉绝对值可以表示为

$$\gamma^{(i)}=\frac{-y^{(i)}(w_1x_1^{(i)}+w_2x_2^{(i)}+\cdots+w_dx_d^{(i)}+b)}{\sqrt{w_1^2+w_2^2+\cdots+w_d^2}}$$

假设训练数据集D中被当前决策面分类错误的样本集合为M，那么所有被分类错误的数据点到决策面的总距离为

$$\gamma=-\frac{\sum_{x^{(i)}\in M}y^{(i)}(w_1x_1^{(i)}+w_2x_2^{(i)}+\cdots+w_dx_d^{(i)}+b)}{\sqrt{w_1^2+w_2^2+\cdots+w_d^2}}$$

类似支持向量机中函数间隔和几何间隔的定义，定义函数间隔为$\hat{\gamma}=\sqrt{w_1^2+w_2^2+\cdots+w_d^2}\cdot\gamma$。为了计算简便，感知机模型中的损失函数采用的是被误分类数据的函数间隔，而不是几何间隔。事实上，这两种间隔都可以作为损失函数。由于感知机算法是用于处理线性可分的数据，两种间隔定义的不同损失函数最终取得的最小值都是0。

给定训练数据集，将感知机算法的损失函数定义为被当前决策面误分类数据的函数间隔之和

$$L(w_1,w_2,\cdots,w_d,b)=-\sum_{x^{(i)}\in M}y^{(i)}(w_1x_1^{(i)}+w_2x_2^{(i)}+\cdots+w_dx_d^{(i)}+b)$$

可以发现，损失函数是非负的。如果没有被分类错误的数据，那么损失函数值为0。而且，误分类点越少，每一个误分类点离决策面越近，损失函数值就越小。对于线性可分的数据集，总是存在一个决策面使得损失函数为0。我们现在希望通过一个学习算法来学习参数$\{w_1, w_2, \cdots, w_d, b\}$，使得损失函数为0。

3. 监督学习第三步

监督学习的第三步，仍然使用梯度下降方法来优化感知机算法的损失函数。

$$\frac{\partial}{\partial w_j}L(w_1,w_2,\cdots,w_d,b)=-\sum_{x^{(i)}\in M}y^{(i)}x_j^{(i)}$$

$$\frac{\partial}{\partial b}L(w_1,w_2,\cdots,w_d,b)=-\sum_{x^{(i)}\in M}y^{(i)}$$

对于感知机的参数更新，通常使用随机梯度下降。随机初始化每一个参数w_j^0和b^0，然后每次从误分类的数据集合M中挑选一个样本（x，y），对参数进行更新。

$$w_j^i = w_j^{i-1} + \alpha y x_j$$
$$b^i = b^{i-1} + \alpha y$$

其中，α是学习速率。需要注意的是，在进行梯度下降的过程中，由于决策面发生变化，被分类错误的数据集合M也会发生改变。有理论证明，对于线性可分数据集，感知机学习算法能够收敛，即经过有限次迭代可以得到一个将训练数据集完全正确分类的决策面，此时损失函数为0。

4. 更多说明（感知机、逻辑回归和支持向量机的区别）

感知机算法只能处理线性可分的数据集分类问题。对于一些线性不可分问题，例如异或问题，感知机算法就不能做到正确分类了。同时，单个感知机算法也无法处理多分类问题。我们将在后面的多层前向神经网络中针对这两个问题进行说明。

我们已经学习了逻辑回归、支持向量机和感知机3个用来解决线性可分的二分类问题的算法。它们之间有什么联系与区别呢？监督学习有3个步骤，由于我们没有详细介绍支持向量机的第三步，所以下面主要来看一下它们的第一步和第二步。

实际上，3个模型能够表示的决策面空间是一样的，但是它们对于模型输出的函数表达形式不一样。感知机在数据输入和参数相乘加和（输入向量和参数向量进行内积）之后采用了Sign函数，而逻辑回归采用了Sigmoid函数，它们都被称为激活函数，根据输入信号确定激活值的大小。感知机的Sign激活函数是一个阶跃函数，在0处不光滑，不可导，并且激活值只有1或−1两个状态，也就是要么激活要么没有激活，对预测为正类（或负类）的数据都同等对待。而逻辑回归的Sigmoid函数处处光滑，并且激活值分布在0和1之间，而不是只有两个状态。由于Sigmoid函数的输出被认为是数据被判断为正类的概率，我们发现逻辑回归对离决策面比较远的数据给予的类别预测概率比较大，而对离决策面比较近的数据给予的类别预测概率接近0.5。由于这一性质，逻辑回归对于同样预测为正类（或负类）的数据并不是同等对待的。支持向量机本质上并不存在一个激活函数，因为它的损失函数直接取决于它的决策面和函数间隔，而非函数间隔经过一个激活函数后得到的激活值。

关于3个模型的损失函数，构造思想不尽相同。逻辑回归的损失函数是从概率的视角出发，找到使数据出现概率最大的那个函数。支持向量机的损失函数是使得离决策面最近的数据到决策面的几何间隔最大，离决策面较远的数据并不影响决策面的选择，它们表现在约束上就是不能取到等号。感知机的损失函数只考虑被分类错误的数据，减小它们到决策面的函数间隔，直到最终没有被分类错误的数据。

（二）多层前向神经网络

由于感知机模型无法解决类似异或问题的非线性分类问题，对神经网络的研究沉寂了很长一段时间。直至多层前向神经网络和反向传播算法被提出，神经网络才再次变得热门。多层前向神经网络在20世纪80年代被提出。

感知机模型只能在特征空间上生成一个线性决策面，例如在二维平面内的一条直线。如果可以将多个感知机模型的输出再次结合起来，每一个感知机模型是一个线性决策面，多个线性决策面共同组成一个非线性决策面，这样就能解决感知机无法解决的非线性分类问题了。按照这样的思路，就组成了多层前向神经网络，也被称为多层感知机模型，如下图所示。在深度学习中，多层感知机是极其关键的模型，它是其他重要模型的组成基础。举例来说，卷积神经网络是一种特殊的前向神经网络，适合处理图像输入。并且，当多层感知机加入从隐藏层输出到隐藏层输入的反馈连接后，即可组成循环神经网络。

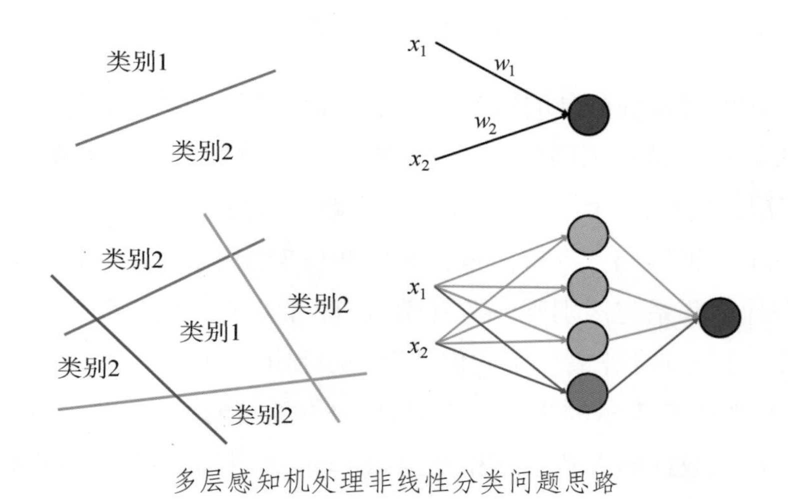

多层感知机处理非线性分类问题思路

多层前向神经网络具体怎么实现呢？回想一下，感知机模型$f(x)$=Sign（$w_1x_1+w_2x_2+\cdots+w_dx_d+b$）只有一个输入层和一个输出层。输入层接受一个输入向量，输出层输出一个相应预测值。多层感知机可以认为是多个感知机的叠加，上一层感知机的输出成为下一层感知机输入的一部分。我们期望通过感知机叠加组成的多层感知机模型能够处理非线性分类问题。于是在多层感知机模型中，除了输入层和输出层，还多了隐藏层，隐藏层可以是1层也可以是多层。隐藏层可以看成是在做特征变换，所以很自然地可以理解它为何能处理线性不可分问题。一般将一个多层前向神经网络模型的层数定义为隐藏层层数加一层输出层，这就是整个神经网络的深度。输入层和输出层的神经元个数取决于任务数据本身的性质，而隐藏层的神经元个数可以自由设置，隐藏层中神经元的个数决定了神经网络模型的宽度。

如果只是单纯地叠加层数，会存在一个问题。通常一层神经元是上一层神经元的线性加和，这可以被看成一个线性函数。如果直接在这个线性函数的输出上再次叠加一个甚至多个线性函数，则最终得到的函数仍然是线性的。如果在此基础上再加一个符号函数来输出预测值，我们会发现，这样线性叠加得到的函数集合其实与感知机函数集合是一样的。为此，需要加入一个在神经网络中非常重要的部件，那就是激活函数。激活函数是一个非线性函数，它应用在隐藏层的每一个神经元上。即经过一层隐藏层后，每个神经元都会经过一个激活函数，再作为下一层的输入。这样，神经网络就能够用于表示非线性函数了。常见的激活函数有Sigmoid函数和Tanh函数，如下图所示。

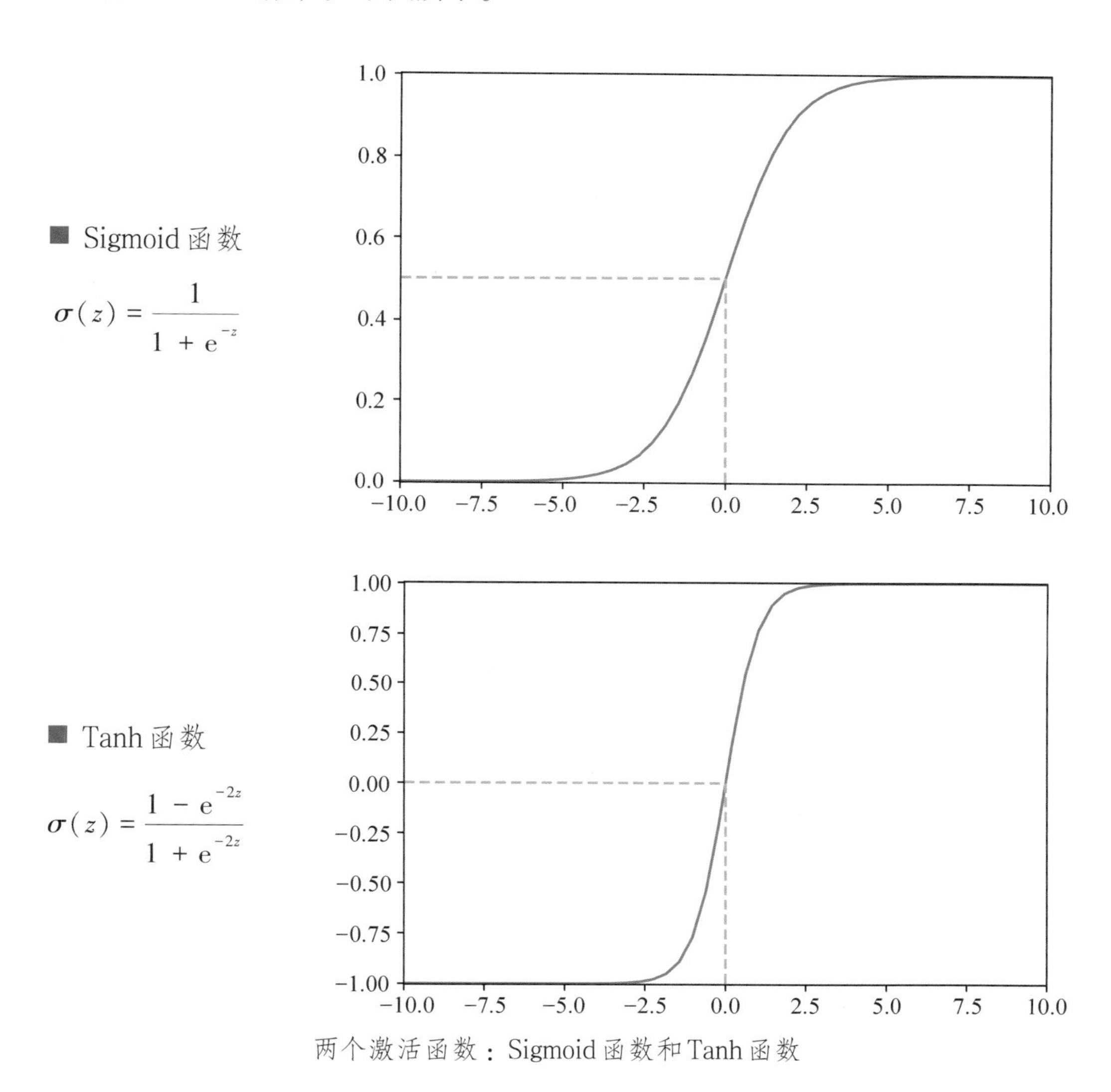

两个激活函数：Sigmoid函数和Tanh函数

多层前向神经网络可以看成是多个函数的叠加。举例来说，对于一个三层神经网络，如果用g_1，g_2，g_3分别表示神经网络每一层的函数，那么整个神经网络的函数可以表示为$g=g_3(g_2(g_1(x)))$，这些函数的链式结构就构成一个网络结构。多层前向神经网络受到神经科学的启发，与神经科学紧密相连。在多层前向神经网络中，每一层的所有神经元都与上一层的所有神经元相连接，所以每一层又被称为全连接层。这就是多层前向神经网络中“网络”和“神经”两个词的由来。

1. 监督学习第一步

我们已经大致了解了多层前向神经网络模型的结构，那么它具体是怎么表示一个函数集合的呢？下面进行举例说明。假设有一个两层的前向神经网络，即一个隐藏层和一个输出层。假设输入层的神经元个数是3个，隐藏层的神经元个数是2个，输出层的神经元个数是2个（用来解决二分类问题），那么该前向神经网络中的参数便是连接输入层和隐藏层之间的所有参数，以及连接隐藏层和输出层之间的所有参数。将该前向神经网络画在下图中。

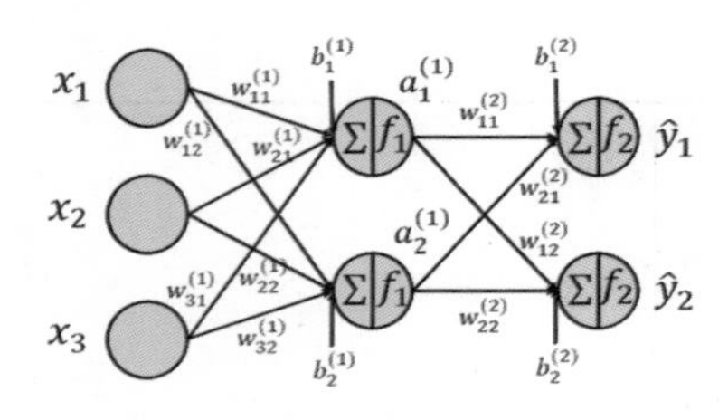

两层神经网络

对于一个输入$x=[x_1, x_2, x_3]$，它经过第一层的参数$\{w_{11}^{(1)}, w_{21}^{(1)}, w_{31}^{(1)}, b_1^{(1)}\}$，线性加和后再经过第一层的激活函数$f_1$，得到第一层的第一个神经元输出$a_1^{(1)}$，即

$$a_1^{(1)}=f_1(w_{11}^{(1)}x_1+w_{21}^{(1)}x_2+w_{31}^{(1)}x_3+b_1^{(1)})$$

其中，$w_{ij}^{(k)}$中的i和j表示该参数连接了上一层第i个神经元和下一层第j个神经元，上标k表示下一层是第k层，$b_j^{(k)}$是相对应的偏置参数。同理可得

$$a_2^{(1)}=f_1(w_{12}^{(1)}x_1+w_{22}^{(1)}x_2+w_{32}^{(1)}x_3+b_2^{(1)})$$

这是第一层的第二个神经元输出。$[a_1^{(1)}, a_2^{(1)}]$会作为第二层的输入。由于该神经网络只有两层，第二层也就是输出层。输出层的第一个神经元$\hat{y}_1=f_2(w_{11}^{(2)}a_1^{(1)}+w_{21}^{(2)}a_2^{(1)}+b_1^{(2)})$，同理，第二个神经元$\hat{y}_2=f_2(w_{12}^{(2)}a_1^{(1)}+w_{22}^{(2)}a_2^{(1)}+b_2^{(2)})$。神经网络中的激活函数$f_1$和$f_2$可以是任意激活函数，例如Sigmoid函数，于是该神经网络中的所有参数便是所有的$\{w_{ij}^{(k)}, b_j^{(k)}\}$，整个神经网络可以被看成是一个函数。

前向神经网络的不同参数构成不同的函数，由于参数有无穷多种取值可能，该神经网络代表的函数集合中也就有无穷多个函数。1989年提出的通用近似定理（Universal Approximation Theorem）告诉我们，一个仅有单隐藏层的神经网络，在隐藏层神经元个数足够多的情况下，通过非线性的激活函数，足以拟合任意函数。但是，由于需要非常多的神经元才能做到逼近任意函数，这在实际情况下通常无法做到。虽然理论上可以做到，但要真的实现表达任意函数，是非常不高效的，所以之后会考虑多层神经网络，但通常不会考虑很宽的神经网络。

考虑一个有两层隐藏层的神经网络和一个有三层隐藏层的神经网络。虽然它们定义的函数集合中都包含着无穷多的函数，但有三层隐藏层的神经网络中能表示的函数更多，所以需要设计一个神经网络来使得我们想要的目标函数在这个函数集合中。神经网络并不是越深越好，过深会带来一些问题。那一般要设多少层，每层含多少个神经元呢？这个问题没有一个固定的答案，需要依靠直觉和经验，有时甚至需要领域知识。在多层感知机中，层数和神经元个数被称为超参数，因为它是事先给定的，而不像参数一样是根据损失函数学习的。而设计一组合理的适合任务的前向神经网络超参数，便是使用多层前向神经网络模型时的关键。在学术界的前沿研究中，有一些方法被用来自动寻找一个好的网络结构，本书中不作介绍。

2. 监督学习第二步

监督学习的第二步，要设计一个损失函数来判断一个函数的优劣。在设计损失函数之前，需要确认某一监督学习任务的类别，即是分类还是回归，这将影响到输出层的激活函数。

如果是回归任务，并且假设只需要预测一个数，那么输出层只有一个神经元，并且输出层的激活函数为恒等函数$f_n(x)=x$，也可以认为没有激活函数。此时损失函数设置为和线性回归中一样的均方误差函数MSE。对于一个训练样本$\{x, y\}$，损失函数可以写为$L(\boldsymbol{w},\boldsymbol{b})=\frac{1}{2}(y-\hat{y})^2$，其中加粗的$\{\boldsymbol{w},\boldsymbol{b}\}$表示神经网络中的所有参数，而$\hat{y}$是神经网络的输出，因为输出层只有一个神经元。对于训练集中所有训练样本的损失函数进行同样处理。

如果是分类任务，并且假设是三分类（二分类和更多类别同理），对于一个训练样本$\{x, y\}$，我们将标签y写成独热编码（one-hot encoding）的形式。对三分类任务，独热编码是一个三维的向量$[y_1, y_2, y_3]$，其中只有一个1，其他两维数字为0。例如对于第一个类别，独热编码写成［1，0，0］；对于第二个类别，独热编码写成［0，1，0］；对于第三个类别，独热编码写成［0，0，1］。输出层有3个神经元，输出层的激活函数使用Softmax函数。Softmax函数的输入是一个向量，输出是一个同等长度的向量，并且输出的向量中各个维度元素之和为1。假设输出层线性加和之后进入Softmax函数之前的各个神经元拼接而成的向量为$[o_1, o_2, o_3]$，该向量经过Softmax函数之后得到

$$\left[\frac{e^{o_1}}{e^{o_1}+e^{o_2}+e^{o_3}},\frac{e^{o_2}}{e^{o_1}+e^{o_2}+e^{o_3}},\frac{e^{o_3}}{e^{o_1}+e^{o_2}+e^{o_3}}\right]$$

这就是$[\hat{y}_1,\hat{y}_2,\hat{y}_3]$。于是我们使用的损失函数为标签的独热编码和Softmax函数的输出之间的交叉熵（涉及概率统计内容，不作具体展开），写成

$$L(\boldsymbol{w},\boldsymbol{b})=-y_1\ln\hat{y}_1-y_2\ln\hat{y}_2-y_3\ln\hat{y}_3$$

其中，加粗的$\{\boldsymbol{w},\boldsymbol{b}\}$表示神经网络中的所有参数。

3. 监督学习第三步

在确定损失函数后，监督学习的第三步是从函数空间中找到一个函数，使得损失函数值

最小。像之前一样，在使用多层前向神经网络模型时，也可以通过梯度下降法来进行优化。由于在神经网络中有很多层参数，需要计算每一层参数的梯度。我们将会使用反向传播算法来高效计算每一个参数的梯度。在神经网络参数确定之后，将样本输入到神经网络中，得到输出层输出，这一过程称为前向传播，因为某一层的激励值不断作为下一层的输入进行传播。下面来看看什么是反向传播。

（三）反向传播

反向传播算法又称为“误差反向传播”，误差指的是标签和神经网络预测之间的误差，也就是损失函数的输出。反向传播算法1986年由辛顿（Geoffrey Hinton）和他的同事鲁姆哈特（David Rumelhart）及威廉姆斯（Ronald Williams）提出。

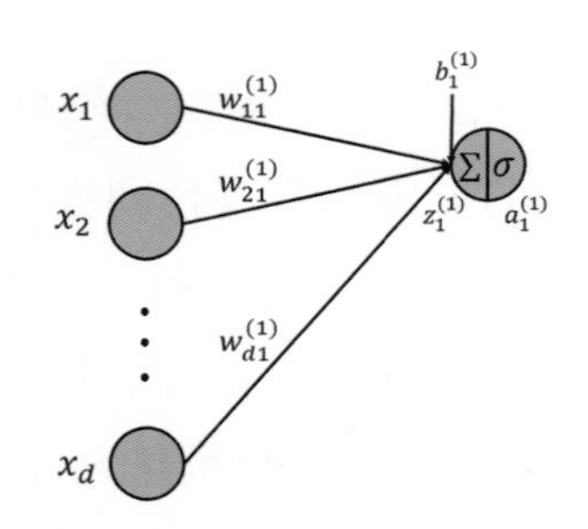

第一层第一个神经元的前向计算

假设训练样本是d维的，即$x=[x_1, x_2, \cdots, x_d]$。根据上图所示，先关注第一个隐藏层的第一个神经元，接受输入层的d维输入并经过线性加和后得到$z_1^{(1)}$，然后经过激活函数得到激励值$a_1^{(1)}$。假设该神经网络中的激活函数都是Sigmoid函数，即$a_1^{(1)}=\sigma(z_1^{(1)})$，其他激活函数同理。这个$a_1^{(1)}$会和其他第一层的神经元输出$a_i^{(1)}$一起，成为第二层的输入。如果计算损失函数$L$对参数$w_{11}^{(1)}$的偏导数$\frac{\partial L}{\partial w_{11}^{(1)}}$，根据链式法则可以得到

$$\frac{\partial L}{\partial w_{11}^{(1)}}=\frac{\partial L}{\partial z_1^{(1)}}\cdot\frac{\partial z_1^{(1)}}{\partial w_{11}^{(1)}}$$

我们发现，其中第二项计算很简单，即$\frac{\partial z_1^{(1)}}{\partial w_{11}^{(1)}}=x_1$，因为

$$z_1^{(1)}=w_{11}^{(1)}x_1+w_{21}^{(1)}x_2+\cdots+w_{d1}^{(1)}x_d+b_1^{(1)}$$

继续根据链式法则计算第一项

$$\frac{\partial L}{\partial z_1^{(1)}}=\frac{\partial L}{\partial a_1^{(1)}}\cdot\frac{\partial a_1^{(1)}}{\partial z_1^{(1)}}$$

其中，$\frac{\partial a_1^{(1)}}{\partial z_1^{(1)}}$可以直接根据激活函数的导数计算。例如，当激活函数$\sigma$是Sigmoid函数时，

$$\frac{\partial a_1^{(1)}}{\partial z_1^{(1)}} = a_1^{(1)}(1 - a^{(1)})$$

对$\frac{\partial L}{\partial a_1^{(1)}}$，由于$a_1^{(1)}$之后会输入到下一层的每个神经元之中（见下图，假设第二层有k个神经元），所以根据链式法则，

$$\frac{\partial L}{\partial a_1^{(1)}} = \frac{\partial L}{\partial z_1^{(2)}} \cdot \frac{\partial z_1^{(2)}}{\partial a_1^{(1)}} + \cdots + \frac{\partial L}{\partial z_k^{(2)}} \cdot \frac{\partial z_k^{(2)}}{\partial a_1^{(1)}}$$

其中，$z_i^{(2)}$对$a_1^{(1)}$的导数比较好计算，就是相对应的参数$w_{1i}^{(2)}$。现在问题的关键变成如何计算L对$z_i^{(2)}$的导数。

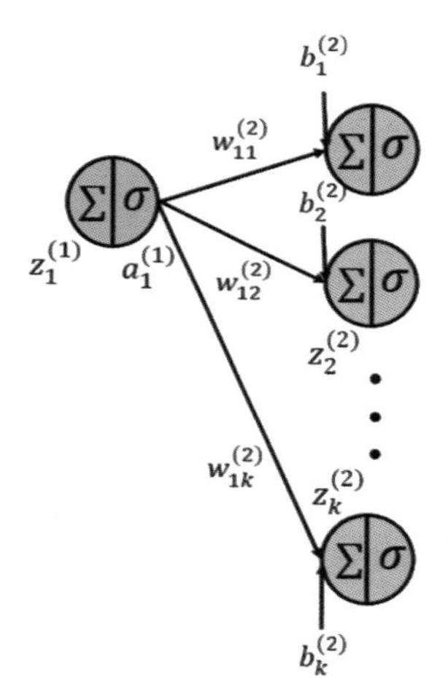

第一层的激励值输入到第二层

思考与实践

8.4 如何计算损失函数 L 对参数$b_1^{(1)}$的偏导数$\frac{\partial L}{\partial b_1^{(1)}}$?

首先不妨假设这些导数已知，那么现在我们看到，计算损失函数对第一层$z_1^{(1)}$的偏导数用到了第二层$z_i^{(2)}$的偏导数。可以这么理解这件事（见下页图）：如果反向看这个神经网络，将$z_i^{(2)}$的偏导数$\frac{\partial L}{\partial z_i^{(2)}}$作为输入，乘以参数$\frac{\partial z_i^{(2)}}{\partial a_1^{(1)}}$后相加，然后乘以一个前向计算时得到的

激活函数导数 $\frac{\partial a_1^{(1)}}{\partial z_1^{(1)}}$，就得到了偏导数$\frac{\partial L}{\partial z_1^{(1)}}$。

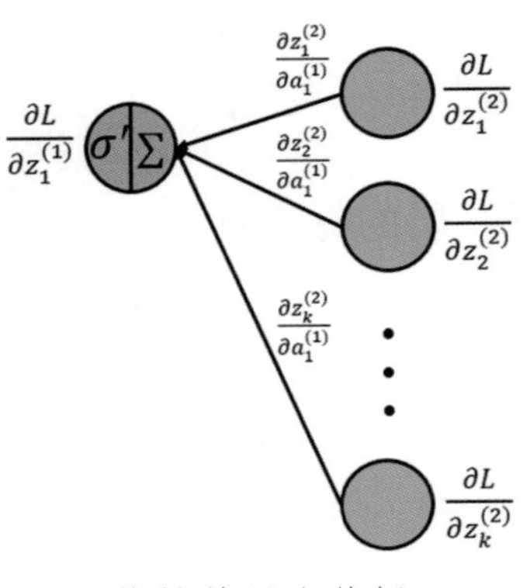

偏导数反向传播

现在的问题是，怎么计算损失函数对第二层$z_i^{(2)}$的导数$\frac{\partial L}{\partial z_i^{(2)}}$。分两种情况考虑。第一种情况是，第二层是输出层，那么可以通过损失函数的定义直接计算得到梯度。例如，如果损失函数是均方误差，那么有$L(\boldsymbol{w},\boldsymbol{b})=\frac{1}{2}(y-z^{(2)})^2$，直接可以计算导数。第二种情况是，第二层仍是隐藏层，我们就根据这个式子再往后看第三层，用第三层的$\frac{\partial L}{\partial z_j^{(3)}}$来计算得到$\frac{\partial L}{\partial z_i^{(2)}}$，如此迭代直至下一层是输出层。

至此，可以计算隐藏层和输出层参数的偏导数，也就是能够计算出神经网络的梯度了。实际上，我们在使用反向传播算法计算各参数的偏导数时，是先计算损失函数对最后一层参数的导数，然后不断往前计算前一层的导数。

（四）深度学习

1991年，有研究者发现反向传播算法存在梯度消失问题。回忆一下反向传播算法中参数导数的计算方法。在前层对z的导数进行计算时，需要后层对z的导数乘以相应参数，然后再乘以激活函数的导数。但是激活函数如Sigmoid函数或者Tanh函数都存在饱和特性，也就是只有当Sigmoid函数或者Tanh函数的输入在0附近时导数才比较大，当输入远离0时导数接近于0。于是在前层的梯度计算时，乘以一个接近于0的数，就产生了梯度消失问题。在训练多层前向神经网络的时候，靠近输出层的参数更新非常快，而靠近输入层的参数却更新非常慢。这导致了在前面几层的参数还比较随机的时候，后面几层的参数已经收敛了。于是由于梯度消失，前面几层的参数无法再继续进行更新，导致神经网络只获得了局部最优解。由于支持向量机算法非常有效，梯度消失问题被发现后，很多机器学习研究者都转而致力于支持向量机的研究，神经网络的发展停滞了。

2006年，图灵奖得主辛顿和他的学生萨拉赫丁诺夫（Ruslan Salakhutdinov）在顶尖学术刊物《科学》上发表了一篇文章，提出了深层网络训练中梯度消失问题的一种解决方案——深度置信网络。该方法先进行无监督逐层预训练，对权值进行初始化，然后通过监督训练微调神经网络参数。通过对每一层的参数进行预训练再进行监督学习，每一层的参数都被事先学过，而不是随机初始化的，因此在之后反向传播的时候，即使存在梯度消失的问题，最终仍能获得不错的结果。深度置信网络可以高效地学习到隐藏层的参数，深度学习由此正式登上历史舞台。由于GPU和大数据带来的历史机遇，深度学习又迎来了高速发展的时代。区别于传统的浅层学习，深度学习通过前几层隐藏层，可以自动从输入中提取到有用的特征，而不再需要手工提取。

2011年，ReLU（Rectified Linear Unit）激活函数被提出，从根本上解决了梯度消失问题。ReLU函数是一个分段函数，也可以写成max的形式，即ReLU（x）=max（0，x），如下图所示。它有如下一些优点：计算比较快，有生物学解释，不存在梯度消失问题。在一个激活函数为ReLU的神经网络中，如果一个神经元的激活函数输入小于0，则激活函数输出0，这个神经元就不会在之后的计算中起到任何作用。可以把这样的神经元丢掉，然后整个网络就变成了一个线性网络。但神经网络本身又是非线性的，因为当更换输入的时候，会丢掉不一样的神经元。

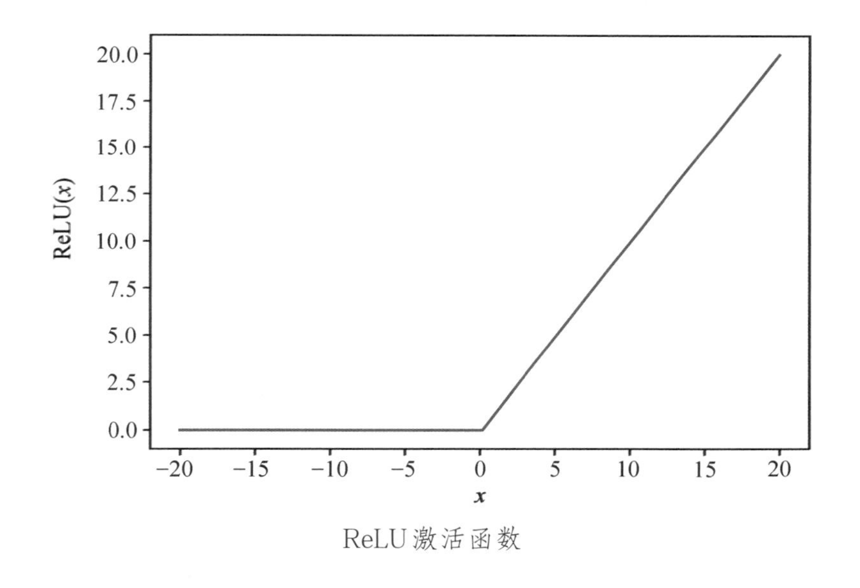

ReLU激活函数

除了基本的多层前向神经网络，在深度学习时代，还有很多复杂给力的网络结构被提出，它们适用于不同的任务。接下来介绍其中的卷积神经网络和循环神经网络。

（五）卷积神经网络

1. 图像的数学表示

深度学习的一个重要应用是计算机视觉，主要处理的是图像输入。例如，要用神经网络模型处理一个图像分类问题，首先要解决的是如何用数字表示一张图片，然后才能将其作为神经网络的输入。

在计算机中，可以使用像素阵列来表示图像，像素就是用数字序列表示的图像中的最小单位。以一张3×3像素的黑白图片为例，对于每一个像素点，用一个数来描述它的灰度。把最亮的纯白色记作100，最暗的纯黑色记作0，不同的灰色用一个1～99之间的数字表示，这样就把一张图片转化成了一个由数字表示的像素阵列，如下图所示。单位面积上的像素点数量越多，图片就越清晰。

0	100	0
100	50	100
0	100	0

用像素阵列来表示黑白图片

如果是彩色图片，根据光的三原色的概念，可以通过描述颜色中红（Red）、绿（Green）、蓝（Blue）3种成分的多少来唯一确定一种颜色。也就是说，对于每个像素，都可以用3个数来描述它的颜色，这就是最常见的RGB色彩模型，如下图所示。这3种颜色成分的多少分别用一个0～255的数字来表示，简记为（R，G，B）。例如（255，0，0），表示这种颜色中红色的成分最多，没有绿色和蓝色的成分，而且是饱和度最大的纯红色。我们知道红光和绿光可以叠加成为黄光，所以（255，255，0）是黄色。（0，0，0）表示什么颜色的光都没有，就是黑色。（255，255，255）则是3种颜色的光叠加，会成为白色。于是，一张长为32像素、宽为24像素的彩色图片，便可以用一个长度为32×24×3的向量来表示，其中的3表示RGB这3种颜色，我们称它们为3个通道。相应地，黑白图片可以认为只有一个通道。

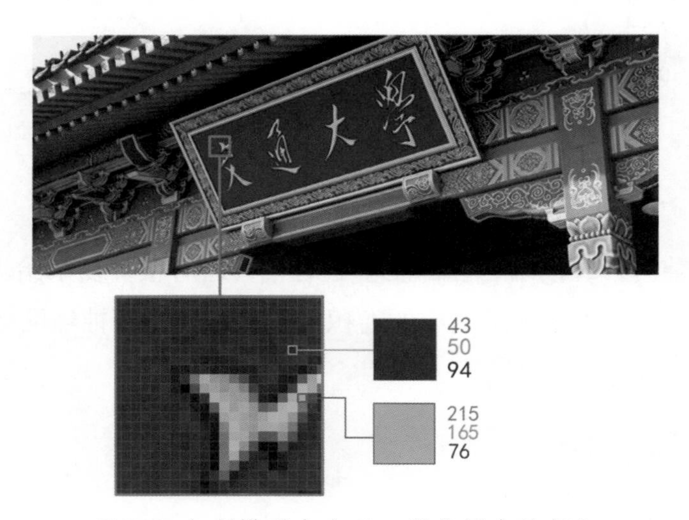

用RGB色彩模型来表示一张位图中的颜色

2. 卷积层和池化层

现在可以用一个向量来表示一张图片了，下面使用神经网络作为机器学习模型来进行图片分类。如果直接用一个多层全连接神经网络，会发现输入层到第一个隐藏层之间的参数量非常大。例如，对于10×10×3的向量输入，如果第一层神经元个数是100，那么第一层的参数应该有30 000个，这么多参数的学习会造成一定的困难。对于图像分类，通常情况下并不需要看到整张图片，只需要关注部分细节就能进行判断了。例如，要判断一张图片是否为鱼，只要看到鱼的关键特征，比如鱼嘴或者鱼鳍就可以了。对于神经网络也一样。一个神经元并不需要看到整张图片，就能够判别这部分区域是不是关键特征。同时，对于不同的图片，关键特征所在的位置也会不同，例如一张图片中的鱼是横着游的，另一张图片中的鱼是竖着游的。基于这两点观察，卷积神经网络被提了出来，用于处理图像输入，其思想就是，底层的神经元只连接局部的图像区域来检测局部的关键特征，高层的神经元再把这些局部特征整合起来。卷积神经网络中最关键的两个部件是卷积层和池化层。

卷积层的核心思想是局部感知和参数共享，它们都可以减少神经网络中的参数。首先看针对黑白图片的卷积层，它只有一个通道。卷积层的关键核心是卷积核，一个卷积层由若干个卷积核组成，一个卷积核是一个正方形。一个卷积层中的卷积核大小和数量是事先确定的，就像多层感知机中神经元的个数，它们是超参数。卷积层的参数便是所有卷积核中的数值。例如，一个卷积层有m个卷积核，每个卷积核的大小是3×3，那么这个卷积层的参数个数为（3×3+1）×m。

3	0	0	-1	1	-2
0	1	-1	0	1	0
1	-1	0	1	0	-1
0	-1	1	0	-1	1
1	0	1	-1	0	1
2	1	-1	0	0	3

输入图像6×6

1	-1	1
-1	1	-1
1	1	-1

卷积核3×3

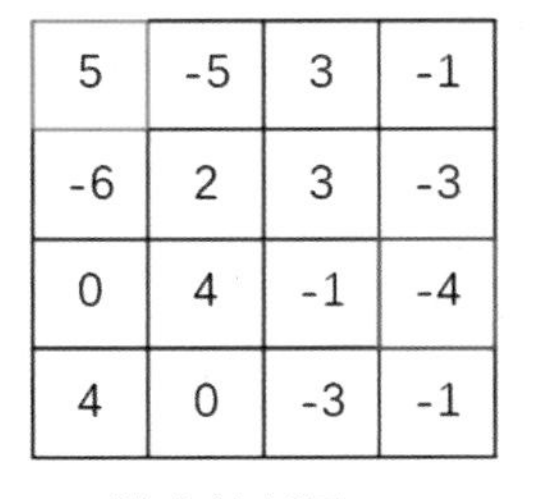

5	-5	3	-1
-6	2	3	-3
0	4	-1	-4
4	0	-3	-1

输出特征图4×4

卷积运算示例

假设使用大小为3×3的卷积核（加上偏置一共10个参数），它只能检测图片中3×3的区域是否存在某个特征。具体的卷积运算是，先将卷积核放到输入图像的左上角，然后用该3×3卷积核与左上角3×3的数据两两相乘求和，得到输出特征图（feature map）的第一个神经元输出。从上图的示例看，就是卷积核中的9个数与红色区域中的9个数两两相乘求和（假设偏置参数为0），得到输出特征图中红色的结果5。计算得到特征图的第一个神经元之后，向右滑动一格卷积核，此时对应图片中的3×3区域发生了改变，再次将此时的局部数据与卷积核中的参数两两相乘求和，得到第二个神经元输出为−5。以此类推，不断向右滑动一格计算下一个神经元输出。若无法再向右滑动，则向下滑动一格并回到第一列，计算得到神经元输出为−6。之后继续从左到右、从上到下进行滑动。当卷积核与右下角的3×3区域完成运算后，卷积操作就结束了，得到一张4×4的特征图（可以认为是一张图片），一共有16个神经元。特征图的大小不仅取决于输入图像的大小和卷积核的大小，还取决于滑动步长，在刚才的例子中，我们采用的步长为1。请注意，在卷积操作中还引入了一个思想：参数共享，即用同一个卷积核的参数得到了一张特征图。如果这张图片中有多处区域有同样的特征，就可以使用同一个卷积核检测出来。在使用局部感知和参数共享后，在这个例子中，36个输入神经元和16个输出神经元只用了10个参数。如果是全连接层，则需要36×16个参数。相比之下，卷积核操作大大减少了参数数量。但是一个卷积核只能检测出一种特征，得到一张特征图。通常在卷积层中，使用多个卷积核来检测不同的特征。使用卷积核的数量决定了输出多少张特征图。卷积核中的参数是随机初始化，然后通过学习学到的，所以我们认为卷积层能够自动根据任务目标学到某些特征。

对于彩色RGB图像来说，它有3个通道，所以输入的是一个6×6×3的长方体，此时的卷积核也不再是一个正方形，而是一个高为3的长方体。下图中的卷积核长宽是2×2，则卷积核是一个2×2×3的长方体。进行卷积运算时，使用卷积核与图像对应的长方体进行内积运算，并按类似方法滑动卷积核。最后得到一个5×5的输出特征图。

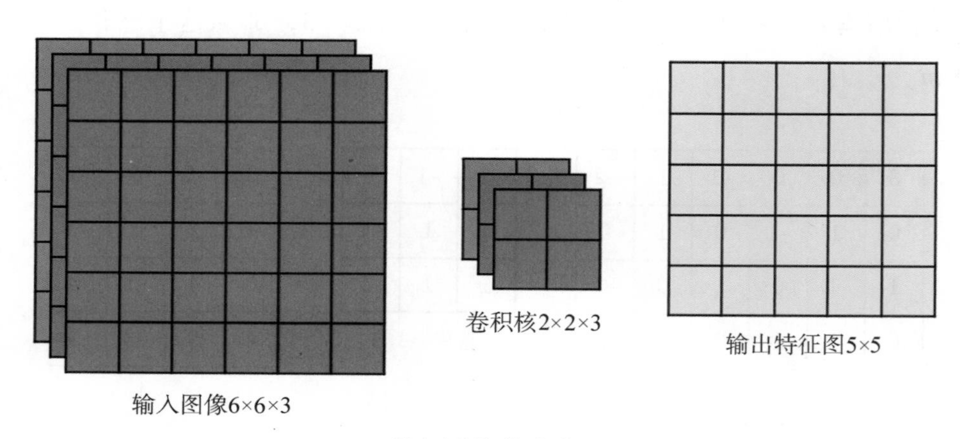

彩色图像的卷积

经过卷积层后，往往会进入池化层，池化层的目的是减小特征图的大小，做到去除次要特征但保留主要特征。有时一张图片的分辨率变小，我们还是能够找到那些主要的特征，能够看出这张图片是什么，池化层正是基于这样的思想。池化层本身没有可学习的参数。池化层有两种，一种是最大池化，一种是平均池化。确定一个池化层，首先要确定它是最大池化还是平均池化，其次是池化的区域大小和步长，这与卷积核大小和步长同理。对于最大池化，我们选择区域内最大的数值作为输出；对于平均池化，我们将区域内的数值取平均作为输出。例如下页图所示。

经过一次卷积层和池化层之后，可以将得到的特征图继续进行卷积及池化。需要注意的是，此时会有n张特征图，其中n为第一次的卷积层中卷积核的个数。第二次的卷积层中的卷积核要像处理彩色图片一样，是一个长方体，此时它的高是n。第二次的卷积层有多少个卷积核，同样决定了输出多少个特征图。那么最终如何把特征图转化为我们想要的输出呢？很简

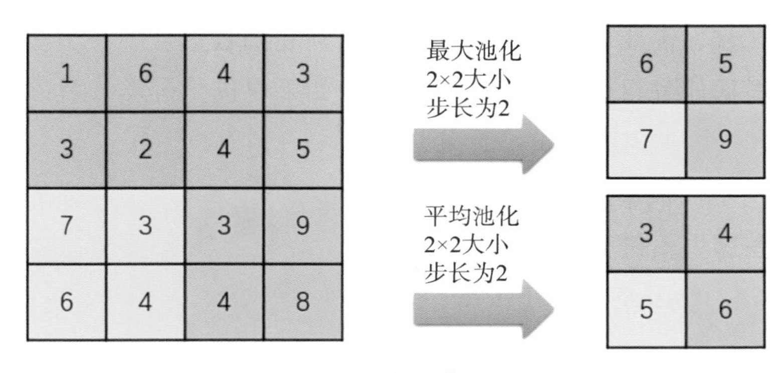

最大池化和平均池化

单，一张特征图里面都是神经元，将所有特征图的神经元拉平成一个向量，就可以作为多层（或单层）前向神经网络的输入，然后通过前向神经网络得到输出。

3. 监督学习三步骤

现在使用卷积神经网络来作为监督学习第一步的模型。确定了卷积层、池化层的个数，卷积核的数量和大小，池化种类和大小，全连接层的数量和神经元个数等后，一个卷积神经网络模型就可以确定一个函数集合。同理，这些设置是卷积神经网络的超参数。通过事先确定不一样的超参数，可以得到不一样的函数集合，每一个函数集合里都有无数个函数。

考虑一个卷积神经网络示例Lenet-5，它是一个比较基础的卷积神经网络结构（见下图），1998年由杨立昆（Yann LeCun）提出，用来解决MNIST数据集的手写数字识别。Lenet-5是一个7层的神经网络。第一层是卷积层，有6个5×5的卷积核，步长为1。经过第一个卷积层后，得到6个28×28的特征图。第二层是最大池化层，池化核大小为2×2，步长为2，得到6张14×14的特征图。第三层是卷积层，有16个5×5×6的卷积核，步长为1，得到16张10×10的特征图。第四层是最大池化层，池化核大小为2×2，步长为2，得到16张5×5的特征图。第五层是全连接层，输出神经元个数为120；也可以认为这是一个卷积层，有120个5×5×16的卷积核。第六层是全连接层，输出神经元个数为84。第七层是全连接层，也是输出层，神经元个数为10，因为手写数字的识别有0～9一共10个类别。在上面的介绍中，我们忽略了激活函数的说明。在卷积层和全连接层之后，往往会经过一个激活函数，然后再作为下一层的输入。

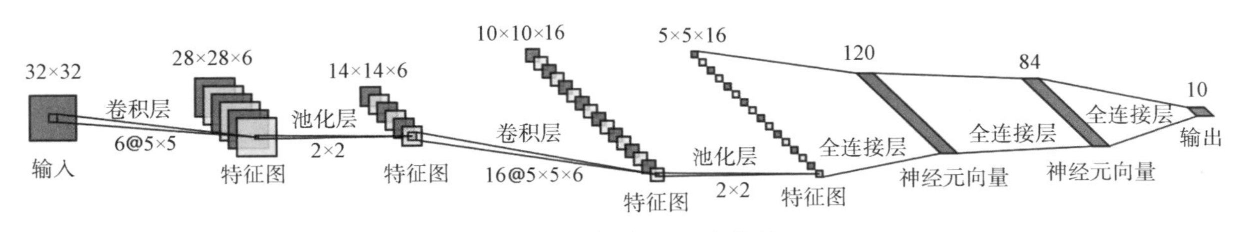

Lenet-5卷积神经网络结构

监督学习的第二步，需要确定一个损失函数来判断函数集合中一个函数的优劣。与在多层感知机里一样，根据任务目标来确定损失函数。如果要进行分类，就采用交叉熵的损失函数；如果要进行回归，就采用均方误差的损失函数。

监督学习的第三步，根据损失函数，从这个函数集合中挑选一个最优函数。同样使用梯度下降的方法，但在这里不进行详细计算。目前研究者一般也不会自己实现卷积神经网络的梯度计算，而是使用像TensorFlow和Pytorch之类可以自动求导的工具。

4. 卷积神经网络总结

卷积神经网络中会用到很多种类的网络层，例如卷积层、池化层和全连接层。每一层本质上是一个函数，只是函数种类形式有所不同，所以卷积神经网络也是一系列函数的复合。卷积神经网络可以很好地提取局部特征，这一特性非常适合用来进行图像处理，所以卷积神经网络是当前计算机视觉研究中最主要的机器学习模型。我们一直声称卷积层可以提取局部特征，那究竟是否如此呢？让我们在伯禹人工智能学院的在线手写数字平台上（https://www.boyuai.com/playground/writing）进行体验。随手画一个2，然后运行一个预置的卷积神经网络，观察每一层特征图的输出。从下图可以发现，在前两层的特征图中能够提取出手写数字2的边缘特征，并且这些特征并不完全一样。然后在高层把这些边缘特征进行组合，变成抽象的特征以便于分类。

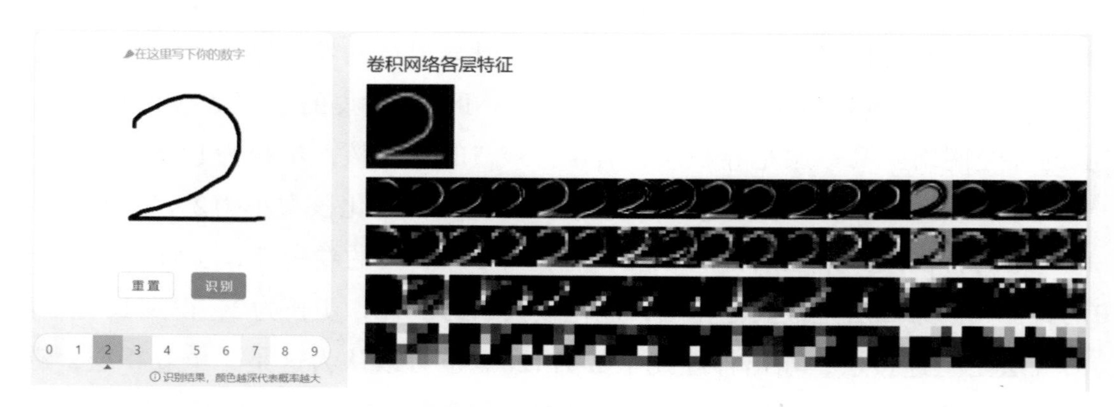

卷积层特征图可视化

（六）循环神经网络

小禹最近在学习英语时遇到了一些困难，特别是一些复杂的句子比较难以理解。于是小禹想，如果有一个能自动完成词性标注的人工智能就好了。如果要设计一个对英语句子里的单词进行词性标注的人工智能，首先需要考虑如何将一个英语单词转换成神经网络可以接受的数值输入。就像在卷积神经网络中，同样需要将图像转换为数值。

将英语单词转换为数值，最简单的方法是使用独热编码，与分类任务的标签处理一样。如果训练集（通常还需包括测试集）中出现过的不同的单词总数为N，那么一个单词就可以表示为一个N维的向量。假如有两个句子，分别为“I like this show”和“The figures show he is right”，可以看到，其中一共有9个不同的单词，也就是N=9。那么这些单词可以表示为下图。

```
I       = [ 1, 0, 0, 0, 0, 0, 0, 0, 0 ]
like    = [ 0, 1, 0, 0, 0, 0, 0, 0, 0 ]
this    = [ 0, 0, 1, 0, 0, 0, 0, 0, 0 ]
show    = [ 0, 0, 0, 1, 0, 0, 0, 0, 0 ]
the     = [ 0, 0, 0, 0, 1, 0, 0, 0, 0 ]
figures = [ 0, 0, 0, 0, 0, 1, 0, 0, 0 ]
he      = [ 0, 0, 0, 0, 0, 0, 1, 0, 0 ]
is      = [ 0, 0, 0, 0, 0, 0, 0, 1, 0 ]
right   = [ 0, 0, 0, 0, 0, 0, 0, 0, 1 ]
```

单词的数值表示

首先，训练一个输入维度为N的多层前向神经网络来进行词性标注。假设一共有7种词性，分别是名词、形容词、动词、连词、副词、介词和其他（包括冠词、代词、数词和感叹词）。但是，直接对单词进行标注会产生一个问题。比如考虑show这个单词，它有可能是名词也有可能是动词。在句子“I like this show”中，它是名词，而在句子“The figures show he is right”中，它是动词。也就是说，一个单词是名词还是动词，还取决于整个句子的上下文。普通的前向神经网络是无法解决这个问题的，因为它只能考虑一个单词的输入，无法考虑上下文信息。如果神经网络具有记忆能力，能够记住一句话中当前单词前面的信息，例如知道前面是“I like this”，那么就能判断出这里的“show”是名词。

1. 循环层

为了解决此类与时序相关的问题，循环神经网络被提出。循环神经网络的主要思想是，保留之前时刻输入的信息来帮助当前时刻的预测。循环神经网络是一种全连接神经网络的扩展，在每一个时刻使用同一个全连接神经网络，然后在不同时刻的隐藏层之间加入连接利用上一时刻的隐藏层信息。假设现在要判断句子“I like this show”中每个单词的词性。该句一共有4个时刻，每个时刻的输入分别为这4个单词对应的独热编码。现在使用一个两层的前向神经网络（一层隐藏层和一层输出层），把每一时刻隐藏层的激活值保存下来作为下一时刻隐藏层的输入。即当前时刻的隐藏层不仅接受当前时刻的x输入，还将上一时刻隐藏层的激活值作为输入。当多层神经网络具有多层隐藏层的时候，每一层都可以将上一时刻同一层的激活值作为输入，也可以设置为只有一层或几层有此类循环输入。我们称这种将上一时刻隐藏层输出作为输入的隐藏层为循环隐藏层。

循环隐藏层的具体实现非常简单，只要把循环隐藏层的上一时刻神经元和下一时刻神经元进行全连接，每一个连接都有一个可学习的参数。例如下页图所示，时刻2的h_i是由时刻1的［h_1，h_2，…，h_m］和时刻2的［x_1，x_2，…，x_N］乘以相应参数（m+N个）加上偏置后再经过激活函数得到的。这些参数在不同时刻都是相同的，即在计算时刻3的h_i时，用到的m+N

个参数和偏置参数与时刻2的一样。

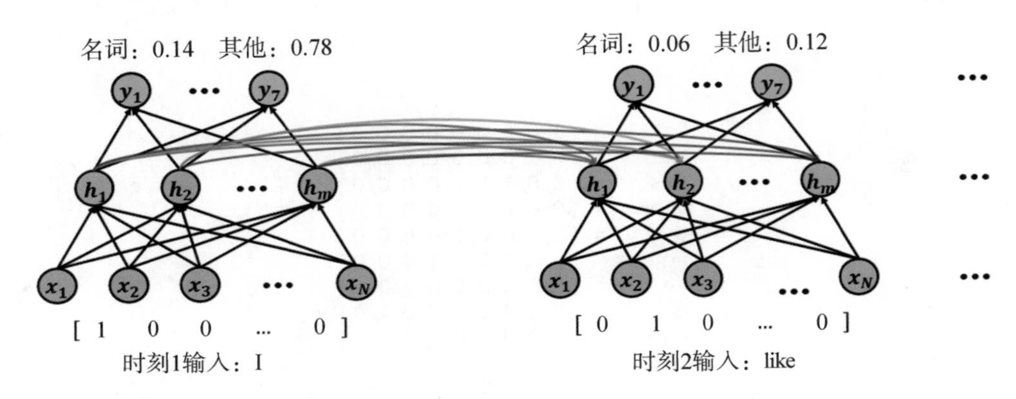

循环神经网络示例

于是，如果用循环神经网络来对“I like this show”进行词性预测，那么在预测show这个单词的词性时，当前时刻循环隐藏层将show作为输入，同时还接受上一时刻单词this输入时的隐藏层输出作为输入。即在预测show的词性时，还考虑到了“I like this”这3个单词的信息。

思考与实践

8.5 在预测 show 的词性时，为什么要考虑“I like this”这 3 个单词的信息，而不只是“this”的信息?

2. 监督学习三步骤

监督学习的第一步，要挑选一个函数集合。当确定使用循环神经网络，并且确定了它的层数，每一层的神经元个数，以及哪些层使用循环连接，就确定了整个模型。它比相同层数的前向神经网络多了从前一时刻到后一时刻的参数。

监督学习的第二步，确定损失函数来评估函数集合中一个函数的优劣。词性标注问题可以看成是一个分类问题，只是每一时刻都要进行分类，所以可以使用交叉熵函数。

监督学习的第三步，通过优化算法找到一个最优函数。还是使用反向传播算法，但循环神经网络的梯度回传需要考虑上一个时刻的隐藏层，在此不作展开。

六、决策树

1. 场景引入

小禹最近想要买一些课外书增加知识，开阔视野。在之前买的书中，有一些他不是很喜欢，另一些他非常喜欢。他想知道，能否根据书的一些特征来判断一本书自己是否喜欢，好在接下来买书的时候作为参考。小禹挑选了最近看过的9本书，并且列出了每本书的文体、篇幅和作者国籍3个特征，以及自己是否喜欢，如下表所示。

小禹的课外书数据

书	文　体	篇　幅	作者国籍	是否喜欢
A	散文	短	中国	喜欢
B	小说	长	中国	喜欢
C	散文	中	外国	不喜欢
D	散文	中	中国	不喜欢
E	散文	短	外国	喜欢
F	小说	长	外国	不喜欢
G	小说	中	中国	喜欢
H	小说	中	外国	不喜欢
I	小说	短	中国	喜欢

小禹希望把这些书作为训练数据构建一棵决策树，用以对未来的某本书进行分类，即在看到一本新的书时，根据这本书的这些特征，利用决策树判断自己是否可能喜欢这本书，从而决定是否购买。小禹意识到，这是一个离散特征的分类问题，因为每个特征变量只能取2～3个值，并且输出变量只能取值为喜欢或者不喜欢。小禹觉得，该问题的输出可以通过一系列对特征变量的判断规则来获得。例如，如果一本书是散文，篇幅比较短，并且是中国作者写的，小禹有可能会比较喜欢。在机器学习中，决策树算法可以高效而准确地构建出这样一套规则。

现在为小禹的挑书问题构建一棵决策树。假如现在有一本书，它有3个特征，分别是文体、篇幅和作者国籍。一个高效的做法是，根据其中一个特征将其分裂为两个或多个集合。例如，可以根据文体把这9本书分成两个集合，分别是“散文”和“小说”。如果集合“散文”里的书小禹都喜欢，而集合“小说”里的书小禹都不喜欢，那么可以直接根据文体这个特征来判断小禹是否喜欢一本书。但通常情况下，两个集合里都存在着喜欢及不喜欢的书，也就是无法根据文体这个特征直接完成分类。我们需要在这一基础之上，继续对两个集合里的数据挑选新的特征来进行分裂，直至最终某个集合里只有一个类别的数据或者不能再根据特征分裂。这样不断的分裂，就能够得到一棵类似于树的结构，这就是决策树，例如下图。而在决策树中，最关键的问题是，每一次根据哪个特征进行分裂能够更加高效准确。决策树的学习算法就是通过递归选择当前最优的特征，并根据该特征对训练数据进行分割。这一特征空间的划分过程对应着决策树的构建。

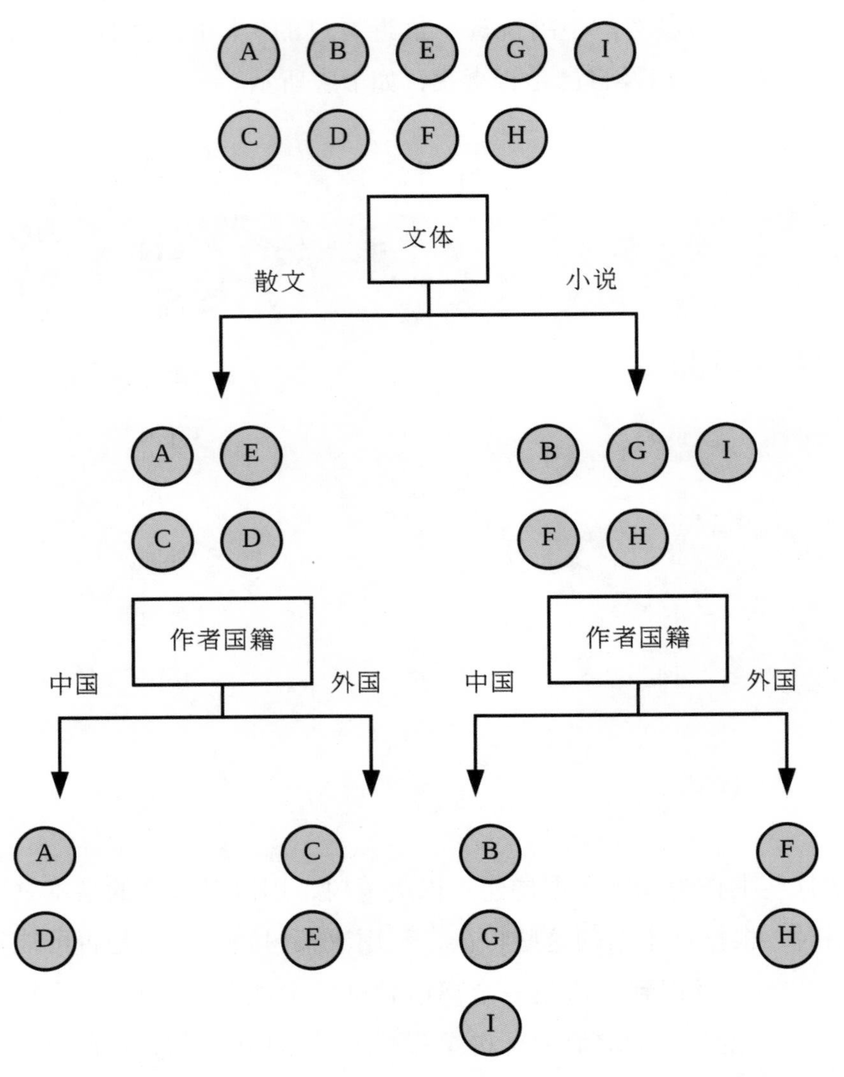

一棵决策树示例：红色代表喜欢，蓝色代表不喜欢

2. 问题求解

在决策树算法中，关键问题是每次选择一个特征，使得某种指标最大，这是一种贪心的做法，即只考虑当前这一步怎么选择特征。构建决策树时通常采用自上而下的方法，在每一步选择一个最好的属性来分裂。“最好”的定义是，使得子节点中的训练集尽量纯，不同的算法会使用不同的指标来定义“最好”。例如在ID3决策树中，用信息增益（交互熵）作为准则选择特征。尽管ID3决策树算法非常经典，但由于信息增益涉及高级数学技巧，在此不作详细展开。

接下来介绍CART（Classification and Regression Tree）分类树，它用基尼系数（Gini Impurity）作为分裂准则进行特征分裂，并且每次只会分裂成两个集合，即最后构造出来的决策树是二叉树。CART算法中包含两种决策树的构建算法，一是分类树，二是回归树，我们仅介绍分类树。

首先介绍什么是基尼系数。假设现在的数据集是D，并且一共有K个数据类别。基尼系数的定义为

$$Gini(D)=1-\sum_{k=1}^{K}\left(\frac{D\text{ 中属于类别 }K\text{ 的数据个数}}{D\text{ 中所有数据个数}}\right)^2$$

如果处理的是二分类问题，即$K=2$，并且假设一个数据属于正类的概率是p，属于负类的概率为$1-p$，那么有

$$Gini(D)=1-p^2-(1-p)^2=2p(1-p)$$

基尼系数是介于0～1之间的数，0代表数据集里面的类别完全相等，越接近1代表数据集里面的类别越不相等。所以直观上来讲，数据集中包含的类别越杂乱，基尼系数就越大。

可以用基尼系数来构建分类决策树，也就是CART分类树。CART分类树每次只进行一个二分裂，对于离散特征j，假设此时要将数据集D根据特征j取值是否等于a进行分裂，那么该分裂的基尼系数定义为分裂后两个集合（分别为D_1和D_2）的基尼系数的加权和，即

$$Gini(D,j=a)=\frac{D_1\text{ 中数据个数}}{D\text{ 中所有数据个数}}Gini(D_1)+\frac{D_2\text{ 中数据个数}}{D\text{ 中所有数据个数}}Gini(D_2)$$

通过遍历所有的特征及特征取值，计算出所有的基尼系数，然后找到最小的基尼系数对应的分裂特征和相应取值来进行当前的分裂，如此重复直至达到分裂终止的条件。分裂终止的条件一般有：决策树深度达到某一定值，或者叶子节点只有一个类别的数据，或者基尼系数小于某个阈值。

现在就用CART分类树来处理小禹的挑书问题。在该问题中一共有3个特征，分别是文体、篇幅和作者国籍。

先看文体这个特征，有两个取值分别是小说和散文。如果根据文体将这9个数据分裂成两个集合，可以得到以下表格。

根据文体分裂

	喜　欢	不喜欢
散　文	*A E*	*C D*
小　说	*B G I*	*F H*

计算小说和散文两个集合的基尼系数：

Gini（小说）=2*3/5*2/5=12/25

Gini（散文）=2*2/4*2/4=1/2

该分裂的基尼系数为：

Gini（文体=小说）=4/9**Gini*（散文）+5/9**Gini*（小说）=2/9+12/45=22/45

如果根据篇幅这个特征进行分裂，由于该特征有三个取值，需要分别对3个取值进行基尼系数的计算，如下列表格所示。

短篇幅及其他

	喜　欢	不喜欢
短篇幅	*A E I*	
中或长篇幅	*B G*	*C D F H*

中篇幅及其他

	喜　欢	不喜欢
中篇幅	*G*	*C D H*
短或长篇幅	*A B E I*	*F*

长篇幅及其他

	喜　欢	不喜欢
长篇幅	*B*	*F*
短或中篇幅	*A E G I*	*C D H*

若根据篇幅是否短进行分裂：

Gini（短）=0

Gini（中长）=2*2/6*4/6=4/9

Gini（篇幅=短）=3/9*0+6/9*4/9=8/27

若根据篇幅是否中进行分裂：

Gini（中）=2*1/4*3/4=3/8

Gini（短长）=2*4/5*1/5=8/25

Gini（篇幅=中）=4/9*3/8+5/9*8/25=1/6+8/45=31/90

若根据篇幅是否长进行分裂：

Gini（长）=2*1/2*1/2=1/2

Gini（短中）=2*4/7*3/7=24/49

Gini（篇幅＝长）=2/9*1/2+7/9*24/49=1/9+8/21=31/63

如果根据国籍这个特征进行分裂，也可以将这9个数据分成两个集合，如下表所示。

根据国籍分裂

	喜　欢	不喜欢
中　国	*A B G I*	*D*
外　国	*E*	*C F H*

下面计算基尼系数：

Gini（外国）=2*1/4*3/4=3/8

Gini（中国）=2*1/5*4/5=8/25

Gini（作者国籍＝中国）=4/9*3/8+5/9*8/25=1/6+8/45=31/90

对比所有的特征及取值，发现若根据篇幅是否短进行分裂可以获得最小的基尼系数，于是得到当前的分裂情况，如下图所示。可以看到，在短篇幅的集合中全是喜欢的书，所以不需要继续分裂，现在只需要考虑继续分裂中或长篇幅这个集合。

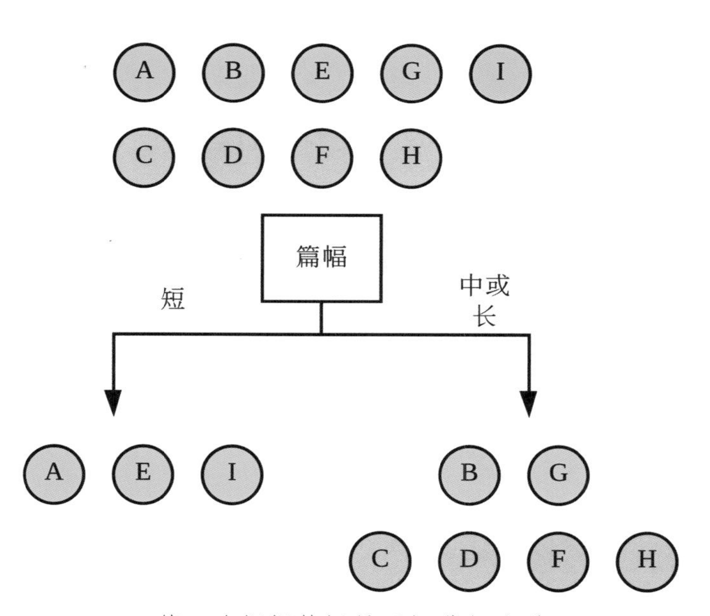

第一次根据篇幅是否短进行分裂

对这6个数据继续计算根据各个特征及取值分裂的基尼系数。

继续根据文体分裂

	喜　欢	不喜欢
散　文		*C D*
小　说	*B G*	*F H*

$Gini$（散文）=0

$Gini$（小说）=2*2/4*2/4=1/2

$Gini$（D_2，文体=小说）=2/6*0+4/6*1/2=1/3

继续根据篇幅分裂

	喜　欢	不喜欢
中	G	CDH
长	B	F

继续根据国籍分裂

	喜　欢	不喜欢
中　国	BG	D
外　国		CFH

$Gini$（中）=2*1/4*3/4=3/8

$Gini$（长）=2*1/2*1/2=1/2

$Gini$（D_2，篇幅=中）=4/6*3/8+2/6*1/2=1/4+1/6=5/12

$Gini$（中国）=2*2/3*1/3=4/9

$Gini$（外国）=0

$Gini$（D_2，中国）=3/6*4/9+3/6*0= 2/9

我们发现，当以作者国籍进行分裂时，能得到最小的基尼系数。于是继续构造决策树，并继续对BGD这3个数据进行分裂。可以发现，直接根据文体就可以完美分类。至此，一棵根据基尼系数分裂的CART分类树就构建完成了，如下页上图所示。

3. 场景结尾

通过分析这棵决策树，小禹发现自己偏爱短篇幅的课外书，对于中长篇的书，则比较喜欢中国作者写的小说。此外，文体这个特征并不是很关键。所以以后选购书的时候，小禹可以先看一本书是否为短篇幅的，然后再看这本书的作者是中国还是外国，基本上就能够判断自己是否会喜欢阅读这本书。

之前介绍的线性回归、逻辑回归、支持向量机和神经网络等方法，都是通过设定参数确定一个从输入到输出的函数，然后通过优化输出和标签之间的损失函数来确定最优的一组参数，进行问题的求解。而决策树是非参数学习算法。这里只举了离散特征决策树的例子，但它也同样可以用来处理连续特征的例子，例如下页下图。另外，决策树也可以处理回归问题，

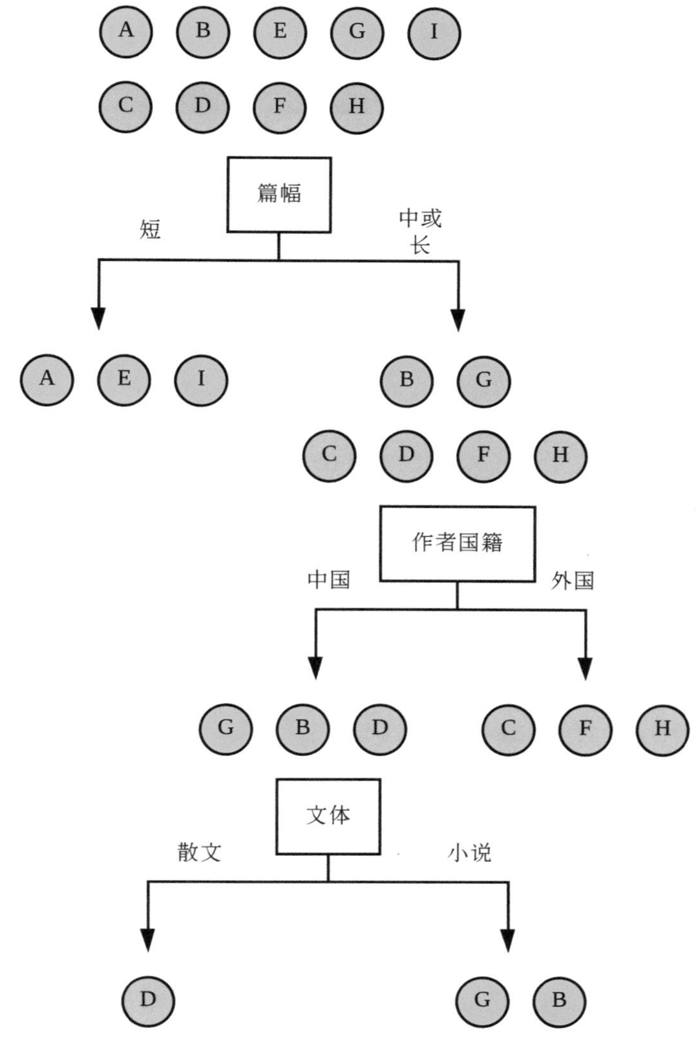

最终决策树。第二次按作者国籍进行分裂，第三次按文体进行分裂

无论它是连续特征还是离散特征。决策树的思想本书只介绍到此，有兴趣的读者可以自行阅读其他资料进行深入研究。

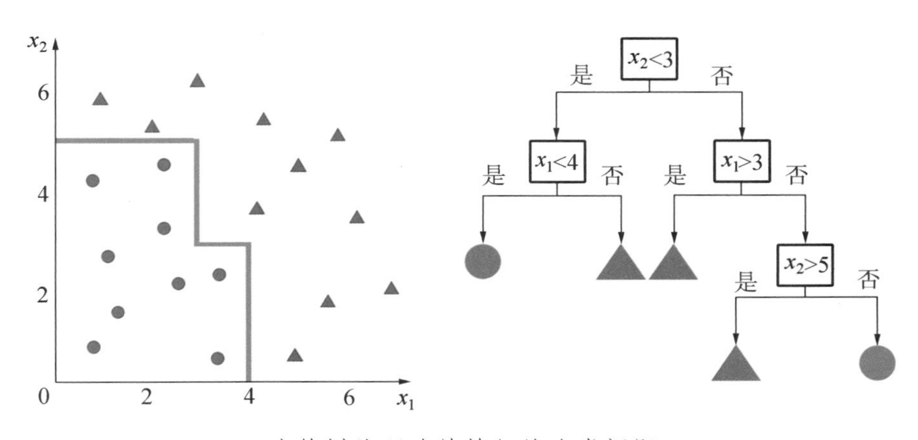

决策树处理连续特征的分类问题

第九章　无监督学习

在上一章介绍的监督学习任务（包括回归任务、分类任务）中，每一条训练数据都是（输入，标签）配对的数据（符号表示为（x，y））。通过在这样的配对数据上学习，监督学习算法寻找到了一个输入为x，输出为y的函数。

与监督学习不同，在无监督学习任务中，每一条训练数据只包含输入x，而没有对应的标签y。无监督学习任务的目标是，从大量的数据中发现其内在结构，从而帮助我们对数据进行分析。常见的无监督学习任务包括聚类、降维、生成模型等。

聚类任务的目标是，发现数据的群聚结构，将数据划分成若干个类别，使得同一个类别中的数据的差异尽可能小，不同类别间的数据的差异尽可能大。在图像处理领域，通常一张图像的像素点数量很大，这使得很多图像处理算法的运行时间很长。为了减少算法的运行时间，有一种做法是将像素点进行聚类，划分成颗粒度比较大的多个像素群——"超像素"。

降维任务的目标是，发现高维数据在高维空间中不同方向上分布的结构，根据一定的指标选取比原数据维度数量少的方向来表示原数据，从而达到降维的目的。由于原始数据中通常存在着噪声或者冗余，这样做一是可以降低数据中的噪声，二是可以减少后续数据处理算法的运行时间。

生成模型任务的目标是，发现数据在空间中的概率分布，进而可以根据这个概率分布生成数据。比如，当发现梵高风格画作在空间中的概率分布，即知道哪些图片是梵高风格画作的概率高，那么就可以生成很多梵高风格的画作了。

下面具体介绍这些无监督学习任务的代表性算法。

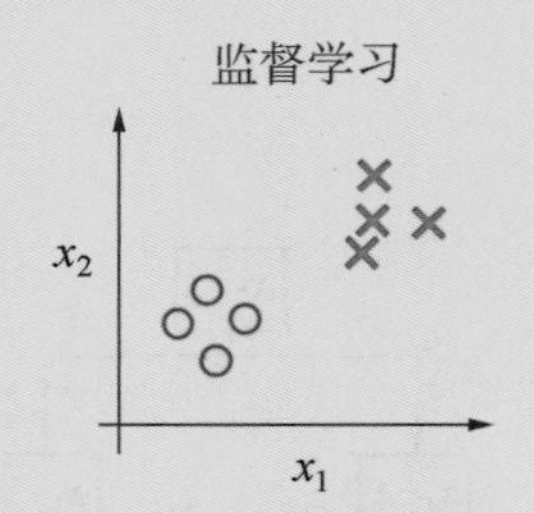

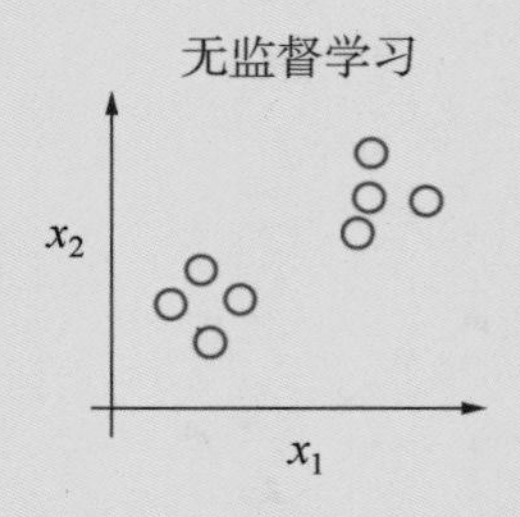

监督学习的数据包含标签y，无监督学习的数据不包含标签y

一、聚类

1. 场景引入

小禹的学校准备开设5个兴趣班。为了选择合适的项目开设兴趣班，负责这项工作的沈老师设计了一份调查问卷来收集同学们的一些指标数据，包括爱好、成绩、特长。有了这些数据，要如何将大家分成5类，从而给每个人安排合适的兴趣班呢？

在这个场景中，收集的每一名同学的各项指标数据，就是每一名同学的特征，而其中的每一项指标，就对应于特征中的每一维。这样，每一名同学就被表示成一条特征数据，对应于高维空间中的一个数据点。假如指标设计得好，那么兴趣点相近的同学的特征数据点也会比较接近，而兴趣点不同的同学的特征数据点就会离得比较远，于是在高维空间中，这些数据点将会是“一团一团”地分布的，这就是群聚结构。我们的目标就是找到这些数据的群聚结构，具体来说，就是将这些数据点划分成若干“团”。这个问题就是无监督聚类问题，其中比较常用的一种无监督聚类算法是K-means聚类算法。

2. K-means 聚类算法

K-means聚类算法的目标是，根据样本点之间的距离大小，将样本点划分成若干个类，使得类内样本点之间的距离尽可能小，类间样本点之间的距离尽可能大。

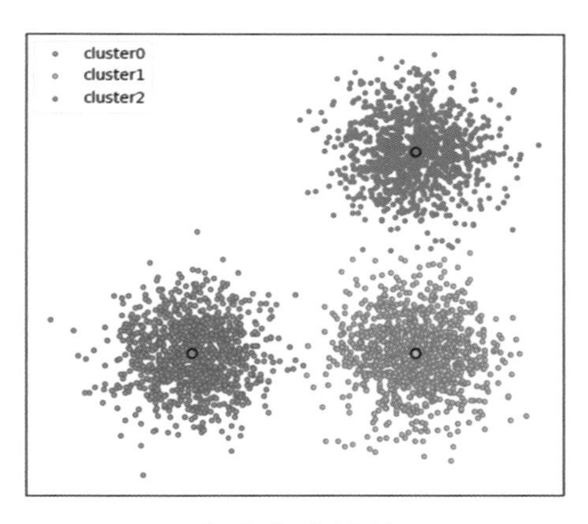

聚类算法效果

K-means算法的输入是样本点特征数据 $\{x^{(1)}, x^{(2)}, \cdots, x^{(m)}\}$，聚类类别数$K$，以及样本点之间距离的度量函数$d(x^{(i)}, x^{(j)})$，输出是$K$个类别样本点各自的中心点$\{\mu_1, \mu_2, \cdots, \mu_K\}$（每一个样本点被划分到离它最近的中心点对应的类别）。通常使用欧几里得距离的平方作为样本点之间的距离函数，即$d(x^{(i)},x^{(j)}) = \sum_{d=1}^{p}(x_d^{(i)} - x_d^{(j)})^2$。

K-means算法需要最小化如下目标函数：

$$J = \sum_{k=1}^{K} \sum_{x \in C_k} d(x,\mu_k)$$

其中，C_k表示第k类样本点的集合，$|C_k|$表示第k类样本点的个数，μ_k是第k类样本点的中心点。也就是说，K-means算法要找到一种分类方式，将所有m个样本点划分成K个类别，并确定这K个类别各自的中心点，使得所有样本点到各自类别中心点的距离的和最小。

目前并没有高效的算法可以求解这个目标函数的全局最优解，只能通过暴力枚举的方法，枚举出所有的分类方式，计算出每一种分类方式对应的目标函数值J，再选取目标函数值最小的一种分类方式作为输出结果。当每一个类别分到的样本点个数$0 \leqslant |C_k| \leqslant m$时，可能的分类方式的数量为$K^m$。可以看出，当$K$或$m$比较大时，暴力枚举的方法将带来指数级增长的算法运行时间，最终将变得不可接受。因此，我们采用以下启发式迭代算法来求解近似最优解。

① 随机初始化K个类别的聚类中心$\{\mu_1^0, \mu_2^0, \cdots, \mu_K^0\}$。

② 将每一个样本点分类到距离它最近的聚类中心所在的类别，公式表示为

$$C^t(x^{(i)}) = \arg\min_j d(x^{(i)}, \mu_j^{t-1})$$

其中，$C^t(x^{(i)})$表示第t个迭代步骤样本点$x^{(i)}$的类别。

③ 对于每一个类别，基于步骤②中的分类结果，重新计算每一个类别的聚类中心，公式表示为

$$\mu_k^t = \frac{1}{|C_k^t| \sum_{x \in C_k^t} x}$$

④ 若达到最大迭代次数，或者步骤③中每个类别的聚类中心较上一次迭代不变，则算法终止，输出$\{\mu_1, \mu_2, \cdots, \mu_K\}$；否则，回到步骤②。

为了更直观地理解以上算法流程，可以用右边的流程图来表示这个迭代算法。

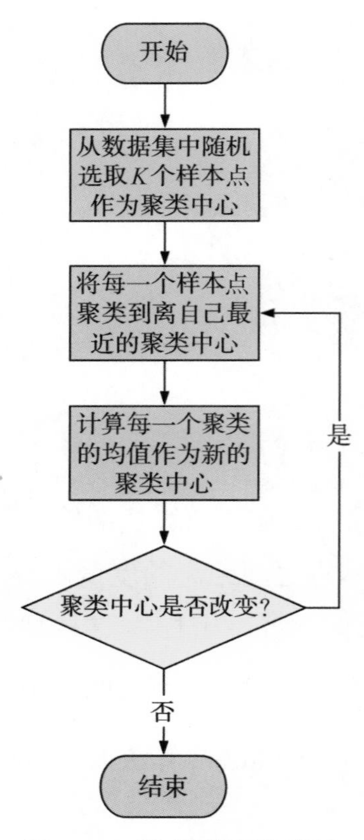

K-means聚类算法流程图

以下是K-means聚类算法的一个运行示例。数据包含12个点，具体坐标如下：

(5，5)，(7，3)，(4，5)，(5，6)，(2，3)，(6，7)，(14，10)，(11，12)，(11，9)，(14，9)，(13，14)，(11，10)。

把这12个点可视化出来，如下页图所示。

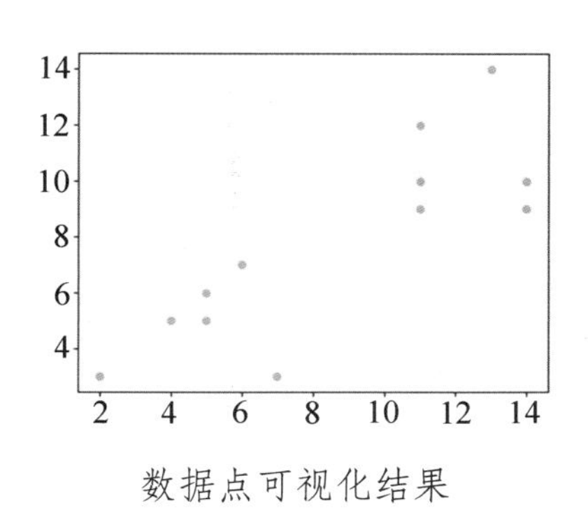

数据点可视化结果

① 指定K=2，即让算法将这12个数据点聚类成2类。首先任取其中的两个数据点，如（5，6）和（2，3），分别作为两个类别的聚类中心，如下图所示，分别使用红色与蓝色三角形标记出来。

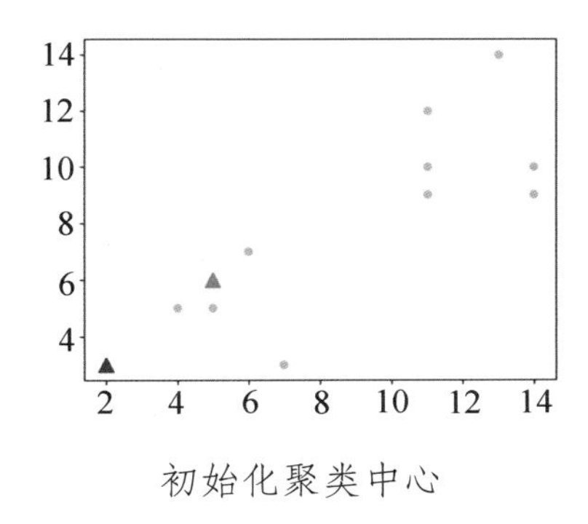

初始化聚类中心

② 现在计算每个数据点与这两个聚类中心的距离（欧几里得距离的平方），如下表所示。

每个数据点与两个聚类中心的距离

	（5，5）	（7，3）	（4，5）	（5，6）	（2，3）	（6，7）	（14，10）	（11，12）	（11，9）	（14，9）	（13，14）	（11，10）
（5，6）	1	13	2	0	18	2	97	72	45	90	128	52
（2，3）	13	25	8	18	0	32	193	162	117	180	242	130

其中每一行分别对应当前的两个聚类中心，每一列对应每一个数据点，内容格中为对应数据点到对应聚类中心的距离。

对于每一个数据点，将它聚类到离它最近的聚类中心对应的类别，如下图所示。

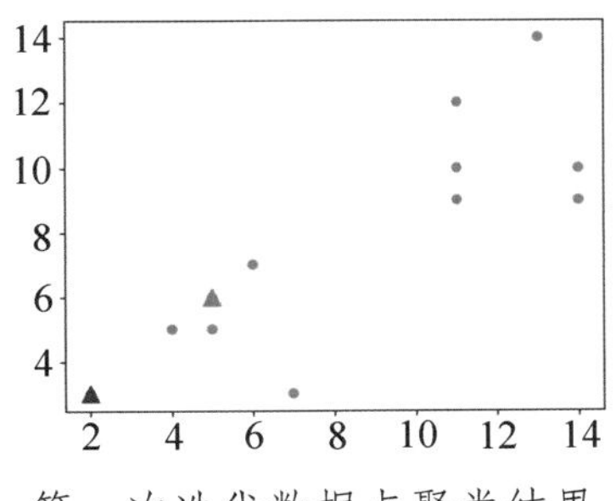

第一次迭代数据点聚类结果

③ 根据每个数据点的聚类结果，计算出每一个类别的数据点的均值作为新的聚类中心，分别为（9.18，8.18），（2，3），如下图所示。

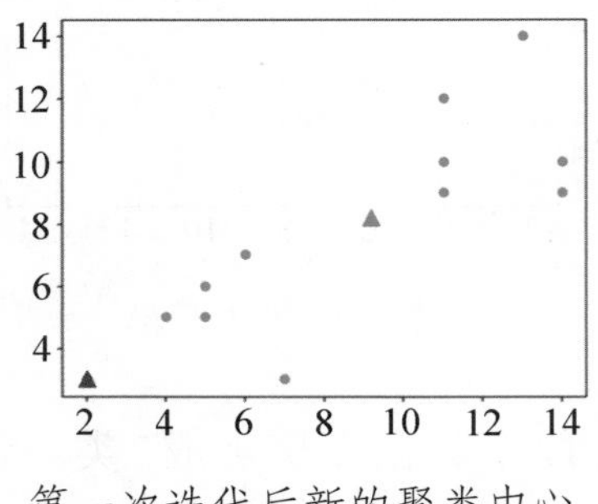

第一次迭代后新的聚类中心

重复步骤②③，直到每一个类别的中心点不再改变。下图为第二、三、四次迭代后的聚类结果与聚类中心。

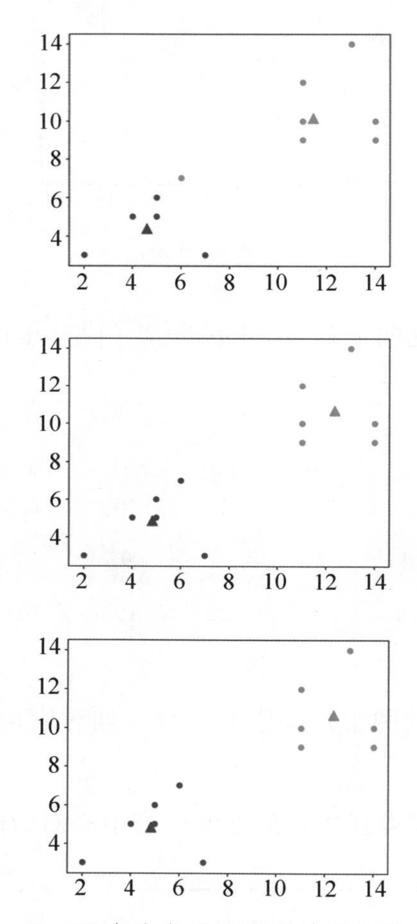

第二、三、四次迭代后的聚类结果与聚类中心

这三次迭代结果的聚类中心分别为：（11.43，10.14），（4.6，4.4）；（12.33，10.67），（4.83，4.83）；（12.33，10.67），（4.83，4.83）。第四次迭代的聚类中心相对于第三次迭代没有发生变化，因此算法终止。最终的聚类结果为：

第一类数据点：（5，5），（7，3），（4，5），（5，6），（2，3），（6，7），聚类中心：（4.83，

4.83)；

第二类数据点：(14，10)，(11，12)，(11，9)，(14，9)，(13，14)，(11，10)，聚类中心：(12.33，10.67)。

以上K-means聚类算法流程中，第一步需要先初始化K个类别的聚类中心。由于采用一种启发式算法来近似求解最优解，当初始化条件不同时，算法的输出结果也不相同。常见的聚类中心初始化方式有：随机选择全空间中的K个点作为K个聚类中心、随机选择K个样本点作为K个聚类中心等。在实际使用K-means聚类算法时，通常需要运行多次，从不同的初始聚类中心得到不同的结果，并选取目标函数值最小的作为最终结果。

K-means聚类算法的核心步骤是②和③。步骤②根据当前聚类中心的取值为每一个样本点重新进行分类，步骤③根据当前样本点的分类方式重新计算类别聚类中心。有兴趣的读者可以尝试证明，这两个步骤都会让我们的目标函数J的值减小，因此在迭代过程中，目标函数值单调递减，K-means聚类算法最终将收敛到一个局部最优解。

3. 场景结尾

利用以上的K-means聚类算法，沈老师顺利地将特征数据分成了5个类别。每类数据都有一个聚类中心，用来表示每类数据的平均情况。利用这5个聚类中心的指标数据，沈老师为每类同学选择了一个合适的兴趣班项目。

思考与实践

9.1 在K-means聚类算法中，要将m个点划分成K个类别，可能的分类方式有K^m种。为什么？

9.2 在K-means聚类算法中，②③两个步骤都会让目标函数J的值减小。为什么？

二、降维

1. 主成分分析（PCA）

主成分分析是一种常用的无监督降维算法，通常情况下被用于对监督学习任务的数据进行预处理。作为数据预处理的一种手段，主成分分析的作用主要是降维与降噪。在实际实践中，以下场景适用于使用主成分分析对数据进行预处理。

（1）当特征数据存在冗余，即不同维特征之间存在强相关关系的时候，主成分分析将会把强相关的维度合并形成新的特征。比如，有两维特征都表示速度，其中一个以m/s为单位，另外一个以km/h为单位。显然，这两维特征只需要一维就可以表示全部信息。又比如，有一维特征表示学习兴趣，另外一维特征表示安排学习的时间。这两维特征之间存在强相关关系（相关系数很大），所以也可以将它们合并成一个新的特征。

（2）当特征维度很高，比如有100维，但是搜集到的样本点数量相比较之下并不多，比如有100个，在这样的数据上做回归任务的时候，很容易出现过拟合的情况。这种情况下，可以在做回归任务之前先使用主成分分析对特征进行降维，以降低过拟合的风险。

（3）当观测数据中存在噪声，且噪声与真实数据相比方差小很多时，可以通过主成分分析选取方差大的特征表示原数据，而丢弃方差小的特征（通常是噪声），从而达到降噪的效果。

为了方便可视化，以下从二维的数据入手来讲解主成分分析算法的原理。

先来看一个主成分分析算法应用在二维数据上的例子。如下图所示，输入x有两个维度：x_1和x_2。图中u_1，u_2是通过主成分分析算法得到的输入x的两个主成分。通常情况下，输入x有多少维，就有多少个主成分。从图中直观上可以看出，x_1与x_2之间存在强相关关系，样本点大致沿着主成分u_1所在的直线分布。同时可以看出，输入x在主成分u_1所在方向上的投影的方差很大，而在主成分u_2所在方向上的投影的方差很小。

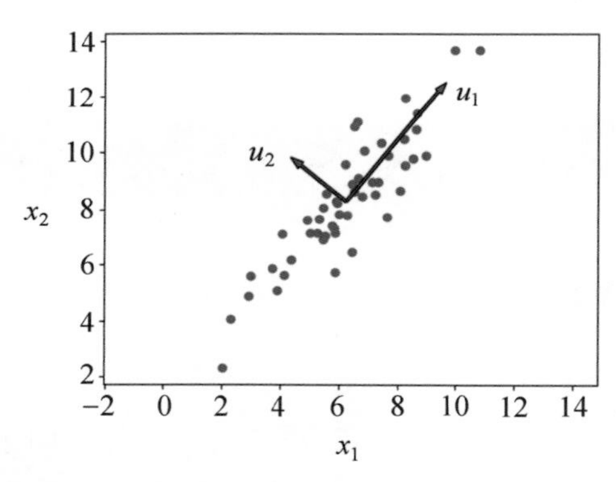

二维空间中数据方差最大的方向u_1与数据方差最小的方向u_2

前面讲到，主成分分析算法的作用主要是降维与降噪，并给出了可以应用主成分分析的3种场景，其中前两种场景对应于降维，最后一种场景对应于降噪。

首先，从降维的角度来看待主成分分析算法。在我们的例子中，当使用样本点在方向u_1上的投影表示原样本点时，原样本点的方差损失很小，即信息损失很小。考虑一个极限的情况，所有样本点都在同一条直线上，这个时候输入x实际上只有一个变化的维度，可以用样本点在这条直线上的投影来表示原样本点而不损失任何信息（原样本点本来就都在这条直线上）。因此，当输入维度很高的时候，可以使用主成分分析算法，牺牲部分精度，来对数据进行适当的降维。

另外，在信息学上，对信号通道传输信号的能力有一个评价指标叫作信噪比，即信号强度与噪声强度的比值。信噪比越大越好。在实际中，数据通常包含了真实数据与随机噪声。在我们的例子中，输入x在主成分u_2方向上的分量相比较于在主成分u_1方向上的分量，方差小很多，它大概率是由噪声产生的。因此，丢弃在u_2方向上的分量，使用u_1方向上的分量来表示输入x，可以达到降噪的目的。

那么，要怎么找到数据分布方差大的方向呢？对于以上二维数据的例子，你可能会觉得很简单：就是数据点分布得最散的那个方向。对！这就是我们的目标。但是，这里有两个问题：一是需要精确地知道这个方向的方向向量；二是对于高维数据，没有办法像二维数据这样进行可视化（毕竟人类只是三维生物）。这个时候就需要知道主成分分析算法背后的数学知识。

在开始计算这个方向之前，需要先对数据进行一个预处理：中心化。这样做的目的是简化后续的运算。中心化并不复杂，就是把数据的每一个维度上的均值变成0，其公式如下：

（1）计算样本点中心：$\mu = \frac{1}{m}\sum_{i=1}^{m} x^{(i)}$

（2）样本点中心化：$x^{(i)} = x^{(i)} - \mu$

下图是经过中心化的数据：

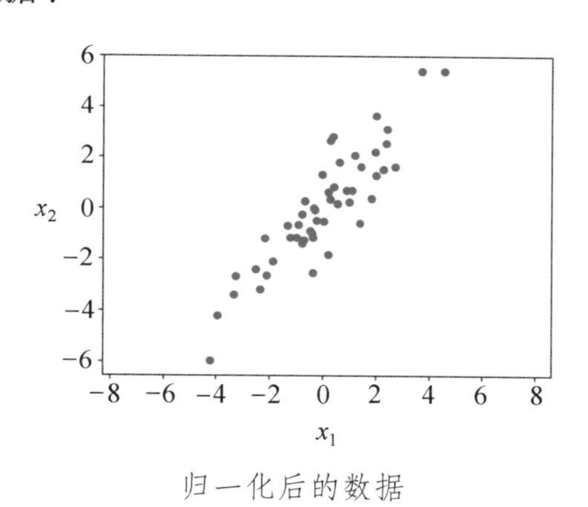

归一化后的数据

通过以上讨论，我们知道目标是要寻找一个数据投影方差最大的方向。这里先解释一下什么是投影。如下图所示，一个样本点$x^{(i)}$在由向量u表示的方向上的投影为$x^{(i)}$与u的内积$\langle x^{(i)}, u\rangle$，即$x^{(i)}$与$u$的每一维的乘积的和：$\sum_{j=1}^{p} x_j^{(i)} * u_j$。

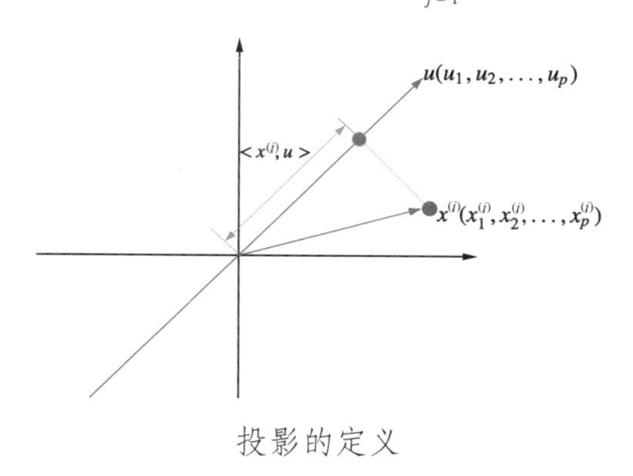

投影的定义

由于已经将样本点预处理成均值为0，因此样本点在方向u上的投影的均值也为0。投影的方差表示如下：

$$\sigma^2 = \frac{1}{m}\sum_{i=1}^{m}\langle x^{(i)}, u\rangle^2 = \frac{1}{m}\sum_{i=1}^{m}(x^{(i)^T}u)^2 = \frac{1}{m}\sum_{i=1}^{m}u^T x^{(i)} x^{(i)^T} u = u^T\left(\frac{1}{m}\sum_{i=1}^{m}x^{(i)}x^{(i)^T}\right)u$$

上述投影方差的公式以及下面的推导均需要用到一些线性代数的知识。

上述公式最右边的式子，括号中的部分实际上是样本数据的协方差矩阵$\sum = \frac{1}{m}\sum_{i=1}^{m}x^{(i)}x^{(i)^T}$。故上式可以写作

$$\sigma^2 = u^T\Sigma u$$

其中，向量u代表了投影的方向，其长度不影响结果。为了方便计算，约束u为单位向量，即$u^Tu=1$。

当方差σ^2取最大值时，可以证明，σ^2与u分别是协方差矩阵Σ最大的特征值与对应的特征向量。

因为协方差矩阵Σ是对称的，所以它的两个主成分向量互相垂直，如下图所示。

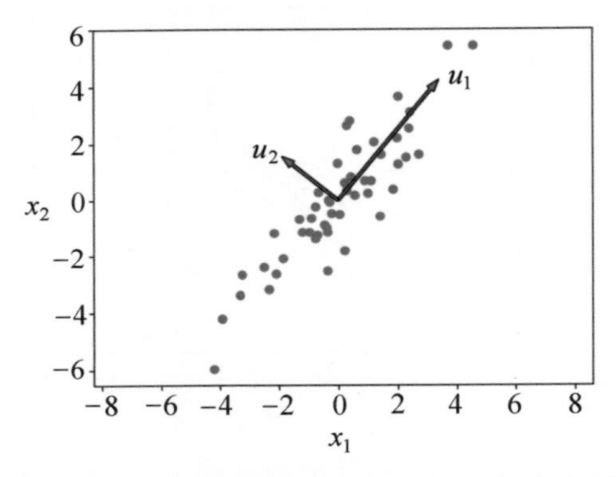

主成分分析算法得到的输入x的两个主成分向量u_1，u_2

我们使用这两个向量所在的方向作为新的坐标轴，可以得到如下图所示的样本点分布。

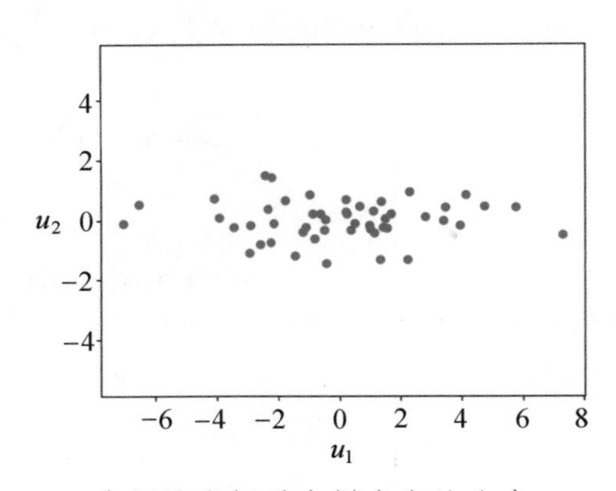

在新的坐标系中样本点的分布

可以看到，样本点近似沿着横轴分布。可以只取样本点在横轴的分量来表示样本点，从而将二维的输入x降到一维。另外，样本点在竖轴上的分量方差很小，很可能是由噪声引起的，所以丢弃输入x在竖轴的分量也达到了降噪的效果。

图片是一种重要的信息载体，在生活中，经常需要传输图片来传递信息，比如通过互联网分享自己拍的照片。相比较于文字、语音等其他类型的文件，图片文件的尺寸更大。当网络流量有限，并且对传输图片的清晰度没有很高的要求时，就可以通过无监督降维算法，对原始图像进行降维压缩，即通过适量地降低图片清晰度以降低传输代价。如下图（a）所示，大小为960×1280的原图就是一个大小为960×1280的矩阵，可以看成由960个1280维的数据点组成。通过主成分分析算法，我们可以得到960个（min（1280，960））主成分。通过保留前5/25/125个主成分，可以得到如下图（b）（c）（d）所示的压缩后的图片。

（a）原图（960×1280）

（b）5个主成分

（c）25个主成分

（d）125个主成分

无监督降维算法在图像压缩上的应用

2. 自动编码器

在深度学习领域，通常采用神经网络模型来对输入的高维数据进行建模、处理。使用神经网络模型时，使用者需要为它指定一个评价指标，而神经网络模型可以在很大程度上自动学习到有利于完成目标任务的输入数据的表征（representation），或者说编码。下面介绍一种用来对高维数据进行降维（或者说压缩）的神经网络模型——自动编码器（autoencoder）。

首先我们来思考这样一个问题：一个压缩模型需要满足怎样的要求呢？压缩模型把高维数据压缩成低维表征之后，需要能够根据得到的低维表征尽可能准确地重构原来的高维数据。

自动编码器正是基于这个思路设计的。下图为自动编码器的模型结构。自动编码器由两个部分组成，左半边为编码器，将高维数据x编码成低维表征z；右半边为解码器，将低维表征z解码为高维数据x'。我们的目标是让神经网络学习到使用低维表征z对高维数据x进行编码，因此z通常维度较低。为了使得神经网络编码得到的z可以重构原始数据x，对神经网络施加一个约束条件：重构数据x'应尽可能接近原始数据x。具体优化中，指定一个衡量x'与x之间差异程度的函数$d(x', x)$，通过优化使得这个距离尽可能小。这样，当优化到最优时，自动编码器就可以学习到如何将原始高维数据x压缩到低维表征z，再重构x。

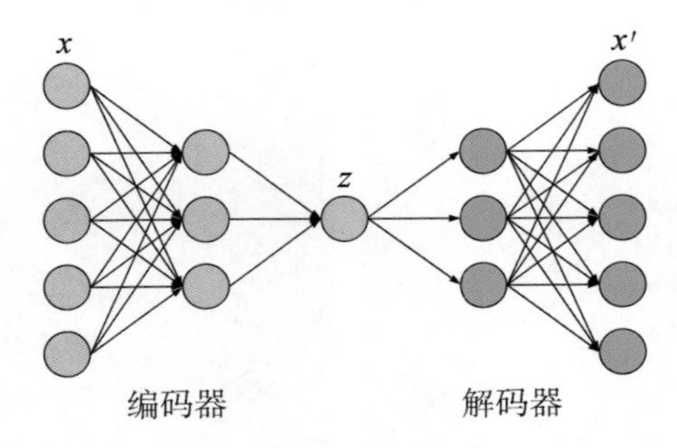

自动编码器模型

为了直观展示自动编码器的效果，我们使用自动编码器对图片进行编码。数据来自一个著名的手写数字图片数据集——MNIST。该数据集中包含了不同人手写的0～9这10个数字的黑白图片，大小为28×28（784维）。自动编码器先将图片编码成一个32维的低维表征z，再从z解码出原来的图片。

如下图所示，第一行是数据集中的10张图片，第二行是自动编码器重构的结果。可以看出，使用自动编码器进行的压缩是一种有损压缩，但基本可以重构原来的图片。

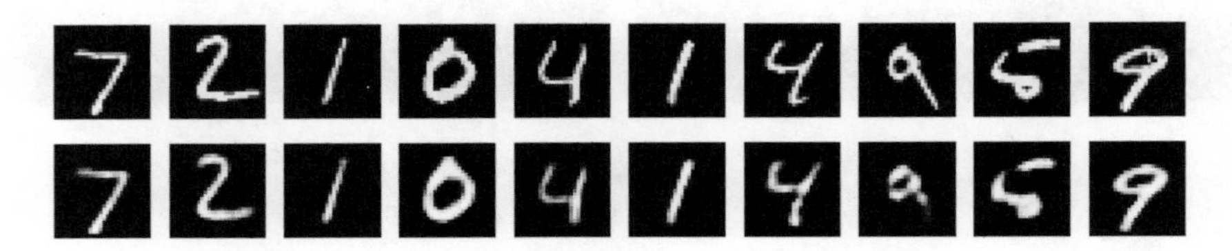
自动编码器对手写数字图片编码结果

对于每一张图片，我们都得到了一个32维的编码。为了验证得到的图片编码的性质，采用t-SNE（t-Distributed Stochastic Neighbor Embedding）数据可视化技术将这些编码可视化在一个二维平面上，并给不同数字图片编码对应的点染上不同的颜色。如下页图所示，相同数字图片的编码很好地聚集在了一起，这表明这种编码可以很好地区分不同数字的图片。

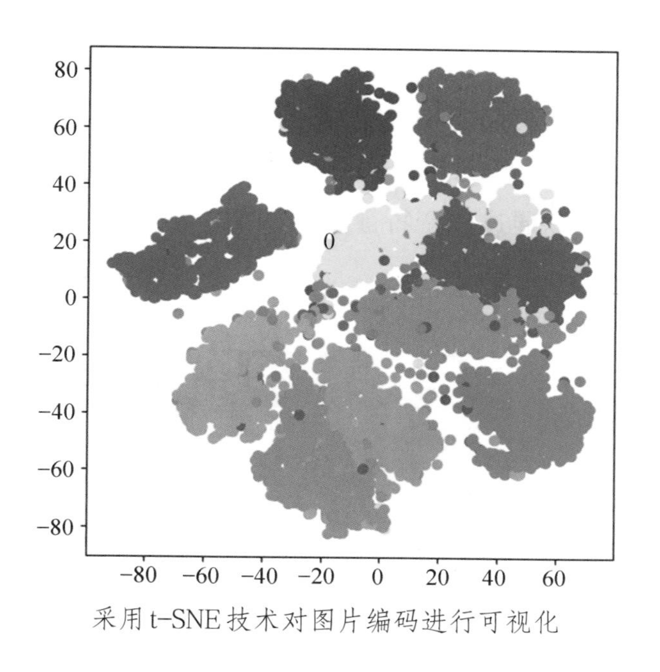

采用t-SNE技术对图片编码进行可视化

三、生成模型

在生活中，存在着各种各样形式的数据，比如图像数据、文本数据、语音数据等。

生成模型，顾名思义，它的目标是生成数据，如生成肉眼难辨真假的花的图片、流畅的文字、以假乱真的语音等。从数学的角度来说，通常假设要生成的数据在空间中服从某一个概率分布，而生成模型的目标就是去拟合这个概率分布。这样，模型能够对空间中的每一个样本给出一个“它的真实度”的概率，从而达到生成真实数据的目标。

为什么要研究生成模型呢？美国理论物理学家费恩曼（Richard Feynman）说过：“What I cannot create，I do not understand.”（我不能创造的，我不理解。）也就是说，只有当我们能够生成真实的数据的时候，才能够说我们对数据的内在结构有了很好的了解。对生成模型的研究，实际上是对我们分析、操作高维数据空间能力的一种检验与推进。另外，由于生成模型具有数据生成能力，因此可被用于增强学习任务中的场景模拟，以及为监督学习任务生成更多的训练数据等。

1. 生成对抗网络（GAN）

在深度学习领域，目前有三大生成模型：生成对抗网络，变分自编码器，自回归模型。这里简单介绍生成对抗网络背后的思想。

如果想要生成花的图片，就先收集大量现有的花的图片，构成一个数据集，我们称它为训练集。前面已经多次提到，图片是一种很高维的数据。但是我们知道，只有符合一定特征的图片才是花的图片。因此，花的图片这一高维数据，实际上可以由低维的数据来表示。基于这一点，生成对抗网络的基本思路是，使用神经网络建立起从低维特征数据到高维图片数据之间的映射。当建立起这样的一个映射之后，就相当于成功地找到了一种用低维特征数据表示高维图片数据的方式。当我们要一张花的图片的时候，可以先生成一个低维特征数据，然后通过这个映射，生成一张花的图片，如下图所示。如果特征数据的每一个维度代表了花的图片的某一个特征，还可以通过改变特征数据，来控制生成的花的图片的特征，如颜色、大小等。

生成的花的图片[1]

在生成对抗网络中，使用一个深层神经网络来拟合从低维特征数据到高维真实数据之间的映射关系，也就是由低维特征数据生成高维真实数据，我们把这个神经网络叫作“生成器”，如下图所示。

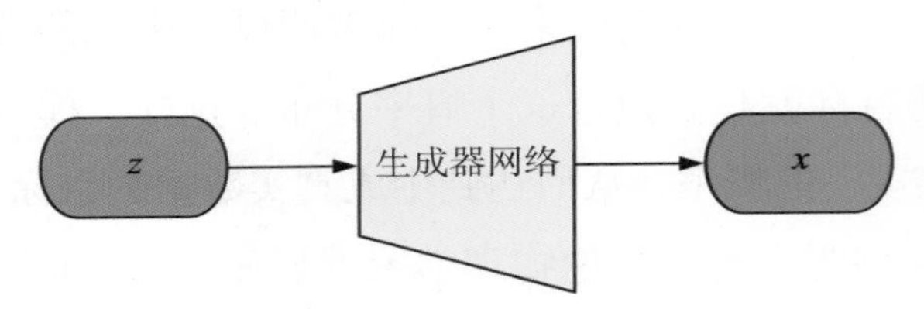

生成器网络用来建立从低维特征数据z到高维真实数据x之间的映射关系

在监督学习中，会给每一个输入指定一个输出，以监督模型学习的过程。在生成模型中，输入是低维的特征数据，通常是从一个特定的分布（如高斯分布）中采样得到；输出是高维的真实数据，如花的图片。与监督学习任务不同，在生成模型中，我们不会事先指定哪一个低维特征数据对应哪一张花的图片，以监督生成器神经网络的学习。我们的目标就是让生成模型从数据的结构中寻找到一个合适的对应关系，因此在生成对抗网络中，这个对应关系的建立完全是无监督的。

为了使得生成器生成的数据样本与训练集中的数据样本一样真实，生成对抗网络引入了另外一个模型——“判别器”。判别器的作用是判断某一个样本是来自训练集中的真实样本，还是生成器生成的样本。具体来说，判别器的输入是一个数据样本，输出是这个数据样本的真实程度，如下页图所示。同样，我们使用一个深层神经网络来建模判别器。

1　https://arxiv.org/pdf/1902.05687.pdf

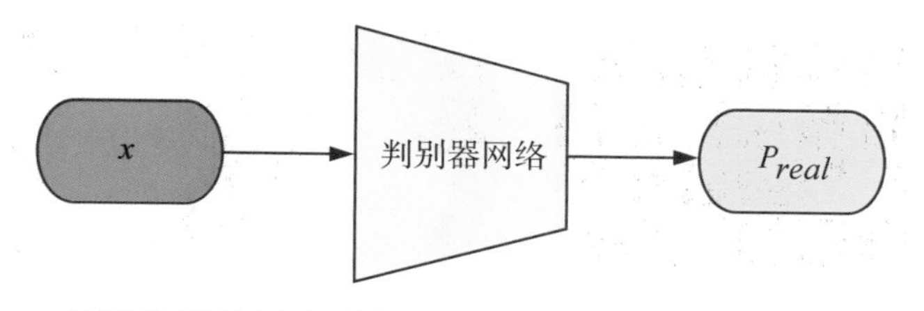

判别器网络用来判断一个数据样本x的真实程度

因此，在生成对抗网络中，包含有两个网络：一个是生成器网络，目标是生成尽可能真实的数据样本；另一个是判别器网络，目标是尽可能准确地判断出一个数据样本的真实程度，如下图所示。

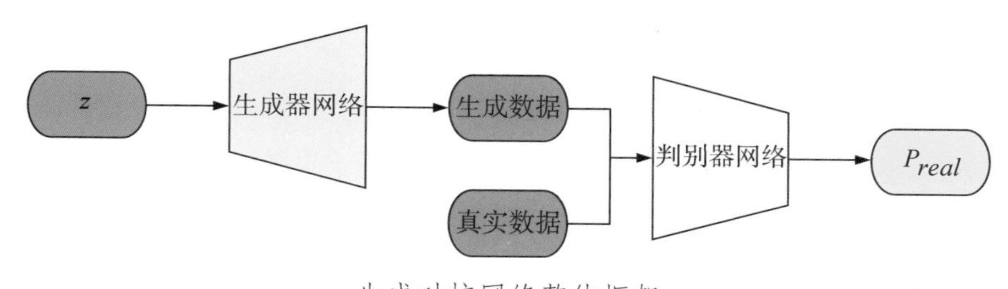

生成对抗网络整体框架

在生成对抗网络的训练过程中，判别器网络被训练成能够尽可能准确地区分出真实的数据样本与生成器网络生成的样本，而生成器网络则被训练成能够生成尽可能真实的数据样本，使得判别器网络无法分辨。两个网络交替训练，生成器网络逐渐学习如何欺骗判别器网络，最终生成器网络学习到生成真实数据样本的能力，而判别器网络无法分辨出数据样本的真假。在整个学习的过程中，生成器与判别器是相互对抗的状态，这也就是生成对抗网络这个名字中“对抗”一词的由来。

2. 生成对抗网络的应用

相比于其他生成模型，生成对抗网络生成的样本真实程度更高，数据生成速度更快，在数据生成任务上取得了很大的成功，还被研究人员拓展应用到了许多数据生成之外的任务上。下面介绍生成对抗网络在数据生成以及其他任务上的应用。

（1）图像生成

生成对抗网络最初的应用场景就是图像生成。到目前为止，生成对抗网络已经在许多图像数据集上取得了很好的生成效果，如MNIST手写数字数据集、CelebA人脸数据集、世界上最大的Imagenet图像数据集等，如下页图所示。目前主要从生成模型生成样本的真实性与多样性两个方面来评价其生成效果，具体的评价指标包括Inception 分数（Inception Score，简称IS）和Fréchet Inception距离（Fréchet Inception Distance，简称FID），其中IS越高越好，FID越低越好。目前最好的生成对抗网络模型BigGAN在这两个指标上已经分别取得了166.5（真实图像的得分为233）和7.4的分数。

生成对抗网络在MNSIT（左上）、CelebA（右上）、Imagenet（下）数据集上的生成样本[1]

（2）高分辨率图像生成

使用生成对抗网络生成高分辨率（如1024×1024）的图像，一直以来都是一个很大的挑战。在一步到位生成高分辨率图像的尝试均未能取得很好效果的情况下，为了提高生成图像的质量，研究人员提出了一种逐步生成高分辨率图像的方法：先使用一个层数比较少的网络，生成比较容易生成的低分辨率图像，训练至稳定；然后增加网络的层数，生成更高分辨率的图像，训练至稳定……这样逐步增加网络的层数，从而逐步提高生成图像的分辨率，如下图所示。

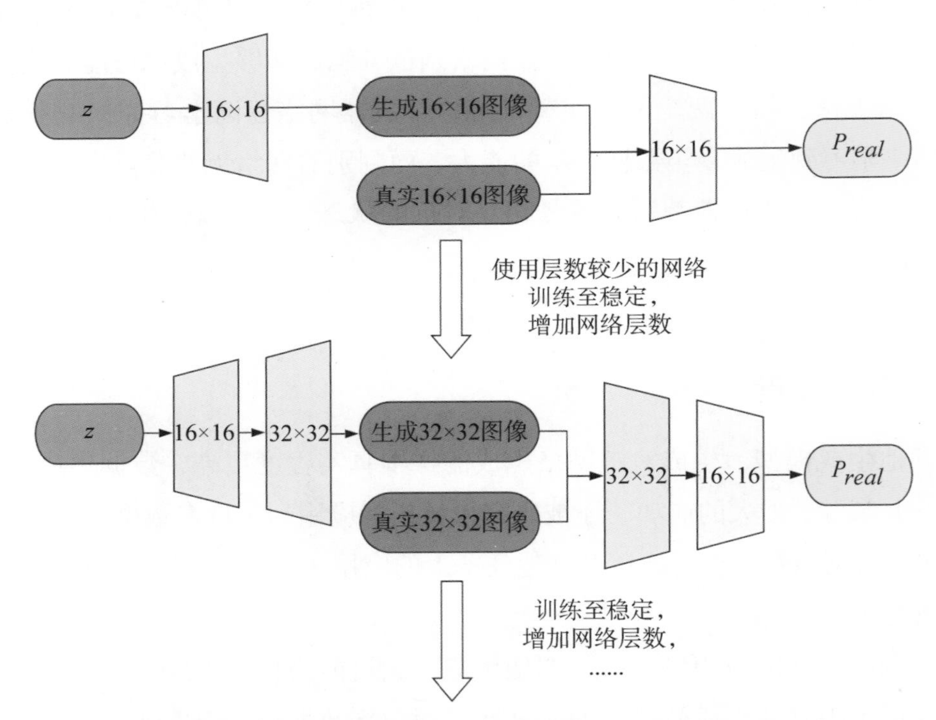

使用生成对抗网络逐步生成高分辨率图像的网络框架

研究结果表明，这种渐进式的生成方法能够生成更高质量的高分辨率图像，如下页图所示。

1　https://papers.nips.cc/paper/5423—generative-adversarial-nets.pdf;https://arxiv.org/pdf/1710.10196.pdf; https://arxiv.org/pdf/1809.11096.pdf

渐进生成高分辨率图像（1024×1024）算法的生成结果[1]

（3）图像上色

为了将生成对抗网络拓展到其他任务上，研究人员提出，在生成对抗网络的输入中，在原本低维特征数据的基础上拼接上其他信息，如图像、类别标签等，从而实现由图像、类别标签等生成图像的任务。这种生成对抗网络的变种称为条件生成对抗网络，在输入中拼接的图像、类别标签等称为条件信息。

图像上色任务的目标是，将黑白图像染成彩色的图像，这可以应用于给黑白历史图像上色。使用生成对抗网络进行图像上色时，拼接的条件信息为黑白图像，输出是对黑白图像上色后的彩色图像，如下图所示。

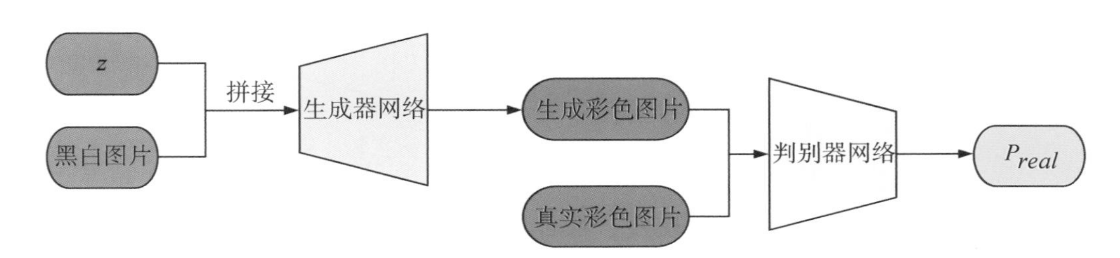

使用生成对抗网络进行图像上色网络框架

研究人员发现，相比于很多基于颜色特征的上色算法，使用生成对抗网络对黑白图像进行上色时，由于神经网络能够综合考虑图像中的颜色之外的许多其他特征，因此可以得到更加多样、更加自然的上色效果，如下图所示。

左一为黑白图像，其余三张为使用生成对抗网络上色的结果

1 https://arxiv.org/pdf/1710.10196.pdf

（4）动漫角色合成

对于动漫爱好者甚至制作者来说，如果有这样一个工具：只需要指定心中想要的动漫角色的某些标签，如发色、发型、眼睛颜色等，就可以生成具有这些标签的动漫角色，那该有多好啊！

使用条件生成对抗网络就可以实现这样神奇的工具。指定的动漫角色的标签，就是条件生成对抗网络的条件信息。为了将指定的标签输入到网络中，如发色可以是红色、黑色、黄色等，发型可以是长发、短发等，需要对这些标签进行编码。通常对同一个标签的不同取值使用不同的数字编码，如0——红发，1——黑发，2——黄发；0——长发，1——短发等。将多个标签的数字编码拼接到一起，如00——红色长发，21——黄色短发等，输入到神经网络中。

为了使得生成的图像不仅真实，而且具有指定的属性，判别器网络不仅输出图片真实程度的概率，还输出在每种属性上的分类结果，如下图所示。比如输入的属性标签编码中，发色这一个属性的取值是红色，那么生成器网络生成的图片，经过判别器之后，在发色这一个属性上的分类结果也应该是红色。通过这种方式，使得生成器网络生成具有指定属性的真实图片。

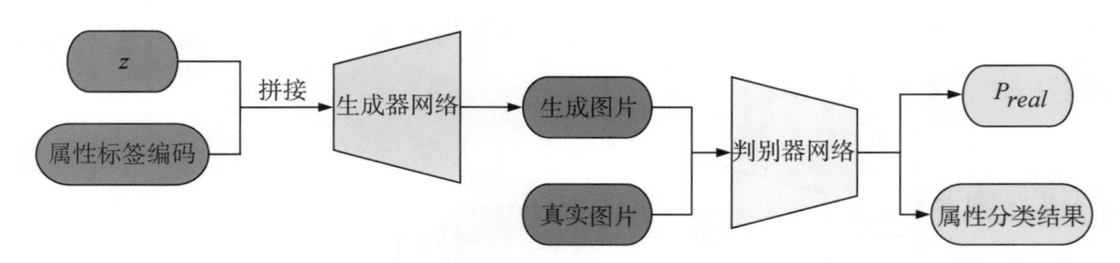

使用生成对抗网络生成具有指定属性动漫头像的网络框架

下图是指定发色为黑色、发型为长发、眼睛颜色为红色之后，模型生成的4张动漫人脸图像。

生成对抗网络生成的动漫角色[1]

（5）文字描述生成图像

在这个任务中，我们的目标是由一段对物体进行描述的文字，生成对应物体的图像。聪明的你一定可以想到，同样可以使用条件生成对抗网络，将文字描述作为条件信息输入到网

1 https://make.girls.moe/#/

络中，来生成对应的图像。这样做的一个难点在于，如何将文字描述作为网络的输入。首先需要将文字编码成数字的形式，这个其实并不难，只需要搜集所有的字符，然后给每一个字符指定一个数字，就可以把一段文字编码成一串数字。但是通常情况下，每一段文字的描述是不定长的，而生成对抗网络中使用的网络结构需要的输入是定长的。为了解决这个问题，研究人员使用了一种特殊结构的神经网络——循环神经网络，将不定长的文字编码转换成定长的表示。使用循环神经网络得到的表示，可以同时提取一段文字中前后字符之间的相关关系。（关于循环神经网络，可以参考第八章中的相关内容。）这样就可以将文字描述作为条件信息来生成图像了。为了生成更高分辨率的图像，采用一种两阶段的生成方式：第一阶段先生成低分辨率图像，第二阶段基于第一阶段生成的低分辨率图像生成高分辨率图像。从文字描述生成图像的网络框架及示例见下面两张图片。

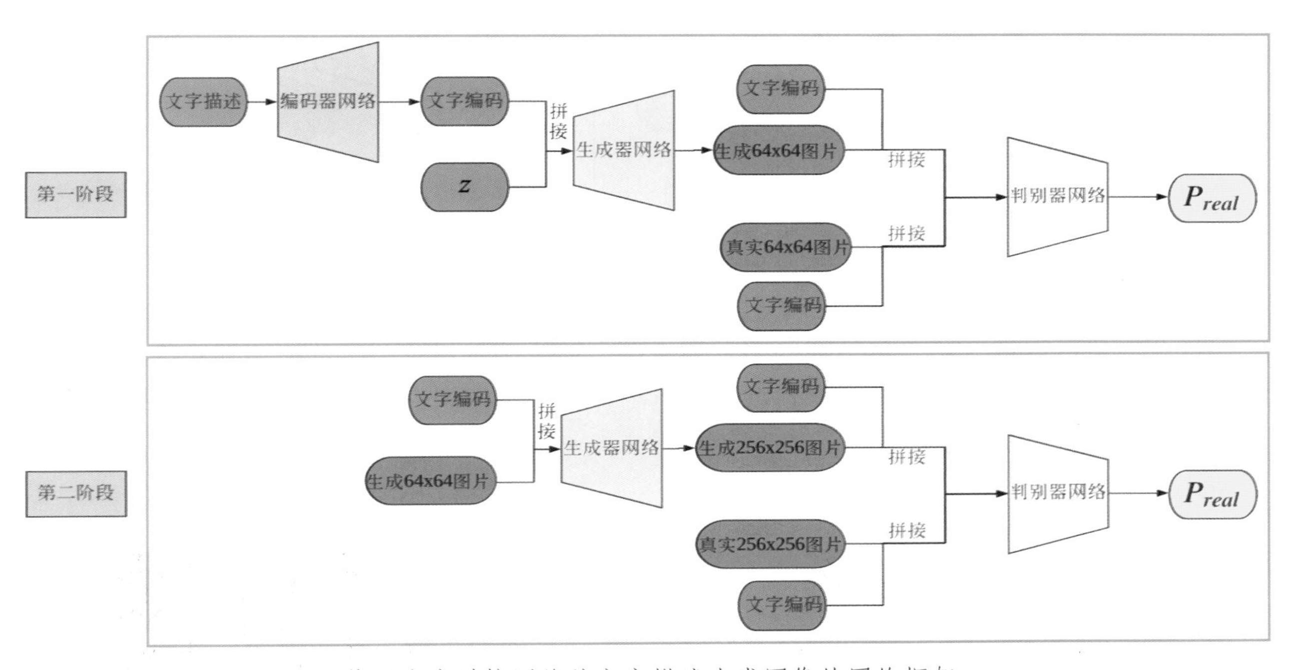

使用生成对抗网络从文字描述生成图像的网络框架

使用生成对抗网络从一段文字描述中生成对应物体的图片[1]

1 https://arxiv.org/pdf/1612.03242.pdf

（6）图像转换

图像转换（image-to-image translation）是指将一类图片转换成另一类图片，如将灰度图片转换成彩色图片。在生成对抗网络被应用到图像转换之前，解决不同的图像转换任务，需要设计特定的目标函数。生成对抗网络被应用到一些特定的图像转换任务上之后，研究人员发现，生成对抗网络中的对抗损失函数能够自动从数据集上学习到一个合适的目标函数，因此研究人员基于生成对抗网络，提出了一个统一的图像转换任务的框架，如下图所示。

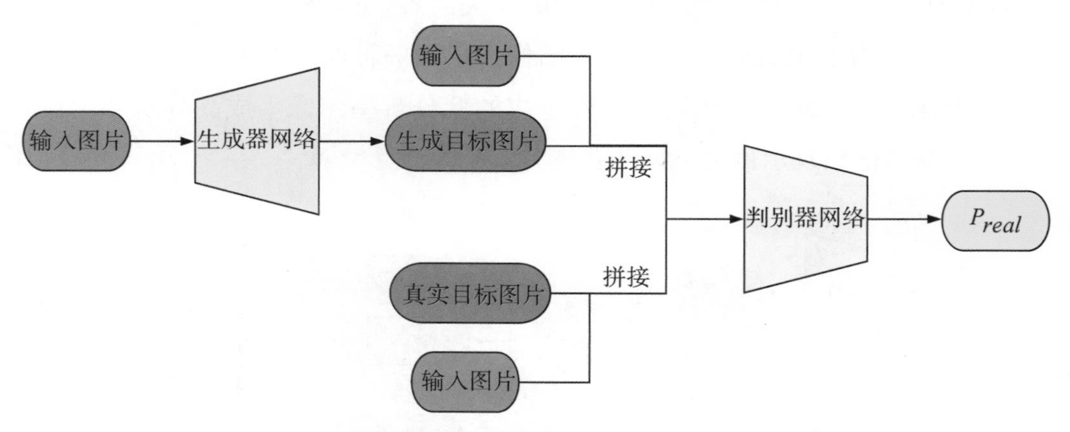

生成对抗网络应用于图像转换任务的网络框架

这个框架可以被应用于包括标签图到街景图、标签图到建筑图、灰度图到彩色图片、卫星图像到简单地图、白天景色图片到夜晚景色图片、线条图到真实物体图片等图像转换任务上，如下图所示。

统一的图像转换任务框架的应用[1]

1 https://arxiv.org/pdf/1611.07004.pdf

第十章　强化学习

在前面的章节中，我们学习了机器学习中的监督学习和无监督学习。本章开始学习机器学习中的强化学习。现实生活中的许多问题常常不知道正确答案，而更可能是“有多好”之类的需要凭经验进行判断的情况。比如，周末的时候，可以选择去图书馆学习，也可以选择凭个人兴趣做其他喜欢做的事情。如果目标是在下一次考试中取得更好的成绩，那么前者会比后者好；如果目标是尽可能放松自己，为下个阶段的学习调整好状态，那么后者会比前者好。同时，对于不同时间跨度上的目标，我们的选择也往往存在不同的价值判断。

强化学习研究的是，在给定的目标下，如何根据价值判断（回报函数）取得最大化回报的策略。强化学习的特殊之处在于，回报函数需要进行额外建模，且往往涉及多步决策。强化学习的应用有很多，比如在围棋比赛上击败李世石和柯洁的AlphaGo，车辆的自动驾驶技术，机械手的操作等。

AlphaGo

一、马尔可夫决策过程

1. 场景引入

小禹最近想训练一个能自动走迷宫的人工智能。在下页图所示的迷宫中，玩家从起点房间（绿色格子）出发，只能观察到房间的标号，并且每轮都要选择当前房间的一扇门移动到相邻房间。每次移动时，玩家都会损失一点活力值，但在有的房间内可能发现恢复道具，比如每次进入黄色格子时，都会获得并使用一小瓶活力药水，增加1点活力值。同时，离开房间后再次进入时，道具都会刷新。在进入终点房间（红色格子）时，玩家会获得10点活力值的奖励，并以当前活力值作为最终得分。小禹希望这个人工智能能够学会从图中的起点自动走到终点，但他发现之前学过的监督学习算法和无监督学习算法都难以解决这个连续决策问题。他遇到的第一个问题是：该如何描述这样的游戏过程？

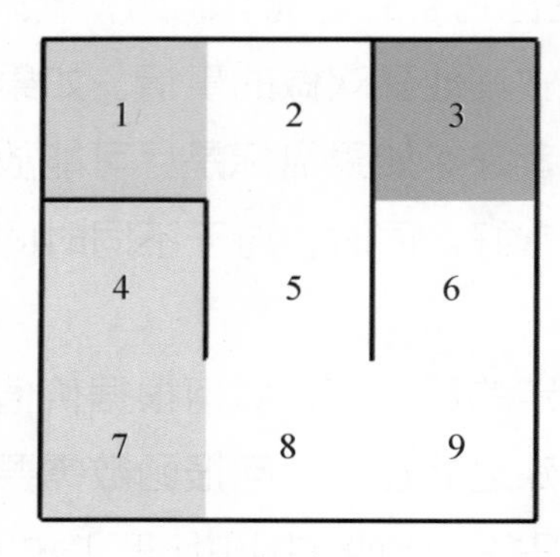

迷宫游戏

2. 强化学习基础

如果站在玩家的角度审视迷宫游戏，不难发现整个游戏过程实际上是玩家与迷宫的交互过程。在这个过程中，玩家根据观察到的情况，采取动作并作用于环境，然后接收到迷宫的反馈，并产生新的观察，再重复前述流程。强化学习问题通常包含两部分：代理（agent）和环境（environment）。一般来说，代理是能控制的部分，环境则是除此之外的一切。比如，在迷宫游戏中，玩家是代理，迷宫中的房间是环境；在围棋比赛中，我们控制的棋手是代理，围棋比赛和另一名棋手都是环境。代理基于自己对环境的观察（observation），根据策略（policy，π）采取动作（action）；环境则在接收到动作后返回给代理回馈（reward）和新的观察，如下图所示。为了更好地描述这个过程，通常将时间离散化，让代理和环境的一次完整交互发生在一个时间步（timestep）内。代理通常通过优化自己的目标函数（objective function）来改进自己的策略。在进一步讨论强化学习问题前，首先需要学会用数学语言对游戏过程进行描述。

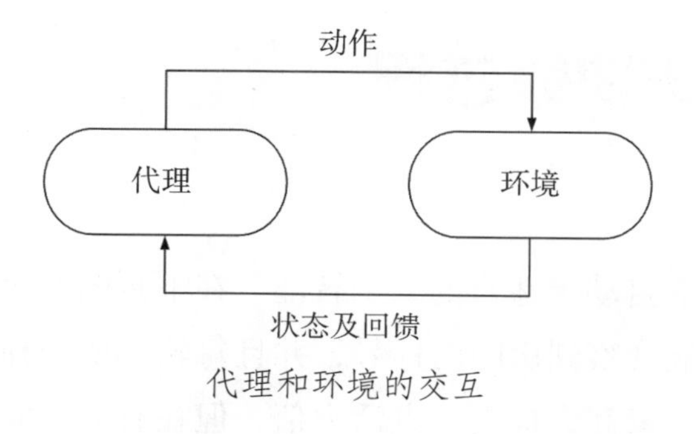

代理和环境的交互

3. 马尔可夫决策过程

仔细观察这个迷宫，不难发现一个特点，即当玩家处于一个房间时，他所采取的行动和他之前采取过的那些行动是没有关系的，他当前的动作只取决于当前的观察（房间号）。在数学上，可以将“过去”与“现在”相互独立的性质称为马尔可夫性（Markov property）。对于玩家来说，他面对的是一个具有马尔可夫性的决策过程，我们称之为马尔可夫决策过程（Markov Decision Process，MDP）。

对于一个马尔可夫决策过程，可以绘制一张表来进行描述。如果想用数学语言来表达，那么一个马尔可夫决策过程可以由一个五元组（S，A，$P_{s,a}$，γ，R）来表示。

- S：状态（state）的集合，里面包含了所有可能的状态。在下文中，用3种不同的符号来表示状态。
  - □ s^i表示编号为i的房间，在我们的迷宫中，总共有9个房间，它们共同组成了集合S，即$S=\{s^1, s^2, \cdots, s^9\}$。
  - □ s_t表示在时刻t代理的状态，$s_t \in S$。比如在t=1时刻，如果代理位于1号房间，那么可以表示为$s_1=s^1$，等号左右的s的含义并不相同。
  - □ s，s'分别表示当前状态和下一个时刻的状态。如果正处在t=1时刻，那么$s=s_1$，$s'=s_2$。这种表达方式是为了简化复杂公式的阅读难度，适用于任意时刻。
- A：动作（action）的集合，里面包含了所有的动作。在我们的迷宫场景中，A包含了4个方向的移动，即$A=\{left, right, up, down\}$。类似地，用3种不同的符号表示动作：$a^i$，$a_t$，以及$a$，$a'$，它们的含义与状态的三种表示类似。值得注意的是，在不同状态下，不是所有动作都是有效的（available），比如当位于1号房间时只能向右移动，所以有效动作只有右行。在下文中，如非特别说明，我们的讨论限制在有效动作内。
- $P_{s,a}$：状态转移概率（transition probability）函数。$P_{s,a}(s')$的含义是，对于任何S内的状态s，以及此时采取的A中的任何动作a，玩家转移至不同其他状态s'的概率。比如

$$
\begin{gathered}
P_{s^8,right}(s^1)=0 \\
P_{s^8,right}(s^2)=0 \\
\cdots \\
P_{s^8,right}(s^8)=0 \\
P_{s^8,right}(s^9)=1
\end{gathered}
$$

这意味着在8号房间采取右行动作，一定可以到达9号房间。状态转移概率函数在有些场景中非常重要。想象在这个迷宫内，代理的每次动作由两个玩家同时进行决定，并顺序进行。

第一个玩家选择在8号房间采取右行动作后，另一个玩家也会选取一个动作，此时对于第一个玩家而言，状态转移概率发生了变化。假设另一个玩家是在有效动作中随机选取一个动作，并且策略不会发生改变，那么此时状态转移函数变成

$$P_{s^8,right}(s^1)=0$$

$$P_{s^8,right}(s^2)=0$$

$$\cdots$$

$$P_{s^8,right}(s^6)=0.5$$

$$P_{s^8,right}(s^7)=0$$

$$P_{s^8,right}(s^8)=0.5$$

$$P_{s^8,right}(s^9)=0$$

在第一个玩家采取右行动作后，第二个玩家只能以相同的概率选取上行或者左行，因此第一个玩家会观察到，他的动作会有相同的概率使得代理到达6号房间或是8号房间。在这个例子中，第一个玩家不知道第二个玩家的存在，因此将他也当成了环境的一部分，使得环境中存在一定的随机性，进而得到了新的状态转移概率函数。值得注意的是，状态转移概率函数是由环境而非代理决定的，应当与代理的策略区分开来。

■ R：回馈（reward）函数，它是一个关于s，或者关于s和a的函数。通常情况下采用$R(s)$，它的含义是进入状态s时，得到的即时回馈。在我们的迷宫中，如果用活力值来衡量，那么对于大多数状态，回馈都是−1，而黄色房间的回馈为0，终点房间的回馈为9（奖励扣除移动损失）。在有些更为复杂的问题中，回馈函数有时会非常稀疏，比如在训练机械手将物体放到指定位置的任务中，每个时间步上的回馈都为0，只在放置成功时获得一个1的回馈，这样的问题学习起来往往较为困难。因此，有时我们会人为定义一些额外的即时回馈，比如将当前位置与目标位置的距离的相反数作为额外回馈，来引导模型更快地得出想看到的结果。

■ $\gamma\in[0,1)$：目标函数中的折损系数（discount factor），反应了长期回馈的折损程度，用于调节长期规划能力。折损系数的作用在后文中会有所体现。

4. 场景结尾

在定义了马尔可夫决策过程后，我们的迷宫游戏可以被这么描述：

■ 在t=0时刻，玩家从起点房间（$s_0=s^1$）出发，根据自己的策略，选择了右行（动作$a_0=right$）。根据$P_{s^1,\ right}(s^2)=1$，玩家获得了−1的回馈（$R(s_0)=R(s^1)=-1$），进入2号房间（$s_1=s^2$）。然后继续重复上述流程，直到玩家进入终点房间，得到最终回馈并结束游戏。

同时，可以用如下的简图来表示整个迷宫游戏。每个圆圈代表一个状态，箭头代表不同圆圈间可行的状态转移及方向，箭头上的数字代表这次转移（进入目标状态）的回馈。

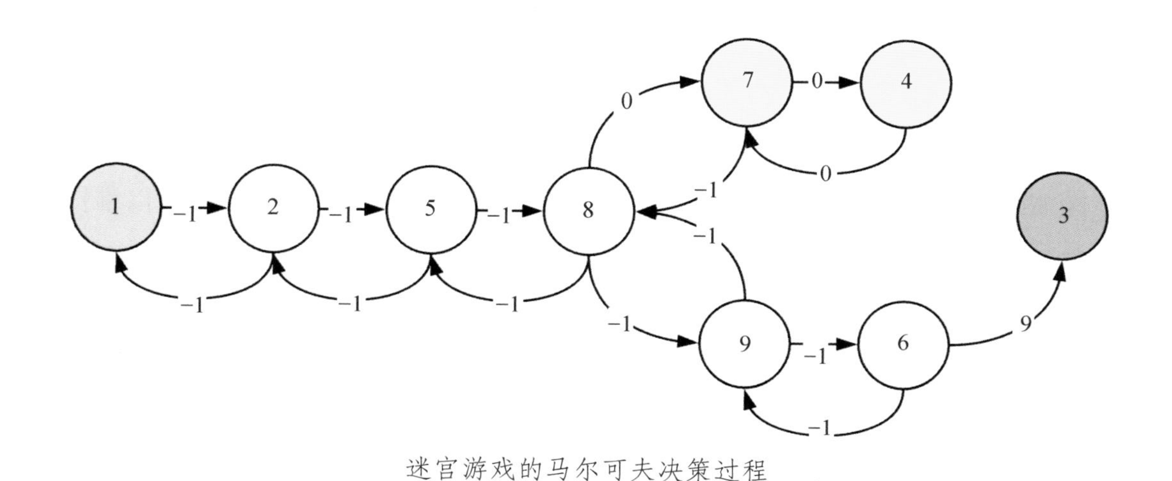

迷宫游戏的马尔可夫决策过程

通过这种表示，可以将迷宫游戏视作不停地从一个状态根据一定机制转移至另一个状态的过程。

二、基于模型的强化学习

1. 场景引入

在引入马尔可夫决策过程后，小禹可以用数学符号来表示迷宫游戏了。然而，能够描述环境只是第一步，紧接着就是一个新问题：该如何设计算法，使得人工智能不依靠小禹制定规则，自己就能学会走迷宫呢？首先希望人工智能能够在反复尝试中学会如何走迷宫。通过仔细分析迷宫游戏，小禹发现人工智能的目标是又好又快地走出迷宫，“好”的衡量标准是最终得分，“快”的衡量标准是从起点到终点所需要的步数。如果将整个游戏过程分解成许多小步的抉择过程，对于人工智能来说，每个格子应该都有其价值，也许可以通过估计每个格子价值，进而建立自己的策略。那么，该如何设计一个算法，使得人工智能能够建立自己的价值判断和策略呢？

为了简化问题，在本章中我们假设人工智能已经掌握了环境模型，即已经知道环境的状态转移概率函数和回馈函数，并在此基础上找到最优策略，这种学习被称为基于模型的强化学习（model-based reinforcement learning）。在基于模型的强化学习中，由于环境模型是已知的，我们对环境采取动作的后果和回馈估计也是真实的，因此可以应用动态规划（dynamic programming）算法来进行求解。动态规划是一类将问题分解为子问题，再通过解决子问题来最终解决原问题的算法，背包问题和汉诺塔问题的解决都有赖于动态规划算法。在现实生活中，掌握环境模型的场景较少，但是依然可以找到这样的例子。

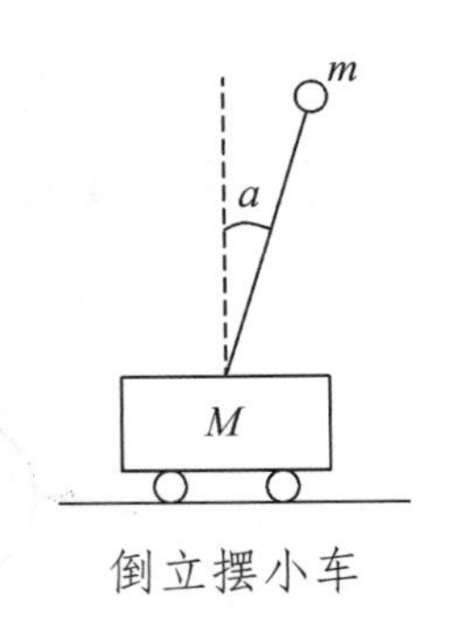

倒立摆小车

在上图所示的倒立摆场景中，要训练一个代理，通过控制小车左右移动，以维持倒立摆不倒下。在每次实验开始的时候，倒立摆会被设置到一个随机角度上。在基于环境的学习中，我们掌握了各种参数和物理原理（环境模型），需要做的是建立一个策略，使得代理在观察到倒立摆当前的角度（状态）后，选择小车移动的方向和速度（动作），以使倒立摆的倾角尽可能小（目标）。由于已经准确地掌握了环境模型，所以可以求解方程来得到状态和应采取的动作间的关系。在迷宫游戏中，这个求解过程是由动态规划算法来完成的。

与基于模型的强化学习相对应的是无模型强化学习，此时无法知道环境的状态转移概率和具体的回馈函数，只能观察到状态、采取的动作和对应的结果，无法进行直接求解，这部分内容将在后面进行讨论。

2. 目标函数

目标函数是强化学习算法所优化的对象，可以被用来衡量当前策略的好坏。目标函数的设计直接反映了我们希望人工智能学到怎样的结果。通常来说，目标函数是关于回馈的函数。对于一次游戏，规定其目标为最大化：

$$R(s_0)+\gamma R(s_1)+\gamma^2 R(s_2)+\cdots$$

其中：

■ $R(s_t)$：在t时刻，代理在采取动作后得到的回馈，可以被视作短期收益。

■ γ：马尔可夫决策过程中的折损系数，控制长期回馈的折损速度。对于同样的回馈（如$R(s^3)=9$），越晚得到，则折损程度越多。如果$\gamma=0.9$，那么在$t=10$时，折损后的通关回馈为3.138；而在$t=20$时，折损后的通关回馈就只有0.382。因此，如果想要最大化目标，代理需要学会少走弯路，直达终点。

这个目标的含义是，按照当前策略，从s_0开始代理能得到的折损后的回馈之和。但是，我们采取的策略往往是随机性策略（stochastic policy），即在某个状态下的策略是关于所有可行动作的概率分布，实际执行时需要从中根据概率采取某一个动作。因此，在重复实验中，相同状态下进入的下一个状态可能是不一样的，只根据一次游戏就对策略的好坏下结论并不合适。通常将目标设置为最大化多次试验结果的数学期望，即

$$E[R(s_0)+\gamma R(s_1)+\gamma^2 R(s_2)+\cdots]$$

3. 策略和值函数

策略（policy）是代理在不同状态下选择不同动作的概率分布，通常表示为$\pi(s)$。通常情况下，在游戏开始时将策略设置为随机策略，即

$$\forall s\in S,\forall a\in A,\pi(s)=\frac{1}{N}$$

其中N是在状态s下能采取的动作的数量。通常用$a=\pi(s)$表示代理在状态s根据策略π采取了动作a。

值函数（value function）是代理遵循某个策略π时，对各个状态或状态动作对的价值（value）估计函数，通常表示成$V^\pi(s)$或$Q^\pi(s, a)$。在迷宫游戏中，采用$V^\pi(s)$的形式。在游戏环境并非单步游戏的情况下，即时回馈R只能表示环境的反馈，往往不能真实反映当前状态在整个游戏过程中的价值。比如在围棋比赛环境下，往往将游戏过程中的回馈统统置为0，只在终盘时依照胜负情况给予+1/0/−1的回馈。尽管每步的短期收益都为0，但不同局面的价值显然是不同的，因此需要让代理自己建立值函数进行判断。对于每个状态s，值函数可以根据以下公式进行计算：

$$V^\pi(s)=E[R(s_t)+\gamma R(s_{t+1})+\gamma^2 R(s_{t+2})+\cdots\mid\pi,s_t=s]$$

值函数是对代理遵循某个策略π时，所能得到的折损后回馈的估计。可以根据上述公式，对训练中经过的任意一个状态s的价值进行估计。

4. 贝尔曼等式

如果仔细观察值函数的公式，不难发现

$$V^\pi(s_t)=R(s_t)+\gamma E_{s_{t+1}|s_t}[R(s_{t+1})+\gamma E_{s_{t+2}|s_t,s_{t+1}}[R(s_{t+2})+\cdots]]$$

其中，$E_{s_{t+1}|s_t}$的含义是，已知目前的状态是s_t，对进入不同的s_{t+1}取数学期望。注意到数学期望算子内的式子与等式右边的式子在形式上很接近，于是可以写成

$$V^\pi(s_t)=R(s_t)+\gamma\sum_{s_{t+1}}\pi(a_t|s_t)P_{s_t,a_{t+1}}(s_{t+1})V^\pi(s_{t+1})$$

其中，$\pi(a_t|s_t)$是遵循策略π时，在s_t下采取动作a_t的概率。这个等式也被称为贝尔曼等式（Bellman Equation）。贝尔曼等式的重要意义在于，它揭示了不同状态下的价值函数之间的关系。基于这个关系，可以应用动态规划算法，从一个初始值迭代求解至收敛的结果。

5. 值迭代

贪心算法（greedy algorithm）是一种非常经典的算法，它要求在每一步选择中都采取在当前状态下的最优选择，从而使最终结果达到最优。对于迷宫游戏，这意味着在每个时间步上代理都要选择最大化自己利益的方向前进。然而，采用贪心算法时，如果只是根据最大化短期回馈，那么最终结果的好坏就没有保证。比如在8号房间时，如果只考虑下一步的回馈，那么选择向左走无疑是最优的；基于同样的理由，进入7号房间后，选择在4号和7号间反复循环也是最优的选择。然而，这样做的最终结果显然比从1号房间直奔3号房间要差。这个例子说明，在衡量一个状态下不同选择的好坏时，也应当考虑长期回馈。我们之前引入了值函数的概念。从值函数的定义中不难看出，它对一个状态的估计综合考虑了长期回馈和短期回馈。如果在贪心算法中能够采用值函数作为价值估计，那么最终结果会比只采用短期回馈的结果更优。如果将贪心算法与贝尔曼等式结合在一起，就可以得到贝尔曼最优式（Bellman Optimality Equation）：

$$V^{\pi}(s_t) = R(s_t) + \gamma \max_{a_t} V^{\pi}(s_{t+1})$$

用贝尔曼最优式计算得到的价值，可以被认为是状态s下所能得到的最高折损回馈的估计。基于贝尔曼最优式，可以用值迭代（value iteration）算法，按照下列流程计算每个状态的价值：

① 初始化值函数为0；

② 从起点开始进行多次游戏；

③ 对所有的状态，根据公式更新值函数的值；

④ 重复步骤②和步骤③，直至值函数不再变化或变化值小于一个极小值δ。

在游戏中的每一步，按照可到达房间的价值，选择前往价值最高的房间；如果存在多个相同价值的房间，则随机选取一个进入。此时在步骤②，需要进行的游戏次数可以大幅减少，因为环境和策略都是固定的，且遵循这个流程不会使我们陷入局部最优，如下页图所示。

在循环中，代理不停地更新它的值函数。可以观察到，随着更新的进行，许多“回头路”被舍弃，代理最终成功地在值函数的指导下找到了一条从起点直达终点的最短路径。即使将代理的入口位置随机移动到任意一个房间，代理也能“贪心”地从新的入口又好又快地移动至终点。值得注意的是，在更新值函数时，可以用t时刻的值函数来更新t+1时刻的值函数，也可以混合使用t时刻和t+1时刻的值函数来进行更新。前者被称为同步更新（synchronous update），通常意味着需要保存两个版本的值函数，这也是模拟中所采用的更新方式；后者则被称为异步更新（asynchronous update），允许更新在原位置进行，这可以节省存储空间。

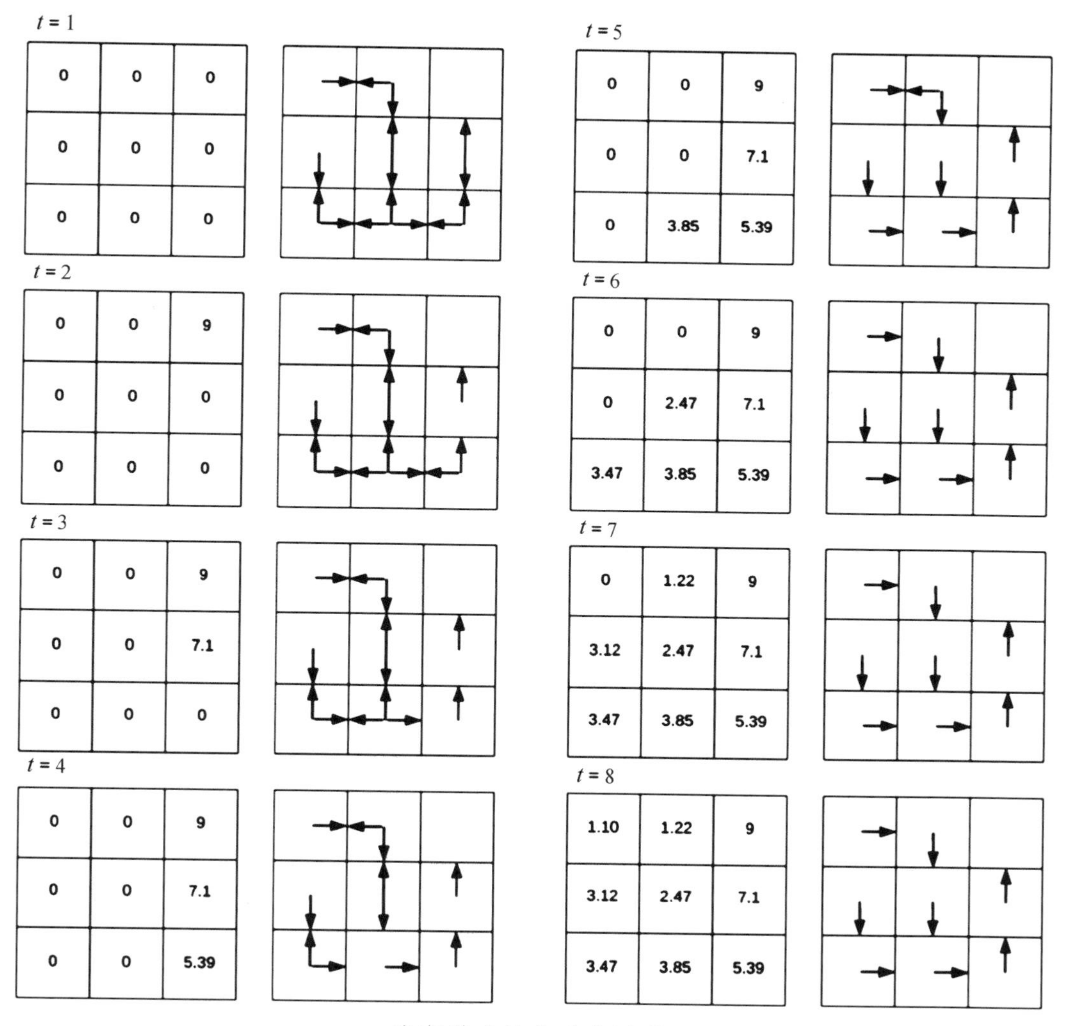

迷宫游戏的值迭代过程

6. 策略迭代

正如前文所述，我们的目标是获得一个最优策略，所以也可以直接对策略而非值函数进行建模：

① 初始化策略函数为完全随机策略；

② 根据贝尔曼等式，计算值函数的值；

③ 按照以下公式更新策略函数：

$$\pi(a_t|s_t) = \max_{a_t} \sum_{s_{t+1}} P_{s_t, a_t}(s_{t+1}) V^{\pi}(s_{t+1})$$

④ 重复步骤②和步骤③，直到策略函数不再变化。

虽然在策略迭代中，依然需要计算值函数，但由于策略迭代的停止条件是策略函数不再变化而非值函数不再变化，所以在一些任务上可以收敛得更快。比如在迷宫游戏中，采用策略迭代就可以提前两轮完成迭代。

7. 场景结尾

通过上述建模过程，小禹成功地设计了一套算法，使得人工智能能够通过反复玩一个游戏，逐渐找到这个游戏的最优解。同样地，即使是在更加复杂的类似任务上，只要按照贝尔曼等式更新不同状态的价值估计，并在制定策略时选择能带来最高价值的动作执行，人工智能依然可以成功地完成任务。

值迭代和策略迭代都是动态规划算法，它们的时间复杂度会随着问题规模的增大而快速增大，因此难以用来直接解决较大规模的问题。此外，它们的应用存在一定的局限性，比如要求是离散的状态和动作空间，环境应当保持稳定，代理应能采集到充分的轨迹进行训练。在实际问题中，我们往往会遇到更加复杂的情况，很难用动态规划算法直接解决这些问题。我们会引入深度学习（deep learning）建立复杂场景下的值函数和策略函数，引入模仿学习（imitation learning）来提升强化学习算法对样本的利用率，或是引入多智体强化学习（multi-agent reinforcement learning）来处理多个人工智能互相合作和竞争的场景。

三、无模型强化学习

1. 场景引入

虽然动态规划算法对于解决迷宫游戏问题已经足够优秀，但是这类算法要求提前了解环境中的每个状态，并能根据环境模型计算出最优解。在现实生活中，往往会遇到不熟悉的环境，此时我们不知道环境中有多少状态，也不知道状态转移函数和回馈函数。我们称这种环境下的强化学习为无模型强化学习（model-free reinforcement learning），其中模型指的是环境模型。无模型强化学习通常关注如何建立对各个状态价值的估计，并遵循贪心算法建立策略。

2. 蒙特卡洛学习

在现实世界中，往往不能直接接触到环境的机制，因此在把任务建模成为马尔可夫决策过程后，并不能知道状态转移概率函数P和回馈函数R的表达形式或值。在这种情况下，不能直接通过动态规划算法在迭代中找到最优策略，但是可以通过实验采集足够多的经历（experience），根据经历来估计环境，再根据估计的环境找到最优策略。这种基于蒙特卡洛方法（Monte Carlo Method）的强化学习被称为蒙特卡洛学习（Monte Carlo Learning）。

蒙特卡洛方法也被称为统计模拟方法，是一种基于概率统计的数值计算方法。运用蒙特卡洛方法时，通常先使用随机数生成器生成多个随机数种子，在此基础上进行实验，并最终运用概率统计的算法，从实验结果归纳出所要求得的值的估计。

小禹投豆图

一个简单的例子是应用投点法求圆周率 π：在上图的正方形区域内投入尽可能多且分布尽可能均匀的随机点，通过统计落在圆内的点的数量占所有点的总量的比例，即可根据下列公式估计 π 的值：

$$\hat{\pi}=\frac{\text{圆内点的数量}}{\text{所有点的总数量}}\times 4$$

其中，$\hat{\pi}$ 指对圆周率的估计值。在过去，这种方法需要大量的人力和物力来进行实验，并对实验结果进行统计，因此一般只存在于理论中。但在计算机出现后，普通人使用个人计算机就能使用蒙特卡洛方法对圆周率进行相当精确的估计。

在蒙特卡洛学习中，代理通过实验采集了许多经历：

$$(s_0^1,a_0^1,r_0^1,s_1^1,a_1^1,r_1^1,\cdots)$$
$$(s_0^2,a_0^2,r_0^2,s_1^2,a_1^2,r_1^2,\cdots)$$
$$\cdots$$

其中，s_t^n、a_t^n、r_t^n分别代表在第n次实验的第t个时间步时，代理的状态、采取的动作和得到的回馈。为了便于表达，用$R(s_t)$来表示r_{t-1}，即认为在$t-1$时刻，采取动作后得到的回馈是环境根据我们在t时刻进入的状态计算得到的。比如在迷宫游戏中，我们认为是在进入新的房间时才会损失一点体力值并得到对应的奖励。值得注意的是，我们并不知道$R(\cdot)$的内容，我们的目标就是从这些完整的经历中学习到值函数。对于某一次经历，可以根据以下公式计算其中任意一个状态s在这次经历中的价值估计：

$$V^{\pi}(s)=R(s_t)+\gamma R(s_{t+1})+\gamma^2 R(s_{t+2})+\cdots$$

其中，$s_t=s$。这个公式可以被理解为，用一次实验从某个状态出发得到的折损回馈之和来估计这个状态的价值。显然，如果只用一次实验的结果来进行估计，那么所得到的估计值是不准确且不稳定的。因此，要进行多次实验，并对多次实验的结果取数学期望：

$$V^{\pi}(s)=E_n[R(s_t^n)+\gamma R(s_{t+1}^n)+\gamma^2 R(s_{t+2}^n)+\cdots \mid s_t^n=s]$$

更进一步地，将$R(s_t^n)+\gamma R(s_{t+1}^n)+\gamma^2 R(s_{t+2}^n)+\cdots$记为$G_t^n$，那么值函数可以被表达成

$$V^{\pi}(s)=\frac{1}{N}\sum_{n=1}^{N}G_t^n$$

于是，在估计价值时，需要做的就是根据某种策略π采集N次经历，然后对于每个状态，计算所有实验中从状态s出发得到的折损回馈之和，并取其均值，即得到每个状态的价值。与前文所述的动态规划算法不同，在这个过程中，没有用到环境中的状态转移函数和回馈函数，而是根据采样得到的经历直接估计价值。我们在实验中采用了多次实验取均值的统计方法，所以即使环境中存在一定的随机性，也能得到较为稳定的结果。

在具体实现的时候，往往会为了进一步减少存储开销，而在采集到一次新的经历后，用下列公式实时地对值函数进行更新：

$$\begin{aligned}V_N^{\pi}(s)&=\frac{1}{N}\sum_{n=1}^{N}G_t^n\\&=\frac{1}{N}\left(\sum_{n=1}^{N-1}G_t^n+G_t^N\right)\\&=\frac{1}{N}((N-1)V_{N-1}^{\pi}(s)+G_t^N)\\&=V_{N-1}^{\pi}(s)+\frac{1}{N}(G_t^N-V_{N-1}^{\pi}(s))\end{aligned}$$

其中，$V_N^{\pi}(s)$代表采集到第N次经历后计算得到的价值估计。上述更新方法被称为累进更新均值（incremental mean），它使我们可以在采集到一次经历后立刻根据差值更新价值估计，而不需要将所有的经历全都存储下来。

3. 时序差分学习

蒙特卡洛学习让代理能从完整的实验轨迹中学习价值估计。我们也可以让代理在不完整

的经历中进行学习，这被称为时序差分学习（Temporal-Difference Learning）。从这个名字可以看出，时序差分学习是通过不同时间步之间的差值来进行学习。具体来说，时序差分学习的更新公式为：

$$V^{\pi}(s_t) \leftarrow V^{\pi}(s_t) + \alpha(R(s_{t+1}) + \gamma V^{\pi}(s_{t+1}) - V^{\pi}(s_t))$$

其中，

■ α是学习率（learning rate），反映更新的步长。

■ $R(s_{t+1})+\gamma V^{\pi}(s_{t+1})$被称为时序差分目标值（TD target），它反映了更新时希望$V^{\pi}(s_t)$接近的目标值。

■ $R(s_{t+1})+\gamma V^{\pi}(s_{t+1})-V^{\pi}(s_t)$被称为时序差分误差（TD error），它反映了目前的价值估计与时序差分目标值之间的差距。

直观来说，时序差分学习是用时序差分目标值替换了蒙特卡洛学习中的折损回馈之和。通过这种变化，不需要等待一次经历结束，就可以立刻根据当前时间步的回馈更新来改变我们的价值估计，进而影响策略。这就好像在训练一个人工智能学会开车的时候，不需要等待它从开车到撞车的全过程结束后才能更新它的价值估计，而是在每个时间步（每0.1秒），根据当前的回馈（当前路线与理想路线的偏差值）计算时序差分误差，更新价值估计，并立刻根据价值估计的结果找到最优策略（在遵循贪心算法时，选择能带来更大价值的动作）。

当然，蒙特卡洛学习的结果和时序差分学习的结果可能有很大不同。这是由于在蒙特卡洛学习中，用于更新的目标$R(s_t)$是基于真实经历计算得到的，所以一定是准确的；而在时序差分学习中，我们在时序差分目标值中引入了估计值，所以在更新时，相当于用旧的估计值来更新新的估计值，这不可避免地会带来偏差。依然用学会开车的例子，如果一开始将价值估计设置成一个很小的负值，那么除非造成的损失极大（回馈是一个更小的负值），代理会在所有情况下都得到正向激励（正的时序差分误差），而学不会在不利情况下及时纠正自己的价值估计和策略。因此，时序差分学习的一大问题是，学习过程的方差会较大，可能很难收敛到我们希望看到的结果上。

如下页图所示，黑色实线、红色实线和绿色实线分别代表真实轨迹、开始训练时采取蒙特卡洛学习的代理轨迹，以及采取时序差分学习算法的代理轨迹，红色虚线和绿色虚线表示不同算法下代理对自己偏移情况的估计。蒙特卡洛学习虽然不能使代理实时改变自己的策略而只知道一路向前进，但这种情况下对最终偏移情况的估计是准确的，在更新参数时可以进行更准确的修正；时序差分学习让代理得以即时更新自己的策略，但这个过程中的估计（价值函数值）是基于估计（更新前的价值函数值）得到的，所以会产生偏差。

既然时序差分学习是“往前多看一步”，而这样会导致结果产生较大的波动，那么我们自然会想，可不可以“往前多看几步”，在准确但耗时长的估计（蒙特卡洛学习）和快速但波动大的估计（时序差分学习）之间取得一个平衡点呢？ $TD(\lambda)$就是一个这样的算法。特别地，

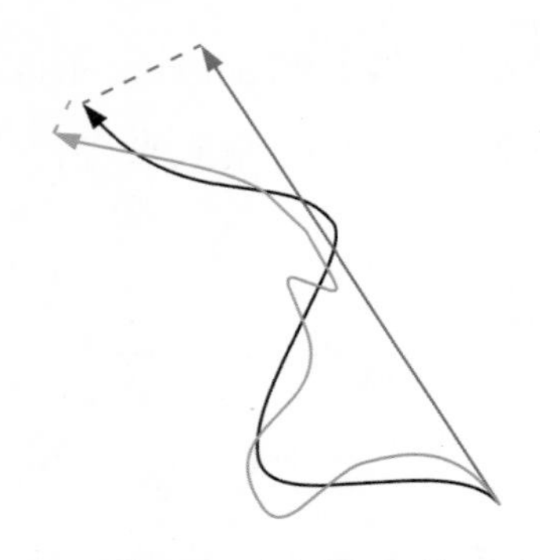

蒙特卡洛学习与时序差分学习的比较

时序差分学习可以被视为*TD*（0）。

4. SARSA 和 Q 学习

SARSA（State-Action-Reward-State-Action）算法的名字来源于下图所示的计算过程：在观察到状态s并采取动作a之后，代理得到了回馈r，并进入新的状态s'，代理针对新的状态根据策略选取动作a'，因此而得到一段经历片段（s，a，r，s'，a'）。SARSA算法的更新正是基于这样一个片段进行的，也因此而得名。值得注意的是，这个过程中真实发生的交互过程是代理从s出发到达了s'，a'是根据当前策略被选出来的最佳选择，但在游戏过程中真正执行的可能是其他动作，这是采用了随机性策略的缘故。这样做的好处是：在与环境的交互过程中，代理可以不用每次都选择最优解，而有充分的机会去探索此前不被看好的选择，也许能发现更高的回馈；在估计值函数时，由于此时采用的是最优动作a'，估计值不会发生很大的变化，结果更为稳定。

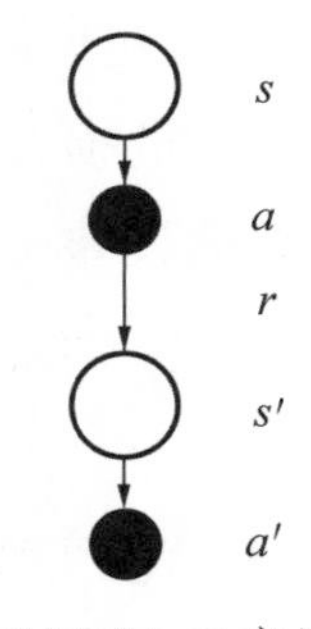

SARSA 示意图

前面提到的价值估计都是基于状态得到的，而在SARSA和Q学习中，是针对状态动作对（state-action pair）来估计Q^{π}（s，a）。这样做的好处是，可以准确地估计相同状态下不同动作的价值，而非只考虑最大值。在训练刚开始时，价值估计往往不太准确，此时如果只考虑价值最高的动作，会导致探索不足，容易陷入局部最优状态。就像在迷宫游戏问题中，会导致在4号房间和7号房间来回打转而走不出去。与蒙特卡洛学习不同，代理在每个时间步上进入新的状态s'后，会立刻按照下式更新值函数Q^{π}（s，a）：

$$Q^{\pi}(s,a)=Q(s,a)+(R(s)+\gamma Q(s',a')-Q(s,a))$$

代理在执行动作时遵循的是ϵ-贪心算法（ϵ-greedy），即在遵循贪心算法选取动作a后，以$1-\epsilon$的概率执行动作a，以ϵ的概率随机执行一个可行的动作，其中ϵ的值一般设置为0.1。在a'被选取后，以当前状态s'为s，代理遵循ϵ-贪心算法执行动作，重复前述过程得到新的经历片段。通过SARSA算法，可以实时更新Q函数，并根据新的Q函数进行决策。

如果对实时性的要求不高，那么可以先采集足够多的轨迹，再根据轨迹更新Q函数。显然，这样一来，在计算时的策略与产生轨迹的策略是不同的，因为前者会随着一条条轨迹被代入计算而产生变化，而后者一经采集就不会再改变。这样做的好处是，在学习过程中可以用新的Q函数更快地发现原有采样中的不妥之处，并用更好的值更新Q函数。这就是Q学习（Q-Learning）。我们用下面的图和公式表示Q学习的更新过程：

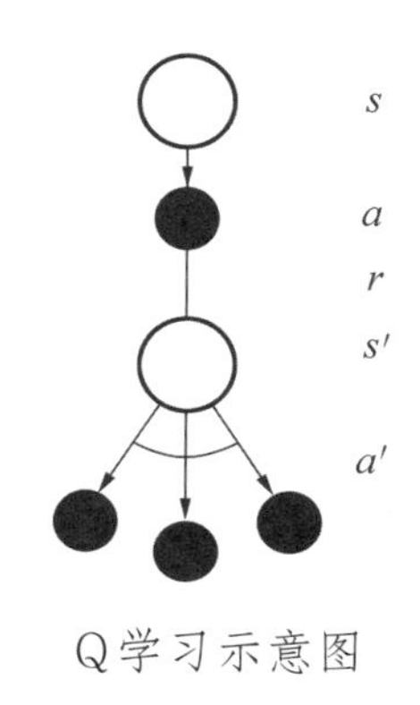

Q学习示意图

$$Q^{\pi}(s,a)=Q^{\pi}(s,a)+(R(s)+\gamma\max_{a'}Q^{\pi}(s',a')-Q^{\pi}(s,a))$$

可以看到，我们在更新的时候不再完全根据轨迹的动作，而是选择尽可能最大化价值。在Q学习中，由于Q函数不是实时更新的，所以$\max_{a'}Q(s',a')$与采集到轨迹中的动作a'很可能不相同，这就是Q学习与SARSA学习之间最大的差别。

5. 场景结尾

在引入无模型强化学习算法后，代理可以根据采样结果建立对值函数的估计，并找到最优的策略。无模型强化学习的优点在于，它对应用场景的要求较少，应用规模较广，只要找到对环境建模的方法就可以让代理在尝试中找到解决问题的途径。

四、深度强化学习

1. 场景引入

在更加复杂的场景下，难以用表格记录所有状态，使用值函数或许是较好的应对策略。

深度强化学习（Deep Reinforcement Learning）就是强化学习方法在这类场景下的应用。通过深度学习，代理能够用神经网络计算出值函数的近似值或形成策略，从而解决复杂场景下的问题。

2. 值函数的近似

从前面的讨论中不难看出，对值函数的估计是无模型强化学习的重要问题。对于简单的场景，我们往往是记录所有遇到过的状态，再为每个状态存储一个对应价值，当我们在迭代过程中需要知道某个状态的值时就去记录中查找。这种方法被称为查表（table lookup）。显然，对于那些状态空间或行为空间很大的实际问题，几乎无法用查表的方式求解。此时，通常引入值函数的近似来进行求解。

在之前采用的方法中，值函数被表示成$V(s)$或$Q(s, a)$，这意味着值函数的取值只取决于输入的信息。可以通过引入一些参数w，将其表示成值函数的近似（approximation of value function）：

$$V(s) \approx V(s,w)$$

$$Q(s,a) \approx Q(s,a,w)$$

其中，w是引入的参数，如果使用线性组合，就是线性方程中未知量前的参数的集合；如果引入神经网络，就是神经网络中所有神经元的权重值。

引入近似值的好处在于，可以用少量的w来拟合实际的各种值函数。以前文所述的倒立摆问题为例，倾角θ是[−90°，90°]内的一个值，我们不可能建立一张包含所有可能的倾角值的表。因此，如果要用查表法，首先需要离散化倾角，比如将[−90°，−89°）范围内的角度均视为−90°，将[−89°，−88°）范围内的角度均视为−89°，以此类推，从而将表中需要记录的状态数量从无限多个降低到有限多个。建立这些离散状态和价值一一对应的“价值表”，即可进行下一步求解。显然，这么做会带来一定的误差，在对精确度要求较高的场景下并不适用。如果采用近似方法，那么不需要离散化状态，而是建立一个函数$V=f(s, w)$，s是当前的倾角值，w是函数的参数。在求解中，当需要获取状态s的价值时，只需要将倾角值代入函数中计算即可得到。对比这两种方法可以发现，查表法需要存储一张与状态数量成正比大小的表，而近似法在选取合适的函数f的情况下（比如$f(s, w)=a\sin(bs+c)$，$w=\{a, b, c\}$），只需要维护极其少量的参数即可，并且得到的结果更加准确。

近似函数的类型有许多种，如果根据输入输出的不同，可以有下列三种架构：

① 针对状态本身，输出这个状态的近似价值。

② 针对状态行为对，输出状态行为对的近似价值。

③ 针对状态本身，输出一个向量，向量中的每一个元素是该状态下采取一种可能行为的价值。

在开始解决问题的时候往往并不知道最优的近似参数是多少，需要根据采样结果不停地进行修正。在采用神经网络建立近似函数的时候，通常采用前文提到的梯度下降方法来更新近似函数中的参数。

3. 深度 Q 网络

在掌握了值函数的近似方法后，可以将Q学习改写成为引入深度学习后的形式，即深度Q网络（Deep Q-Network，DQN）。在深度Q网络中，不再使用表格储存不同状态和动作下的Q值，而是引入神经网络完成对Q值的近似估计。通常用多层全连接层来搭建神经网络，并表示为：

$$Q(s_t,a_t)=\cdots f_2(W_2 f_1(W_1[s_t,a_t]+b_1)+b_2)\cdots$$

其中，W_i、b_i、$f_i(\cdot)$分别是第i层全连接层的权重矩阵、偏重向量和激活函数。全连接层的参数W、b需要进行训练，才能保证Q值的估计是准确的。同样，需要先进行采样，将所有采样得到的轨迹拆解成许多帧的回放（replay）：(s_t, a_t, r_t, s_{t+1})，并将这些回放组成一个训练数据的回放缓冲（replay buffer）。回放缓冲像是一个装满球的池子，里面的每个球都是一段段简短的回放，如下图所示。

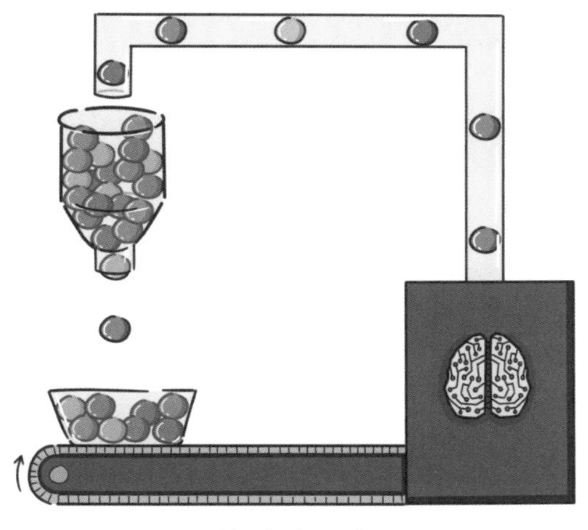

回放缓冲示意图

在训练神经网络时，我们会从缓冲中随机选取一些回放作为输入，通过优化下列目标训练神经网络的参数来使Q值逐渐准确：

$$\min_{W,b} L(W,b)=E_i[(r_i+\gamma \max_{a'_i} Q(s'_i,a'_i)-Q(s_i,a_i))^2]$$

其中，i是当前训练的回放的编号，(s_i, a_i, r_i, s'_i)组成一个完整的回放帧。在Q学习中，我们沿着轨迹从第一个时间步开始更新Q函数；而在深度Q网络中，我们可能在一次训练中用到了不同轨迹上不同时间步的回放帧。这样做让我们能够随机复用彼此相互独立的数据，在降低训练中数据之间相关性的同时，提高了训练得到的模型的泛化性。

4. 场景结尾

DeepMind公司采用DQN算法，让人工智能直接学会了玩49种经典的雅达利游戏，在其中29种游戏上，人工智能的表现达到了人类水平。这些人工智能在学习过程中直接输入游戏图像，输出离散的按键动作，其交互流程与人类相差无几。DQN在雅达利游戏上的成功激励了更多研究者针对不同的场景设计深度强化学习算法，并尝试用人工智能攻克其他游戏，或更进一步应用于自动驾驶、机器人控制等与实际生产生活更加接近的领域。

五、总结

在强化学习中，通过将问题建模为马尔可夫决策过程，可以降低问题的规模，并能用数学符号描述连续决策问题。在定义了状态、动作、策略等概念后，可以利用强化学习算法，如值迭代和策略迭代，让人工智能在重复尝试中建立自己的最优策略，以达到解决问题的目的。

10.1 请从不同角度列表比较本章介绍的算法。

10.2 你的身边存在可智能化的设备吗？假设你要设计一套强化学习模型让设备独立工作，该怎样定义状态、动作和回馈呢？

10.3 是否可以将无模型强化学习的方法直接应用于多代理场景（比如分别由两个独立的人工智能进行囚徒困境的博弈）？如果不能，这违反了马尔可夫决策过程的什么假设？

结语

在历史舞台上，不同的人工智能流派及代表技术散发着各自的光芒。如今，虽然一部分技术已经显得古老、简单而不实用，但它们的存在推动了整个人工智能时代的发展，在历史的进程中发挥着重要的作用。我们今天仍应该学习那些技术，不忘经典，展望未来。让我们满怀对人工智能历史技术的敬畏，迎接人工智能发展的美好明天。

1. 局限与适用场景

在早期的人工智能中，人们利用计算机的计算能力设计出了无信息搜索算法——深度优先搜索和广度优先搜索。这些无信息搜索算法可以帮助我们解决很多问题——比如第二章介绍的农夫渡河问题，但是这些算法需要巨大的计算开销，导致难以解决问题状态更为复杂的棋类、博弈等问题。由此，研究者们在设计一个算法时，不仅需要考虑这个算法能否给出正确的解，还要分析它的复杂度。算法的复杂度分析是计算机科学的一个重要分支。

为了在国际象棋等游戏上获得成功，具有剪枝特点的有信息搜索算法被开发出来，这些有信息搜索算法可以多快好省地解决一些较为困难的博弈问题。再后来，人们设计了一些产生式规则来进行推理，基于这样的规则设计的人工智能机器人可以在某些特定领域帮助生产实践，如当时被广泛应用的专家系统。将结合人类经验设计出来的一些规则（比如残局库、启发式评估）运用于推理，使美国IBM公司设计的深蓝计算机在1996年成为了首个战胜人类顶级棋手的国际象棋人工智能。但是当我们将深蓝迁移到其他任务上时，设计深蓝的一些规则反而成为了桎梏——它们只适用于国际象棋。在更为波谲云诡的围棋中，当时的人工智能更是无法取得好成绩。人们也逐渐意识到，仅仅基于人工设计的规则开发出来的智能系统并不是真正的人工智能，因为这些规则的人为设计需要大量的人力，很难考虑到所有的可能性。并且由于是人类在设计，这些智能系统永远无法真正超越人类智能，最多就是计算速度更快而已。

与此同时，机器学习开始迅猛发展，各种算法不断演变改进。虽然也经历了长久的低迷，但深度学习时代的到来重新焕发了人工智能的活力。深度学习在当前的生产生活中已经发挥着不可替代的作用，也展现出了巨大的潜力。DeepMind公司将深度学习和强化学习结合起来，研发了深度强化学习智能——AlphaGo，将围棋人工智能提升到了一个新高度。AlphaGo通过学习人类的棋局，便可以自行领悟大量的下棋规则，这种能力是之前的人工智能所不具备的。战胜了李世石、柯洁的AlphaGo终于征服了围棋这块高地。而在之后的AlphaZero版本中，人工智能更是不需要人类棋局，仅通过自我对弈就实现了围棋智能，完成了人工智能对棋类游戏的全制霸。

AlphaZero会是人工智能的顶点吗？答案是否定的。深度强化学习还有许多不足，例如它们需要巨量的训练样本，这在现实环境下很难实现。无论如何，人工智能技术远没有达到我们的期待，强人工智能离我们还很远。我们相信，要设计出真正的强人工智能，还需要研究者们对人工智能技术完成一次又一次的革新。

2. 技术之间的联系与区别

在本书中，我们学习了搜索策略、逻辑推理和机器学习3种技术，每种技术又包含了各种具体方法。好奇的读者也许会问，这么多的技术之间有什么联系与区别吗？

就像我们已经看到的，机器学习中的决策树算法通过学习最终构造出的决策树，可以被认为是一系列IF-ELSE规则，这和产生式系统定义的规则很像。但不同的是，决策树不像产生式系统中由人类专家来定义这些规则，而是通过数据与算法自动找出最能区分类别的规则。决策树避免了人类专家由于没有从数据中发现某些规律而没有定义出某条规则，但同时也有可能无法学到某些重要的规则，这其中的权衡取决于很多因素，例如数据是否充足，以及分裂标准是否合理。从另一个角度来看，机器学习难道不也是一种归纳推理的类型吗？训练数据相当于推理的前提，学习的过程就是从一些特定的现象中推理出一般性结论的过程。由于在训练过程中超参数选择、网络设计等影响因素的不同，学习的结果也可能是不同的，即推理产生了不同的结论。

搜索策略是在知识库中通过搜索一条路径来实现任务目标，而监督学习的本质就是在函数集合中搜索一个函数以达到目标。这种搜索是通过梯度下降之类的优化算法实现的，因为函数集合中的函数有无穷多个，无法通过直接搜索找到最优解。强化学习也可以看成是一种搜索，即在策略空间中搜索一个能达到最大累计回馈的策略。

搜索策略、逻辑推理和机器学习这些技术虽然各不相同，且各有解决问题的优势，但我们可以将这些技术进行结合，共同发挥它们的优势。在某些特定场景下，将这些技术结合起来能够得到更有效的表现。比如，之前提到的深蓝计算机就是将专家系统和搜索技术结合起来的经典例子，在搜索中进行推理。在神经网络的研究发展起来后，将神经网络和专家系统结合起来也成为一个新的研究方向。神经网络专家系统能够在推理过程中根据学习对网络参数进行适应性调整，拥有比传统的专家系统更优越的性能。

3. 总结与展望

本书介绍了人工智能史上一些经典的算法，希望通过学习本书，读者能对这些算法有所掌握。

目前我们无法知道人工智能的终极算法究竟是什么，也许它并没有出现在这本书中，也许在不久的将来，人工智能领域会出现更加惊人的技术，超越现有的所有方法。所以我们仍要追求人工智能技术的不断进步，关注研究现有技术的深度融合，这样人工智能才会迸发出更大的潜能。我们相信，人工智能未来可期！

附录 “思考与实践”解答参考

2.1 随机探索是有可能遍历图的，但是效率很低。计算机学科有一个研究方向就是探索图上的“随机游走”，有兴趣的读者可以自行搜索相关资料，本书不做详细介绍。在这里，可以拿一个简单的图作为例子。

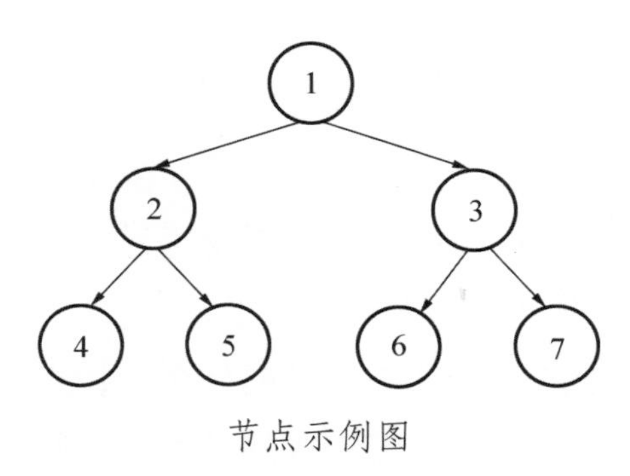

节点示例图

在上面这个图中，把节点1作为每次探索的起始节点，使用随机探索的方式搜索。节点4、5、6、7被探索到的概率都是1/4。遍历这张图需要的随机探索次数的数学期望为4次。对于更大规模的图，这个数会非常大。因此，随机探索不是一种好的遍历方法。

2.2 在这里使用无信息搜索时，可以把岔路口、死胡同、出入口的位置作为状态节点，将有道路直接连接的节点相互连接。因为在岔路口时，节点的入队或入栈顺序不一样，所以最终的探索路径不唯一。这里给出DFS的一条可能探索路径，如下图所示。你会注意到，图中可能被探索的节点都被标识出来了。

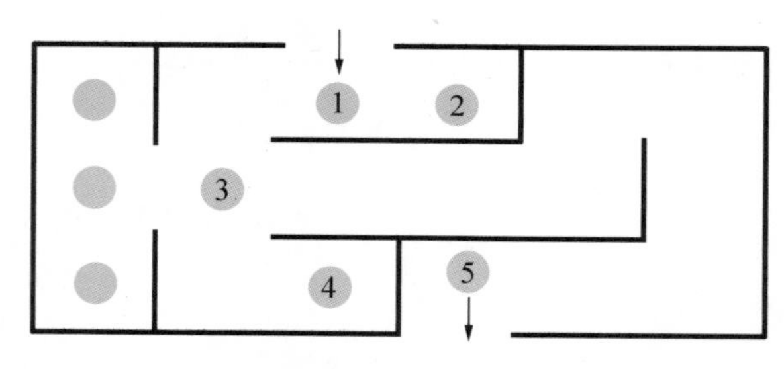

DFS的一条可能探索路径

3.1 经验不一定总能帮忙。对图中的例子，如果使用“应该优先选择从学校出发通往东北方向的道路”的经验反而会走弯路。但是，当小禹知道了“东北方向的某条道路在施工”这个知识时，他便不会再陷入走弯路的情形，并使用“先往东再往北以到达东北”的经验。

3.2 使用爬山法直接解决上一章的迷宫问题会陷入局部最优点，并不能找到迷宫出口。

在这里的经验是：要离开迷宫，离迷宫门更近的位置更好。

3.3　爬山法的通用描述为：首先选择一个解作为最初解。探索与这个解相邻的某个解，如果这个解更好，则把这个解作为新的解，再在这个解上使用爬山法。如果相邻的解都比原解的代价差或相等，则表示已经到达了局部极小值，搜索停止。

最速爬山法的通用描述为：首先选择一个解作为最初解。探索所有与这个解相邻的解，如果其中有更好的解，则把其中最好的一个解作为新的解，再在这个解上使用最速爬山法。如果相邻的解都比原解的代价差或相等，则表示已经到达了局部极小值，搜索停止。

对于迷宫的场景，请你自行描述一下。【提示：可以把“高度”替换为“离迷宫大门的距离”】

3.4　从某个角度看，A*搜索是把广度优先搜索中的队列替换为优先级队列的搜索。

3.5　如果需要搜索一座山的最高点，那么山麓、山上平地、山脊是局部最优，山峰是全局最优。

4.1　在石头剪刀布游戏中，随机出招是符合理性的。设局中人A出石头的概率为p_1，出剪刀的概率为p_2，则出布的概率为$1-(p_1+p_2)$。类似的，设局中人B出石头的概率为q_1，出剪刀的概率为q_2，则出布的概率为$1-(q_1+q_2)$。依据纳什均衡的条件联立方程组求解，具体求解过程请自行推导。

5.1　$P \wedge Q$：假

$R \rightarrow (P \wedge Q)$：假

$P \vee R$：真

$(R \rightarrow (P \wedge Q)) \rightarrow (P \vee R)$：真

5.2　我们并不知道询问的对象是诚实的战士还是撒谎的战士，因此如果提出的问题为“这扇门是通向自由吗”，战士回答“是”用T表示，回答“否”用F表示，那么可以得到如下真值表：

提问真值表 1

	自由门	死亡门
诚实战士	T	F
撒谎战士	F	T

可以看到，不知道战士是否诚实的前提下得到的结果并不可信。但是，如果在此基础上问战士“另一个战士会回答什么”，则可以得到如下真值表：

提问真值表2

	自由门	死亡门
诚实战士	F	T
撒谎战士	F	T

因此，逻辑学家只需要问对方另一个战士会回答什么就可以了。

5.3　定义以下简单命题：

P：小禹考了100分。

Q：妈妈带小禹去游乐园。

R：妈妈带小禹去动物园。

S：游乐园人太多。

从上面的描述中，我们可以得到前提：$(P\rightarrow(Q\vee R))\wedge(S\rightarrow\neg Q)\wedge P\wedge S$。

要推理的结论为：R。

① 将$\neg R$加入公式，并利用等值运算将其转变为子句集的形式：

$$(P\rightarrow(Q\vee R))\wedge(S\rightarrow\neg Q)\wedge P\wedge S\wedge\neg R$$

$$(\neg P\vee Q\vee R)\wedge(\neg S\vee\neg Q)\wedge P\wedge S\wedge\neg R$$

得到子句集$\{\neg P\vee Q\vee R, \neg S\vee\neg Q, P, S, \neg R\}$；

② 将$\neg P\vee Q\vee R$与P进行归结，$\neg S\vee\neg Q$与S进行归结，得到$Q\vee R$和$\neg Q$；

③ 将$Q\vee R$和$\neg Q$加入子句集，则子句集变为$\{Q\vee R, \neg Q, \neg R\}$；

④ 将$Q\vee R$分别与$\neg Q$及$\neg R$进行归结，得到空子句。

这说明$(P\rightarrow(Q\vee R))\wedge(S\rightarrow\neg Q)\wedge P\wedge S\wedge\neg R$是不可满足的，

因此$(P\rightarrow(Q\vee R))\wedge(S\rightarrow\neg Q)\wedge P\wedge S\Rightarrow R$成立。

6.1　一阶逻辑对量词进行处理，命题逻辑不考虑量词。

6.2　定义$P(x)$表示“x在联欢晚会上表演节目”。

$Q(x)$表示“x表演唱歌节目”。

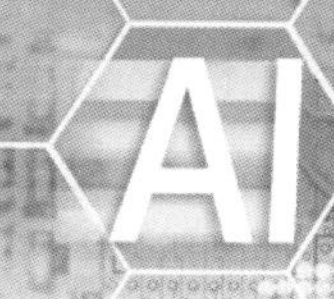

$R(x)$ 表示“x表演跳舞节目”。

$S(x)$ 表示“x表演说相声节目”。

$Z(x)$ 表示“x参与中场互动环节”。

则有前提：

$$\forall x(P(x) \rightarrow Q(x) \vee R(x) \vee S(x))$$

$$\forall x(P(x) \wedge R(x) \rightarrow \neg Z(x))$$

$$\exists x(P(x) \wedge \neg Q(x) \wedge \neg S(x))$$

需要推出的结论为：$\exists x(P(x) \wedge \neg Z(x))$

① 前束范式转化：

$$\forall x(P(x) \rightarrow Q(x) \vee R(x) \vee S(x)): \forall x(\neg P(x) \vee Q(x) \vee R(x) \vee S(x))$$

$$\forall x(P(x) \wedge R(x) \rightarrow \neg Z(x)): \forall x(\neg P(x) \vee \neg R(x) \vee \neg Z(x))$$

$$\exists x(P(x) \wedge \neg Q(x) \wedge \neg S(x))$$

$$\neg \exists x(P(x) \wedge \neg Z(x)): \forall x(\neg P(x) \vee \neg Z(x))$$

② 量词消去：

$$\neg P(x) \vee Q(x) \vee R(x) \vee S(x)$$

$$\neg P(x) \vee \neg R(x) \vee \neg Z(x)$$

$$P(a) \wedge \neg Q(a) \wedge \neg S(a)$$

$$\neg P(x) \vee \neg Z(x)$$

③ 合取式转化：

$$(\neg P(x) \vee Q(x) \vee R(x) \vee S(x)) \wedge (\neg P(x) \vee \neg R(x) \vee \neg Z(x)) \wedge (P(a) \wedge \neg Q(a) \wedge \neg S(a)) \wedge (\neg P(x) \vee \neg Z(x))$$

④ 通过合一置换 $\{x/a\}$，消除互补文字，归结得空语句，说明

$$(\neg P(x) \vee Q(x) \vee R(x) \vee S(x)) \wedge (\neg P(x) \vee \neg R(x) \vee \neg Z(x)) \wedge (P(a) \wedge$$

$\neg Q(a) \wedge \neg S(a)) \wedge (\neg P(x) \vee \neg Z(x))$

是不可满足的，即根据已知前提，能推出晚会上表演节目的有些人不能参与中场互动环节。

7.1 专家系统的优点：a. 产生式规则具有统一的IF … THEN结构，不同规则代表不同的知识，使知识表示清晰且具备可解释性。b. 知识与推理策略相互分离，使系统更具有扩展性。

专家系统的缺点：a. 不具备学习能力，只能从已有的规则中进行推理，知识库的推理规则仍需要人工维护和修改。b. 尽管单个规则具备可解释性，但是规则之间的逻辑关系并不透明，因此很难观察单个规则对整体策略的作用。c. 由于推理机要对知识库中所有规则进行搜索，当知识库规则很多时，搜索速度会变慢。

8.1 离散：电影类型、书法种类、乐器类型等。

连续：电影时长、文字大小、乐器重量等。

分类：图像分类、音乐种类分类、视频分类等。

回归：房价预测、体重预测、角色战斗力预测等。

8.2 随意取值，例如$w=2$，$b=1$，然后把直线$y=2x+1$和训练数据一起画在图上进行观察。尝试多组参数后能够发现，如果直线与数据比较近，损失函数值就会比较小。

8.3 因为偏导数里有一个x的因子项，所以当输入缩小后，w参数的偏导数也同时变小了。于是学习速率需要增大10 000倍，与偏导数相乘之后，才能达到原来w的100倍数量级。

8.4 与对参数$w_i^{(1)}$的偏导数计算类似，只是少了一个x_i。

8.5 因为单词this的隐藏层考虑了单词like，而单词like的隐藏层又考虑了单词I，所以在预测show的词性时，同时考虑到了“I like this”这3个单词的信息。

9.1 每个点都可能被划分到K个类别中的一个，因此总的分类方式为$\underbrace{K \cdot K \cdot \cdots \cdot K}_{m} = K^m$。

9.2 步骤②中，我们将每一个样本点分类到距离它最近的中心点所在的类，这显然会使得目标函数J的值减小。

步骤③中，对于每一个类，计算这个类中所有点的均值作为这个类新的中心点。因此，实际上要证明以下问题：给定n个点（这里假设在二维平面中）的坐标（x_i，y_i），$i=1$，2，…，n，以及另外一个点u（u_x，u_y）。当u为这n个点的均值时，这n个点到点u的距离（欧几里得距离的平方）的和最小。

这n个点到点u的距离的和$D=\sum_{i=1}^{n}(x_i-u_x)^2+(y_i-u_y)^2$。要求出$u_x$及$u_y$，使得$D$最小，可以对$u_x$及$u_y$分别求导，并使导数为0，可得：

$$\frac{\partial D}{\partial u_x}=\sum_{i=1}^{n}2(u_x-x_i)=2\left(n\cdot u_x-\sum_{i=1}^{n}x_i\right)=0,$$

$$\frac{\partial D}{\partial u_y}=\sum_{i=1}^{n}2(u_y-y_i)=2\left(n\cdot n_y-\sum_{i=1}^{n}y_i\right)=0,$$

因此$u_x=\frac{1}{n}\sum_{i=1}^{n}x_i, u_y=\frac{1}{n}\sum_{i=1}^{n}y_i$，即点$u$为这$n$个点的均值。

10.1　比较的标准可以基于不同模型假设进行，比如是否基于模型，策略是否在线更新，采样策略与更新时的策略是否一致等，在此仅给出一个例子。

算法比较示例

		更新时采用的回放长度	
		整段经历	回放帧（s, a, r, s', a'）
采样策略与更新时的策略是否一致	一致	蒙特卡洛学习	时序差分学习
	不一致	—	Q学习，SARSA

10.2　具体情况请读者自行设计，在设计过程中需要注意以下几点：

（1）在定义状态时，无关信息应当先剔除，比如在倒立摆问题中，小车的质量是有用的，但小车的颜色是无关的。

（2）动作最好是数量有限的单个动作（离散动作空间，如迷宫游戏中的4个前进方向），或者是范围有限的数值（连续动作空间，如倒立摆问题中的车辆速度），混合动作空间相对而言较为难以解决。

（3）回馈函数的质量会影响问题求解的快慢甚至是成功与否。比如在倒立摆问题中，如果将回馈函数定义为倒下获得惩罚而不倒下则无事发生，那么问题的求解难度会显著提升。

因此，应当更具体化地根据球的高度来给予相应的回馈。

10.3　这违反了马尔可夫决策过程的稳定环境假设。在多代理环境中，其他智能体的策略也在演变，因此从某个代理的视角来看，整个环境是在不停地变化的。环境的状态转移函数在不同的时间步上并不相同，这导致强化模型训练的过程变得非常不稳定。比如两个机器人相向而行过独木桥，一定要有一方前进另一方后退才能顺利通过。在策略尚未确定时，其中一个机器人会发现自己选择前进的动作而顺利通过的概率是不停地变化的，因此环境是不稳定的。